建设工程精品范例集

张宁宁　主编

中国建筑工业出版社

图书在版编目（CIP）数据

建设工程精品范例集 / 张宁宁主编. — 北京：中国建筑工业出版社，2018.6

ISBN 978-7-112-22175-2

Ⅰ.①建… Ⅱ.①张… Ⅲ.①建筑设计—作品集—中国—现代 Ⅳ.① TU206

中国版本图书馆CIP数据核字（2018）第091122号

本书详细介绍了江苏省2017年度荣获"鲁班奖"、"国家优质工程奖"以及部分"华东地区优质工程奖"、"扬子杯"工程的企业创建精品工程的过程，共36个工程。对工程管理、策划实施、过程控制、难点重点把握、科技创新、技术攻关、绿色施工等方面进行了系统总结和阐述。

全书图文并茂，资料翔实，实用性强，对全省广大建筑企业深入开展创建精品工程活动具有重要的推广应用价值和学习借鉴意义。

责任编辑：胡永旭 范业庶 张 磊
责任校对：李欣慰

建设工程精品范例集

张宁宁 主编

*

中国建筑工业出版社出版、发行（北京海淀三里河路9号）

各地新华书店、建筑书店经销

北京点击世代文化传媒有限公司制版

北京缤索印刷有限公司印刷

*

开本：787×1092毫米 1/16 印张：22 字数：519千字

2018年11月第一版 2018年11月第一次印刷

定价：228.00元

ISBN 978-7-112-22175-2

（32062）

《建设工程精品范例集》编写委员会

主任委员：张宁宁

委　　员：（按姓氏笔画排序）

丁舜祥　于国家　王静平　成际贵　朱利闽

伏祥乾　任　仲　孙振意　纪　迅　杨国忠

时建民　汪志强　张　蔚　张俊春　陈海昌

金少军　赵正嘉　赵华中　赵铁松　徐宏均

蔡　杰　薛乐群

主　　编：张宁宁

副主编：纪　迅　于国家　成际贵　蔡　杰

编　　审：赵华中　赵正嘉

编　　撰：赵铁松　钱　亮　谢　伟　吴碧桥　李国建

陈惠宇　周　阳

主编单位：江苏省建筑行业协会

序

    建筑业是国民经济重要的物质生产行业，与社会经济发展和人民生活改善有着密切联系，也是江苏省的支柱产业、优势产业、富民产业。经过长期发展，我省建筑业综合实力不断增强，多项指标位居全国前列，建筑业总产值和增加值连续多年排名全国第一。

    多年来，江苏省委、省政府高度重视建筑业发展，大力推动实施建筑强省战略和精品工程战略，"江苏建造"的品牌效应不断扩大。截止到2017年，江苏建筑企业共获得"鲁班奖"227项，"国家优质工程奖"246项，"华东地区优质工程奖"53项。为提高全省建设工程质量管理水平，推动"质量强省、质量强业"战略，我省设立的"扬子杯"作为全省建设工程质量最高荣誉奖，自1988年设立至今，获奖工程共计4626项，进一步激发了我省建设企业创建精品工程的积极性。

    为将江苏这些年建筑业发展取得的成果展示给社会，江苏省建筑行业协会编写了《建设工程精品范例集》。本书详细介绍了2017年度荣获"鲁班奖"、"国家优质工程奖"以及部分"华东地区优质工程奖"、"扬子杯"工程的企业创建精品工程的过程。对工程管理、策划实施、过程控制、难点重点把握、科技创新、技术攻关、绿色施工等方面进行了系统总结和阐述。全书图文并茂，资料翔实，实用性强，对全省广大建筑企业深入开展创建精品工程活动具有重要的推广应用价值和学习借鉴意义。

    希望《建设工程精品范例集》的出版，能够进一步提升全省建筑企业创建精品工程的能力。同时，也希望全省建筑业企业要坚持以习近平新时代中国特色社会主义思想为指引，贯彻落实党的十九大精神，牢固树立和自觉践行新发展理念，加快我省建筑业改革发展，提升"江苏建造"品牌的含金量和影响力，为建设"强富美高"新江苏作出应有的贡献。

张宁宁

二〇一八年十月八日

前　言

　　江苏建筑业历史悠久，素有"建筑之乡"之称。自"十三五"规划实施以来，在江苏省委、省政府的正确领导下，建筑业成为支柱产业、优势产业和富民产业，建筑业实力不断增强。2017年实现建筑业总产值3.14万亿元，产值规模继续保持全国第一。建筑工程质量不断提升，截止到2017年度，江苏省建筑业企业共获得"鲁班奖"227项、"国家优质工程奖"246项、"华东地区优质工程奖"53项。

　　"百年大计，质量第一。"工程质量文化是企业的核心竞争力、是企业持续稳定发展的保障。《建设工程精品范例集》的出版，是江苏省部分建筑业企业面向社会的一次工程质量的集中展示。江苏建筑业工程质量能取得令人称赞的成绩，概括来说，有以下五个方面特点：

　　一是深化改革是提升工程质量的重要关键。随着我国经济发展进入新常态，建筑业要突破规模和速度粗放型的增长方式的"瓶颈"，就必须通过深化改革，培育行业高质量发展新动能。为此，2017年2月，国务院印发了《关于促进建筑业持续健康发展的意见》，为建筑业改革发展制定顶层设计，提出了打造"中国建造"品牌目标。同年，江苏省政府根据国务院《意见》，结合我省建筑业的发展实际，出台了《关于促进建筑业改革发展的意见》，提出了20条具体措施，为建设"强富美高"新江苏提供有力的政策支撑。江苏作为建筑业强省，应当为全国的建筑业改革发展贡献力量。

　　二是科技创新是促进工程质量的重要环节。科技是第一生产力，创新是第一驱动力。我省建筑业企业不断通过激发创新活力、完善创新体系、加快成果转化等，进一步提升了自主创新能力。在关键技术研发、标准体系完善、科技（绿色）示范工程建设等方面取得进展，科技创新在BIM技术的综合应用、智慧城市建设、建筑产业现代化等方面的作用更加凸显。我省实施的"六大人才高峰"项目和"333"人才工程，推动了科技创新，解决了施工中的许多重大难题，确保了工程质量。

　　三是精细化管理是强化工程质量的重要保障。天下大事，必作于细。当前建筑市场竞争日益激烈，建筑业企业以往粗放型管理方式已经无法满足当下高质量发展的要求，必须通过全面精细化管理，促进提质增效。通过大力宣传精细化管理的必要性，推动企业聚焦体系建设，强化工程质量意识，健全工程质量保障体系，狠抓工程质量治理，推进工程质量管理标准化建设，提高工程质量管理和过程控制水平。经过长期努力，精细化管理已深入企业，进一步提升了"江苏建造"品牌的含金量和影响力。

　　四是发扬工匠精神是推动工程质量的工作基础。质量之魂，存于匠心。我省建筑业企业通过大力弘扬鲁班文化和践行工匠精神，使管理层和操作层凝心聚力、精益求精、追求卓越，取得了令人瞩目的成绩。建筑业企业以"拳拳匠心"对待每一项工程，特别在施工难度大、技术含量高的关键部位，以工匠精神攻坚克难，在一座座建筑产品中厚植工匠文化、追求极致技艺，打下了工程质量的坚实基础。

五是科学推荐是保证工程质量优中选优的良性机制。在创建精品工程方面之所以能够取得令人瞩目的成绩，是因为有一整套行之有效的制度保障体系，严格执行预报、预查、评审会、省住建厅审核批准等4项制度。在推荐"鲁班奖"和"国家优质工程奖"工作中，（1）实行创建工程预报制度，强化过程创建。（2）实行创建工程预查制度，保证工程质量过程控制落实到实处。（3）成立评审委员会，进行推荐评审。（4）征求省住建厅意见，得到主管部门审核批准。这一制度的贯彻执行，体现了公开、公平、公正的原则，使得精品工程的推荐工作经得起检验。

江苏建筑业已经走过了具历史性跨越的七十载，书中介绍的是部分企业在阶段性创建精品工程的经典案例，这些经验值得同行学习、研究和借鉴。当前和今后一个时期，我们要以习近平新时代中国特色社会主义思想为指导，全面贯彻党的十九大精神，按照江苏省委、省政府部署，实施创新驱动、弘扬工匠精神、强化质量管理，坚定信心、攻坚克难、扎实作为，不断开创我省建筑业发展新局面，为建设"强富美高"新江苏作出新的更大贡献。

目　录

苏州国际博览中心三期土建总承包 ——中亿丰建设集团股份有限公司

1 项目概况

苏州国际博览中心清新优雅地坐落于金鸡湖畔，外形犹如一把打开的苏式折扇，是一座功能配套完备的"会展综合体"，也是苏州的城市会客厅（见图1）。三期工程总建筑面积约 15.9 万 m^2，地下 2 层，地上 4 ~ 7 层，2 号馆主要为展馆、大型会议厅；1 号馆主要为酒店（客房 307 间）；由中亿丰建设集团股份有限公司总承包施工。质量目标鲁班奖。

本工程共有 2715 根灌注桩，63500m^2 地下室环氧地坪，17520m^3 混凝土，7900 件钢构件，1.44 万 m 焊缝，10200m^2 石材幕墙、14700m^2 玻璃幕墙、7800m^2 铝板墙面，21500m^2 铝质墙面、顶面，23800m^2 墙地面石材，27100m^2 花纹地毯，1137 套灯具，783 套卫生洁具，25 台垂直电梯、21 台扶梯，1676 台设备，108 万 m 电缆、桥架，13260 个开关、插座，1614 个配电箱，148793m 各类管道。随着本工程交工使用，苏州国际博览中心会议面积可达 5 万 m^2，会议室 60 个，室内展厅面积 10 万 m^2，室外广场面积 6 万 m^2，住宿、餐饮等配套服务更加完善。目前，苏州国际博览中心是唯一一家具备国际会展业三大行业组织——全球展览业协会（UFI）、国际展览与项目协会（IAEE）、国际独立组展商协会（SISO）正式会员资格的国内展览场馆，并且是国际大会及会议协会（ICCA）正式会员，是苏州会展业的主要平台与龙头企业。

在工程管理方面，我公司创优实行的是公司、板块[分（子）公司]和项目部三级管理体制。见图 2。

项目质量目标确定后，公司实施以分管副总裁为主的创优管理体系，下设技术中心、项目管理中心协同管理。技术中心负责对鲁班奖标准进行全面梳理，通过发文形式明确实施要点，板块[分（子）公司]根据实施要点，结合现场实际编制项目创优策划书，并且通过创优交底将目标分解落实到项目部。项目管理中心负责按实施要点进行过程控制，并且通过阶段分析会的方式贯彻，达到一次成优。板块

图 1　项目照片

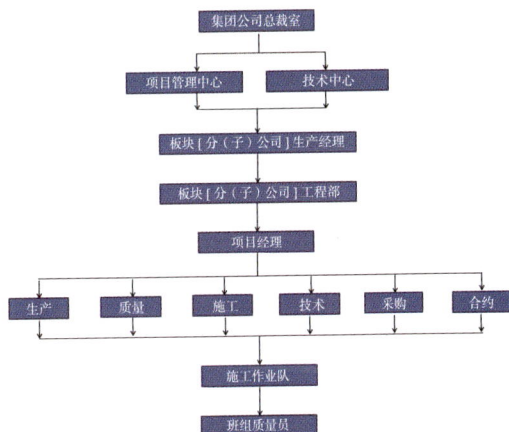

图 2　三级管理体制

[分（子）公司] 实施以生产经理为主的创优管理体系，下设工程部，负责板块 [分（子）公司] 的工程创优管理；项目部实施以项目经理为主、全员参与的创优管理体系。

在项目施工过程方面，我公司开展以"建设质量强企"为主线的"质量月"活动，对施工项目进行过程控制。项目部在现场设置样板区，利用样板实物让施工人员更加直观的掌握施工工艺及操作要点。

在员工教育方面，我公司以培训中心和工程研究中心为载体，培训中心普及企业员工基础知识，工程研究中心以"中亿丰科技论坛"和"总工讲堂"的方式聘任外部及内部专家为讲师，介绍国际、国内的先进技术、前沿技术，开阔企业员工视野，增强企业员工技术素质。

在科技创新方面，我公司提出"创新驱动发展"的策略，把创新作为企业核心价值观的重要内容，在企业内建立了创新工作机制和激励机制，明确创新重点方向和创新成果申报流程，并通过信息宣传、经验推广、年度评优颁奖等措施，增强企业各层面创新意识。通过持续导入卓越绩效管理模式、开展质量管理小组创新活动等，为企业营造持续改进、积极创新的环境。同时公司结合企业实际情况，每年确定科技进步考核项目，

并大力推行住房和城乡建设部十项新技术的应用，不断提高企业自身的技术水平和能力。

在绿色施工方面，公司谋求企业与环境的和谐，通过绿色施工逐步实行建筑领域的资源节约和节能减排，结合本公司企业视觉形象识别系统，通过科学管理和技术进步，最大限度地节约资源并减少对环境的负面影响，实现"四节一环保"。

2　工程质量管理

2.1　地基与基础工程

本工程对 27 根工程桩进行了抗压静载测试，对 17 根工程桩进行了抗拔静载测试，测试结果符合设计及施工验收规范要求。本工程对 716 根桩进行低应变测试，抽查结果：Ⅰ类桩 696 根，占抽检总根数的 97.2%；Ⅱ类桩 20 根，占抽检总根数的 2.8%，无Ⅲ、Ⅳ类桩。见图 3。

地下室防水等级二级，地下室配电间、顶板（种植屋面）防水等级为一级，地下室筏板底面、外墙板迎水面及地下室顶板采用高密度聚乙烯自粘胶膜防水卷材，施工过程中细部处理规范，至今无渗漏现象。

2.2　主体结构工程

本工程混凝土结构内坚外美，棱角方正，

图 3　地基与基础工程相关图片

构件尺寸准确，偏差 ±3mm 以内，轴线位置偏差 4mm 以内，表面平整清洁，平整偏差 4mm 以内。墙体采用 ALC 蒸压砂加气混凝土砌块，砌体工程施工中，严格按标准砌筑及验收。混凝土标养试块 978 组，同条件试块 126 组，抗渗试块 139 组，评定结果全部合格。检测钢筋原材料 7968.42 t，复试组数 240 组，复试结果全部合格；直螺纹机械接头 153476 个，试验组数 305 组，检测结果全部合格。蒸压加气砌块检测 16 组，检测结果全部合格。结构保护层厚度检测合格。见图 4。

图 4　主体结构相关图片

钢结构总用钢量约 1.21 万 t，7908 件钢构件加工精度高，现场安装一次成优。1.44 万 m 焊缝饱满，波纹顺直，过渡平整，焊缝超声波检测，合格率 100%。4.546 万颗高强度螺栓，对其中 4.165 万颗高强度螺栓进行扭矩检测，抽测比例 91.6%，检测结果满足设计和规范要求。见图 5。

2.3　建筑装饰装修工程

工程外幕墙由大分格横明竖隐玻璃幕墙系统（外置水平玻璃百叶窗）、竖明横隐玻璃幕墙系统（外置垂直玻璃百叶）、全明框斜玻璃幕墙系统、开放式背栓石材幕墙系统、穿孔铝板幕墙系统等组成。外墙石材面积约 10200m²，玻璃幕墙面积约 14700m²，铝板面积约 8000m²，安装精确，稳定牢固，节点处理严密。幕墙四性检测符合要求。见图 6。

图 5　钢结构相关图片

图 6　幕墙照片

1.68 万 m² 大理石、木纹砖等，拼缝严密、纹理顺畅、收边考究。1.35 万 m² 花纹地毯，平整服帖。

顶面铝板装饰条、木饰面、石膏板等，接缝严密。灯具、烟感探头、喷淋头、风口等位置合理、美观，与饰面板交接吻合、严密。

内装墙面采用乳胶漆、木饰面、石材、软硬包等面层装饰，内墙乳胶漆涂刷均匀；石材墙面表面垂直平整，阴阳角方正，接缝顺直，缝宽均匀。见图 7。

2.4　电梯工程

本工程共设置 25 台直梯，21 台扶梯。电梯前厅简洁大方，墙面与电梯门套相结合，地面采用石材对缝铺贴，色调和谐统一。扶梯设计合理，运行平稳、安全可靠。见图 8。

2.5　屋面工程

面层采用面砖、绿化等多种形式，面砖整

图 7　内装饰照片　　　　　图 8　电梯照片

体平整，绿化设置合理。屋面防水等级Ⅱ级，采用聚氨酯涂膜和高分子改性沥青柔性防水卷材（种植屋面采用 4 厚高分子改性沥青耐穿刺柔性防水卷材），保温层采用 65 厚 HX 隔离式防火保温板（2 型）及 50 厚防水细石混凝土。防水节点规范、细腻，防水工程完工后经闭水试验，使用至今无一渗漏。见图 9。

2.6　建筑电气工程

51 万 m 电缆、桥架安装横平竖直；防雷接地规范可靠，电阻测试符合设计及规范要求；1614 个箱、柜接线正确、线路绑扎整齐。见图 10。

2.7　给水排水工程

管道排列整齐，支架设置合理，安装牢固，标识清晰。给水排水管道安装一次合格，主机房设备布置合理，安装规范，固定牢靠，连接正确。见图 11。

2.8　通风与空调工程

支吊架及风管制作工艺统一，风管连接紧密可靠，风阀及消声部件设置规范，各类设备安装牢固，运行平稳。见图 12。

2.9　智能化建筑工程

工程智能化 17 个子系统、多重安全方案，高效数据管理，机柜安装平稳、布置合理；控制设备操作方便、安全，系统测试合格，运行良好。

2.10　建筑节能工程

幕墙系统：外立面设置水平、垂直遮阳玻璃百叶，垂直遮阳板可降低照度 20% ～ 48%，水平遮阳板可降低照度 20% ～ 40%。

水系统：水泵变频控制，利用供回水总管上的压差传感器控制变频水泵，以满足流量变化要求。免费制冷系统，当室外气温 ≤ 19°C 时，关闭冷冻机组，启动板式换热器进行制冷。冷水机组台数控制，通过水温度传感器、流量传感器所测数值及冷水机组的负荷状态，自动选择设备运行台数。见图 13。

风系统：三维热管能量回收系统，热回收效率约为 62%（>60%）。AHU 新风系统根据室内二氧化碳浓度自动调整新风量。螺旋圆形

图 9　屋面工程相关图片　　　图 10　电气工程相关图片　　　图 11　给水排水工程相关图片

图12 通风与空调工程相关图片

图13 水系统相关图片

图14 风系统相关图片

空调风管，降低风系统传输阻力，提高空调效果。地板空调送风，局部制冷，节约能耗。见图14。

3 工程技术重点难点

3.1 紧邻地铁基坑施工技术

难点：本工程基坑南侧紧邻苏州轨道交通1号线，最近距离18m，基坑面积约3.455万 m²，基坑总周长732m。开挖深度9.95～11.35m。见图15。

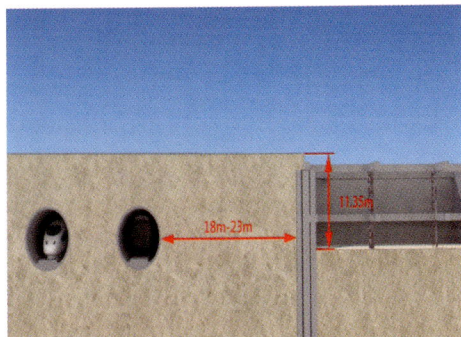
图15 基坑紧邻地铁

解决方案：通过运用"时空效应、平面分区"等技术措施。A区先施工，出±0.000后再施工B区。B区采用间隔跳仓施工。通过现场监测数据表明，变形及沉降均满足设计规范的要求。

3.2 超长超大地下室施工技术

难点：本工程地下二层，分坑后A区单层面积约3.2万 m²。

解决方案：①后浇带优化：调整后浇带设置，并将A区地下室按后浇带的位置分成16块进行施工，合理安排其施工顺序；②配比调整：混凝土中掺入的SY-K膨胀纤维抗裂防水剂，有效地抑制混凝土早期干缩微裂及离析裂纹的产生及发展；③测温养护：混凝土浇筑完成后采用薄膜养护，减缓混凝土水分蒸发，减少混凝土微裂缝产生。一系列的施工措施极大地减少了混凝土的温度及材料收缩裂缝，尤其是有效抑制了连通裂缝的产生，大大提高了混凝土的抗渗防水性能。

3.3 混凝土结构圆柱施工

难点：1号馆1～5层局部为圆柱，圆柱直径1m，高度最高为8.7m。

解决方案：采用定型圆木模板施工，减少了跑浆、漏浆现象，保证了混凝土圆柱的成型质量。见图16。

3.4 大跨度钢结构劲性梁施工技术

难点：本工程1号馆设置劲性梁，劲性梁最大尺寸800mm×2000mm，钢梁最长

图16 混凝土结构圆柱施工

图17 大悬挑非对称空间立体管桁架整体滑移

27m，最重27t，钢梁主要分布在二～四层。现场施工场地狭小且工期紧张，钢梁的吊装施工是重点。

解决方案：①分段吊装：根据钢梁不同截面尺寸及长度进行分段施工，将27m钢梁分为3段，利用汽车吊（300t）将钢梁吊至楼面后再进行高空组装（钢梁分段连接处设置临时支撑。钢梁组装、焊接完成后将临时支撑拆除）；②节点深化：采用Xsteel等软件进行钢柱、钢梁钢筋穿孔深化设计。根据深化设计图在工厂完成钢筋穿孔预留。

3.5 大悬挑非对称空间立体管桁架整体滑移技术

难点：本工程2号馆屋面为空间立体钢管桁架，单榀桁架长度达到117m，最大悬挑长度约27m，最大跨度90m。桁架截面高度达到11m，截面宽度达到9m。地下为大面积的地下室，重型吊机不能靠近安装。因构件单件质量大、作业距离远，导致安装难度很大。见图17。

解决方案：通过对进度、成本及可行性进行对比分析，最后采用分段累计滑移法安装。基本安装思路为：在2G轴北侧搭设拼装平台，屋面主桁架拼装成3段后吊装至拼装平台上组焊成整体，采用350t履带式起重机进行桁架分段吊装。在15、25轴柱顶设置滑移梁及滑移轨道，自北向南（2G→2U轴）累积滑移安装。

3.6 钢结构厚板焊接施工

难点：本工程1号馆、2号馆屋面及楼层桁架全部需要在现场进行拼装、焊接，包括钢柱的现场对接焊接等，现场拼装、焊接工作量大（钢柱板厚达到80mm）；楼层桁架及屋盖主桁架为整个建筑的承重体系，其焊接质量将关系到整个结构的安全功能，因此必须重点保证。

解决方案：通过合理组织、严格培训、重要节点焊接试验等措施确保焊接质量。

3.7 8000m² 无柱宴会厅钢架转换层施工

难点：三楼多功能宴会厅平面尺寸为90m×90m，采用大空间无立柱设计，顶面设计为木纹铝方通饰面，且桁架梁底口与顶棚距离有7～8m高度，梁与梁之间有最大27m间距，基层上下竖向构件不连续。采用钢结构转换层过渡。

解决方案：根据设计要求钢结构转换层加木纹铝方通饰面荷载需小于 $30kg/m^2$，经过深化设计后钢结构转换层加木纹铝方通饰面荷载为 $23.52kg/m^2$。若采用常规施工方案，施工周期较长，且大量的焊接工作会带来一定的安全隐患。转换层与原桁架梁连接处采用首创专利新型网状结构抱箍系统，提高了安装效率，免焊接，消除了部分安全隐患，并且标准化作业，符合绿色环保理念。见图 18。

图 18　新型网状结构抱箍系统

3.8　超大隔声移动屏风设计与安装技术

难点：宴会厅为了功能需要，设置超大移动隔声屏风：单片尺寸为 12.8m×1.2m，共计74 片，采用高强度的轻质铝合金骨架、双层无机防火卷帘布内填岩棉，整套产品材质通过 LEED 环保认证。

解决方案：通过在顶部设置悬吊路轨的方式来实现屏风固定和移动，采用 57 号、36号两种路轨型号，其中 57 号路轨每片隔断最大悬吊重量可达 680kg。每片多向式隔断配置的双滑轮在通过 X 形、L 形及 T 形驳口时，可 90° 转弯。每个滑轮配有两个水平反向旋转轮在路轨中转动（而不是滑动），通过聚合材料的保护轮套来实现静音操作。滑轮可顺畅地在路轨方形或尖角转弯处通行而无需开关控制。

4　相关成果及奖励

本工程获得实用新型专利 4 项，2014 年度省级工法 1 项《大悬挑非对称空间立体桁架整体滑移安装工法》；2016 年度省级工法 1 项《普通砂浆拉锚式机械抹灰施工工法》；2014年江苏省建筑施工文明工地；2014 年建设工程金属结构"金钢奖"；2015 年江苏省安装行业 BIM 技术应用大奖赛"最佳 BIM 应用奖"；2016 年江苏省优秀勘察设计三等奖；2017 年度江苏省优质工程奖"扬子杯"；2016～2017年度中国建设工程鲁班奖。

本工程是我公司从 1999 年开始创鲁班奖以来第 10 个鲁班奖项目，是中亿丰建设秉承"亿万斯年，时和岁丰"的核心理念，坚持"信为本、诚为基、德为源"的价值观，把质量视为企业的生命，用优质的工程质量打造企业的坚实发展，缔造一流城市建设服务商的体现。我公司将以此为契机，围绕着发展好质量、唱响中亿丰质量品牌不放松，着力转变粗放型发展方式，加快建筑产业化步伐，并进入细分市场的高端领域。

1 工程概况

研发中心（会展中心、办公楼及地下车库）位于南京市江北新区星火北路，是一座集科研、生物医药孵化、会议、展览为一体的高效、新型会展综合体项目。作为生物医药产业科研平台和大型会展中心，华东地区生命科学产业链的前沿基地，精心打造亚洲一流生物医药产业研发基地。依托南京生物医药谷产业集群品牌优势，塑造一流绿色精品工程，使其成为中国生物医药产业最具影响力的标志建筑、生命之谷、创新之源。见图1。

工程总建筑面积56239.9m²，最大高度83.05m。地下1层、地上19层。地下1层为

汽车库、非机动车库、设备用房、储藏室、战时人防等；地上建筑由A、B、C共3个分区组成：A区为19层科研用房，框架-剪力墙结构；B区为裙楼报告大厅，框架结构；C区为3层裙楼，设有展厅、前厅、活动中心及配套用房，框架结构＋钢桁架屋面。A区主楼1～2层为办公区大堂、消防控制室，3层为会议中心，4～19层为科研办公区。

工程由南京萨穆尔医疗器械有限公司投资建设、江苏南通二建集团有限公司总承包施工、南京腾江工程建设监理有限公司监理、南京长江都市建筑设计院设计。

工程于2013年12月1日开工建设，2016年9月15日竣工验收，2016年9月28日竣工备案并交付使用，项目总投资4.65亿元。

2 工程特点及施工难点

建筑设计灵感源于生物医药元素，运用曲面、螺旋、向上的建筑构造、自然生长，赋予灵性，优化了庄重、孤立的传统布局。

2.1 跨度大

展厅屋盖为18m高、跨度63m的8榀钢桁架结构，采用分段吊装、多机抬吊、分块组拼工艺，技术难度大，安全风险高。见图2。

2.2 曲面多

主楼外墙双曲变曲面、裙楼多曲面弧形结构，对不同幕墙分格及安装，精确定位，一次成优。

2.3 精度高

钢梁变标高栓接安装，双层穿孔铝板组拼圆形图案；15根劲性钢骨"柱顶"对接22m高、

图1 项目图片

图 2 跨度大

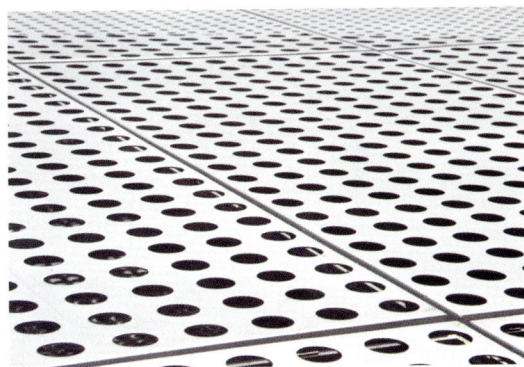

图 3 安装精度图示

直径 600mm 独立钢管柱，精准定位、吊装精度控制要求高。见图 3。

2.4 悬挑长

123m×33m 大飘架，最大外挑 11.4m，结构吊装及饰面施工风险大。

2.5 造型异

外走廊 13 根钢管柱外包"双 S"形螺旋铝板装饰柱，电脑建模、精确制版、工厂定型下料，精细化施工。见图 4。

图 4 "双 S"形螺旋铝板装饰柱

2.6 系统多

机电安装工程系统多、量大径粗、管线综合布置复杂,通过运用 BIM 技术综合布管及系统优化。见图 5。

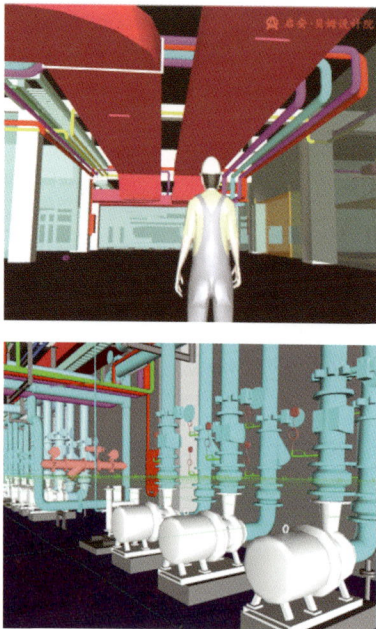

图5 BIM 应用

2.7 装饰新

装修材料新颖、节点构造繁多,127 种材料、62 种做法,涉及专业工种多、交叉密,高大空间装修、材料自然过渡、独特的造型是对做精、做优的重大考验。

3 创优工程项目管理

工程开工伊始,就确立了创"鲁班奖"的质量目标,并紧紧围绕目标,采取了五大保证措施:

3.1 建立有效的创优组织保证体系

工程开工时,成立了以董事长为首的创"鲁班奖"工作组,全程参与决策和控制,建立了以总承包为中心,融建设、设计、监理等相关方为一体的组织体系。

3.2 明确创优流程和标准

明确创优流程和标准,围绕目标组织考核,确保创优目标不偏移。

3.3 推广实施创优、创新做法

在严格按照国家施工质量验收规范和创建鲁班奖指导书等基础上,严格按照集团公司《工程创优创新施工标准》图集及《创优作业指导书》指导现场施工。

3.4 坚持"方案先行,样板引路"的施工原则

推行实物样板区,编制创优策划等预控文件,对关键部位和特殊做法采用施工工艺展示、实物样板引路,严格过程控制,做到一次成优。

4 技术策划与创新

4.1 技术策划是关键

精准的技术策划是创优实施的关键。分专业、分部位列出策划清单,做到有平面也有空间策划,有流程也有标准策划,有功能也有观感策划,做到点、线、面和空间四维度的全覆盖。

4.2 "方案先行,样板引路"

推行实物样板区,编制创优策划等预控文件,对关键部位和特殊做法采用施工工艺展示、实物样板引路,严格过程控制,做到一次成优。

4.3 优化设计方案

设计的合理和先进性是创优的前提条件。从绿色环保、智能管控、高端大气、美观实用、装饰色彩、饰面造型等多方面优化设计方案,提升建筑功能的舒适性和新颖性。

4.4 深化图纸设计

深化设计是创优的必要条件。积极应用

MagiCAD、Revit、Tekla、Navisworks 等多种 BIM 系列的软件技术，对施工图纸进行全方位深化设计，既有二维平面排布，也有三维空间碰撞，先模拟后施工，真正将 BIM 技术深入实战，既能一次成优，又减少返工，降低了成本。

4.5 细化交叉流程

我们不仅制定了先后、上下、里外等界线收口原则，以及管线交叉排布避让原则之外，还就设备用房、大空间等立体交叉较为复杂的关键部位，制定了交叉作业流程图，明确了哪些是先后关系、哪些是平行关系、哪些是关键工作。

4.6 活用创优手法

充分理解鲁班奖所要求的五个一致：内外一致、明暗一致、粗精一致、结构与装饰一致、机电与土建一致。细化创优标准和手法，具体包括：一是确保一居中、二对齐、三成线的基本手法；二是灵活应用"遮盖、留缝、错缝、对缝、分格、分色、标识、定制"等修饰手法。比如：主楼屋顶全面采用不锈钢避雷带；泛水采用定型化圆弧阴角石材、石材腰线砖；细加工石材水簸箕、不锈钢出气管等。

4.7 全过程绿色施工

全过程实施绿色施工，推行模板支撑以钢代木、工厂化成套制作替代现场逐道加工、砌体免开槽、废材二次利用、石膏砂浆薄层抹灰、场地绿化、扬尘控制等，创新并应用22项"四节一环保"技术。

5 新技术应用与技术攻关

推广应用住房和城乡建设部"10项新技术"中的9大项、20子项。江苏省"10项新技术"中4大项7子项，自创技术5项，2016年11月通过省级新技术应用示范工程验收，技术水平达到"国内领先"。

积极组织技术攻关，获省级优秀论文和QC成果一等奖2项、中国建设工程BIM大赛卓越工程三等奖，获实用新型专利4项、省级工法1项。

6 工程质量情况

（1）地下室结构无倾斜、无裂缝、无渗漏，室外无沉陷。工程设30个沉降观测点，经20次观测，沉降均匀已稳定。665根钻孔灌注桩，经检测Ⅰ类桩达96.2%，无Ⅲ、Ⅳ类桩，单桩承载力符合设计要求。

（2）主体结构采用定型方钢模板体系，内实外美、安全可靠，原材、试块强度符合设计要求。钢结构安装精准、焊缝饱满、探伤合格，与内外装饰连接平顺，气势雄伟。

（3）13748m² 玻璃幕墙四性检验合格，5852m² 干挂陶土板幕墙和17855m² 铝板幕墙施工一次成优。743扇铝合金门窗开启灵活、三性检验合格。

（4）室内装饰：

6680m² 墙地面块材铺贴三维对缝、排版精准、拼缝严密、无色差。

2980m² 抗倍特内墙装饰板拼缝严密，与门扇、消火栓箱门协调一致。不锈钢门套、踢脚、套边、护角、包边等做工细腻、线角挺直。

5883m² 穿孔铝板、22315m² 石膏板和2923m² 蜂窝铝板吊顶简洁大方、安装平整、边角顺直。乳胶漆天棚光洁平整、无色差，阴阳角方正。

752m 不锈钢扶手、278m 玻璃栏杆安装牢固、符合要求，滴水线美观实用。

45个卫生间洁具居中布置，墙地砖对缝、套割精细、排水顺畅、无积水、无潮渍、无渗漏。

320樘钢制防火门、261樘木门工厂化定型加工，制作精细、漆面光滑、手感细腻、五金齐全，开启灵活。

室内环境监测，共抽查6大区域，49个检测点，各项指标均符合规范标准。

（5）屋面工程：3350m² 地砖屋面，8150m² 金属不上人屋面，坡向正确，排水通畅，经三次蓄水合格，使用至今无渗漏。

（6）设备安装牢固、排列整齐、运行平稳无噪声；支墩做法考究，管道接口严密。仪表阀门标高准确、朝向一致。见图6。

图6 设备安装相关图片

机电安装各类管道，总长19.8万m，4个给水分区，1016个给水末端，无一处跑、冒、滴、漏，系统调试一次成优，366个排水端口通畅，无渗漏。

（7）3台变压器，18台（套）高压柜组，

布置合理，463台配电柜，配线整齐，分色正确，接地接零安全可靠。电缆排布整齐、标识规范。桥架、线槽安装顺直，跨接正确，防火封堵严密。防雷接地检测合格。

（8）安保、设备监控、火灾联动报警、停车场管理等智能系统，技术先进，一次调试成功。6台电梯运行平稳，制动可靠、平层准确。

（9）工程资料共194册，10个分部、49个子分部。所有资料编目细致，数据完整、真实、可追溯。

7 工程质量特色与亮点

7.1 8大工程特色

特色1：主体结构实体观感质量达到清水效果，实现零缺陷、零修补、零偏差。见图7。

特色2：建筑外立面变化多样、主楼西南大角分段外抛，立体成线。13748m² 玻璃幕墙、5852m² 陶土板幕墙、1472m² 铝格栅外墙交相辉映，胶缝饱满，间距均匀、立角挺直。室外走廊13根14～22m高钢管柱外包"双S"螺旋铝板装饰柱，造型新颖，曲线流畅。3969m² 穿孔铝板大飘架，镂空拼缝顺直，与螺旋装饰柱相得益彰。见图8。

特色3：设备房、配电房、风机房等部位装修，与机电安装精心配合、协调一致，美观耐久。见图9。

特色4：60个管道井粗粮细作、管道排列井然有序。吊顶内管线排布整齐、明暗一致，便于检修。见图10。

特色5：主楼和报告厅屋面女儿墙905m² 仿古砖饰面，585m定型石材泛水、排气管、石材护墩，新颖别致、经久实用。防滑地砖分色铺贴、缝隙均匀、拼花构造，梯形排水沟宽窄一致，边角顺直，排水顺畅，尽显细部施工经典品质。

图 7　主体结构图片

图 9　特色 3 相关图片

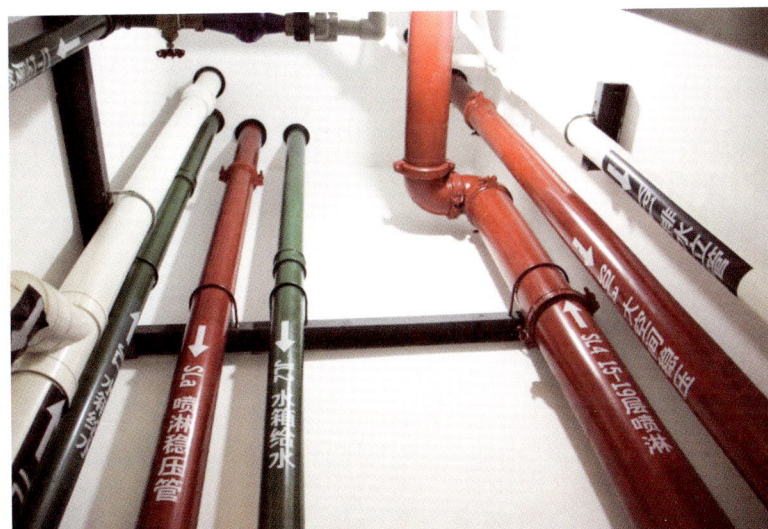

图 8　外立面

图 10　特色 4 相关图片

特色6：地下车库13580m² 环氧自流平地面，涂装平整光洁、均匀一致、美观大方，无空裂。整体柱墙面分色清晰、标识完整、分区醒目。

特色7：地下室大直径管道共用支架，立体分层、排布美观。设备安装整齐、统一，减振降噪，铝壳保温耐久新颖，功能流向、标识醒目。见图11。

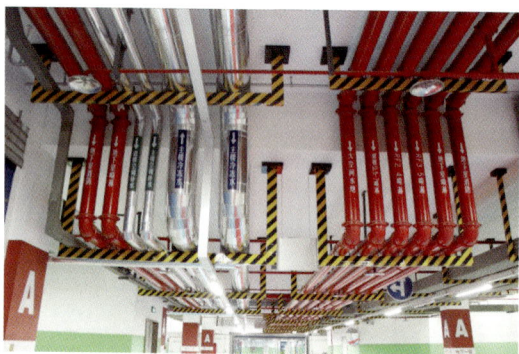

图11　特色7相关图片

特色8：中空玻璃、太阳能热水、光伏发电、雨水回收、变频水泵、LED光源、OAL网络架空地板，彰显绿色建筑、智能科技。"分层空调"、"置换送风"技术，将建筑节能做到极致。

7.2　18个工程亮点

亮点1：外立面竖挂陶土板与518m² 木纹铝板天棚对缝安装、收口清晰、阴阳角顺直，与玻璃幕墙融为一体、浑然天成。

亮点2：楼梯踏步侧面采用定制不锈钢挡水收边，实用美观。

亮点3：展厅5883m² 波浪形铝板吊顶和报告厅1135m² 斜切面吊顶，流线自然，与末端装置成排成线。见图12。

亮点4：前厅815m² 曲线形铝条板艺术墙饰面，拼花自然、线型流畅。

亮点5：14768m² OAL多功能线槽网络架空活动地板，作为地毯基层，模块化拼装、简

图12　亮点3相关图片

洁平整、互换性好、方便实用。

亮点6：16627m² 簇绒地毯错缝散拼施工，铺贴平服、图案吻合。

亮点7：主楼屋面铺砖——企业Logo展示，精心组拼，赋予"二建"品牌耐久性。

亮点8：8150m² 裙楼屋盖铝镁板，压型直立锁边处理连续、紧密、顺直。见图13。

图13　亮点8相关图片

亮点9：地下室通道全面使用铝合金线槽荧光灯带，布线整齐、防潮实用。

亮点10：综合吊架和设备支墩做工美观，吊筋外包PVC套管，新颖独特、防污染。

亮点11：管道、桥架排布合理，根部封堵做法考究，环封一致。穿墙管道成品装饰罩修饰，经久耐用。见图14。

亮点12：开关插座、消防箱门背板、人防门框均采用钛合金套边点缀，做工精良、美观大方。

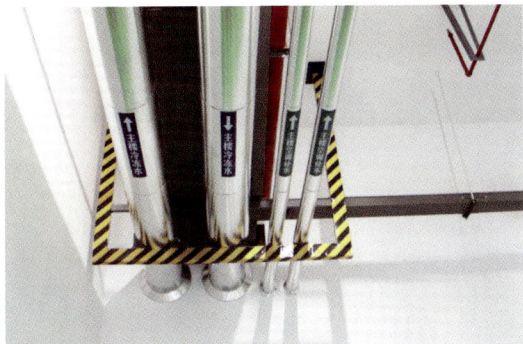

图 14　亮点 11 相关图片

图 15　亮点 15 相关图片

图 16　亮点 17 相关图片

亮点 13：大堂天棚 1350 套 LED 点式光源照明，精致镶嵌、繁星点缀、高亮照度、智能集成控制。

亮点 14：排风管角铁法兰连接处不锈钢包边、压接严密、美观实用。管道轻质铝皮保护壳，性能优良。

亮点 15：设备房四周排水沟不锈钢盖板，顺直流畅。设备基础四周不锈钢导水槽，实用耐久美观。见图 15。

亮点 16：主楼外墙 82 根（79.6～81.2m 高）铝单板装饰立柱，分隔一致、线角顺直、高耸壮丽。

亮点 17：屋面不锈钢避雷带，平直顺滑、美观耐用。见图 16。

亮点 18：防火卷帘两侧不锈钢压条，简洁实用。

8　工程综合效果及获奖情况

工程经过一年的使用，绿色生态，智能节能，各系统运行正常，为医药研发、科技成果转化提供优质平台，已承办 20 次大型研发会展活动，使用单位"非常满意"。

本工程获得江苏省优秀勘察设计奖、省优扬子杯奖、江苏省级安全文明示范工地、省级新技术应用示范工程、全国绿色施工示范工程、2017 年度中国建设工程"鲁班奖"、全国优秀项目管理成果二等奖、中国建设工程 BIM 大赛卓越工程三等奖。

我们将以此为契机，传承工匠精神，为社会奉献更多的精品工程。

连云港市档案馆、城建档案馆迁建 ——南通四建集团有限公司

1 工程概况

连云港市档案馆、城建档案馆迁建工程是连云港市"十三五"规划重点项目。位于连云港市朝阳东路与学院路交叉口，框筒结构，建筑面积51702m²，其中地上37122m²，地下14580m²。地上21层，地下2层，高81.4m，总投资3.28亿元，是一座功能齐全，集现代化、信息化、高智能化及社会服务于一体的环保节能型综合公共建筑。见图1。

图1 工程外景

大楼的交付使用，大大提升了连云港全市档案管理条件，功能齐全，查阅档案和数据更加方便、快捷，对全市经济社会发展和城市建设档案管理起到重要作用。

本工程由连云港市同城地产集团有限责任公司投资兴建，南京市建筑设计研究院有限公司设计，中蓝连海设计研究院勘察，连云港市建设监理有限公司监理，南通四建集团有限公司施工总承包。

工程基础：采用桩基＋筏形基础。工程主体：主体框筒结构；

室外装饰：以玻璃幕墙、石材幕墙为主；

室内装饰：墙面以木饰面、铝板、玻璃隔断及普通乳胶漆等为主；

吊顶以纸面石膏板、硅酸钙板、铝板等为主；

地面以花岗岩、玻化砖、塑胶地板、大理石地面、地毯、静电地面、木地板、环氧地坪漆为主；

安装工程：给水排水系统、中央空调系统、建筑电气系统、楼宇自控系统、消防火灾报警等十系统，实现了楼宇智能化控制。

工程于2014年8月15日开工，2016年9月22日通过连云港市建设工程质量监督站验收，并于2016年9月27日通过连云港市住房和城乡建设局备案。

2 创优做法与经验

2.1 工程管理

本项目施工之初，就确立了"鲁班奖"的创优目标。创"鲁班奖"是一项系统工程的创优全过程，包含了各单项工程整体创优目标的实现，成立创"鲁班奖"领导小组，指挥和协调创建过程中各单位的创优工作，小组组长由项目经理担任，副组长由项目总工与项目副经理担任，项目全体人员，包括业主指定分包的分包单位项目成员，均是创优成员。

创"鲁班奖"领导小组接受集团总部项目管理部的指导，同时，集团总公司定期对项目进行指导、把关。

同时，我们聘请了中国建筑业协会相关专家为本工程创优顾问，对工程进行指导。

2.2 策划实施

做好创"鲁班奖"策划：

本工程由创"鲁班奖"领导小组编制了详细的创"鲁班奖"实施策划书，为实现精品工程提供依据，策划主要突出以下内容：

（1）明确创优目标及创优组织、组织成员的相关责任。

（2）对本工程创"鲁班奖"的优势与劣势进行分析，并制订扬长避短的相应措施。

（3）明确各阶段的目标，包括：质量、安全、文明施工、科技推广及应用、科技成果、工法及专利总结等，以及实施目标的具体措施。

（4）针对工程特点，挖掘亮点，并制订突出亮点的具体措施。

（5）制订相关的培训计划，加强与中国建筑业协会沟通，定期请其专家委专家到现场进行指导。

（6）编制"四书一图"，主要内容如下：

四书：指质量保证点作业指导书、质量校核点作业指导书、质量控制点作业指导书、隐蔽工程追溯点作业指导书。

一图：指深化设计图、节点图或大样图。

①质量保证点作业指导书：是控制对工程质量起至关重要作用的原材料、半成品或成品构件等质量、采购及验收编制的作业指导书。在该作业指导书中，应列出清单，并逐项制订各步骤控制措施。

②质量校核点作业指导书：即对工程验收控制编制的作业指导书。明确检验批的划分、验收的内容、验证的方法等内容，明确质量标准高于国家标准。

③质量控制点作业指导书：是针对涉及工程安全及功能检测项目的控制而编制。既是工程竣工交付后可追溯的依据，也是对工程进行

检查验收、管理、使用的依据，施工前对工程涉及的质量控制点的施工工艺明确操作方法、要点和难点、对操作者的技能要求、检验方法提出特殊操作工具要求等。

④隐蔽工程追溯点作业指导书：是针对工程所涉及的全部隐蔽工程项目的控制而编制。精品工程要求"内坚外美"，工程的"内坚"在验收时无法看出，隐蔽工程验收是工程内在质量的真实反映，也是工程竣工交付后可追溯的依据。

2.3 过程控制

工程项目质量的优劣是由施工过程水平决定的，过程控制是创"鲁班奖"的关键。本工程时时处处以过程精品为施工目标，确保整个工程优良，为获"鲁班奖"打下坚实的基础。严格施工过程的质量控制，加强施工现场的质量管理，主要做了以下几个方面的工作

（1）将创优目标分解到所有参建单位

"鲁班奖"工程是一个整体，总包单位只是施工了主要的部分，仍有相当一部分由分包单位施工。作为总包方，将创优目标分解到各参建单位，明确单位承建的分项工程质量目标和各自的质量责任是十分必要的，所有参建单位统一认识、齐心协力，才能达到预期目标。

（2）现场管理标准化

实施现场标准化管理，是我们提供质量保证的重要手段。建立项目质量保证计划，落实质量责任制，实行国际通行的标准化管理，是保证工程质量的可靠途径。

推动现场管理标准化的措施靠的是科学、合理的制度及强大的执行力，这是总包单位必须做好的两件事。

（3）抓好分承包商的质量控制

对分承包商实施总包管理，对其产品质量实施有效的控制，使其达到预期目标。对于分承包单位，除对他们实施"合同制约"外，最

重要的还需把工程质量目标变成为共同追求的目标，自觉地把好质量关。同时，要充分发挥总包协调、配合、服务的综合职能，将总包管理渗入分承包管理中，防止以包代管、放任自流的倾向。

（4）积极推广应用新技术、新工艺、新材料

新技术、新工艺、新材料这需要在施工过程中挖掘，工程开工后，我们结合目前建筑市场状况，结合工程的具体特点，选择一些科研课题，并聘请行业内知名专家、大学教授进行指导，合作开发，本工程获得省级以上施工工艺工法一项，专利一项。"节能环保、绿色施工"是建筑业的发展方向，因此，我们积极使用国家推荐的绿色环保材料。

（5）做好各专业接口处理

1）土建施工阶段，在建筑图的基础上绘制给水排水、暖通、电气、智能化等专业综合作业图。将各类管线、预埋件、预留洞绘制到一张图上，并用安装专业软件进行三维模拟，将相互间的影响和制约提前消化在图纸上。

2）精装饰阶段，各专业协调更为关键，需在装饰深化设计图中，将各专业的设施、设备、洞口、灯具、广播、消防喷淋、烟感器、监控探头等综合绘于图上，形成成型效果图，并且应对各类设施设备等位置进行优化调整，以期达到更加美观的效果。

（6）做好细部处理策划

真正的精品工程，不是体现在大面，而是体现在细部。因此，细节处理上需提前考虑各专业的设计情况，精心策划，统一做法，以指导各工种、各专业队伍施工。同时对一些关键分项工程质量通病的防治，对其施工构造节点、操作工艺应精心设计，严格施工程序，精益求精，真正做到"人无我有、人有我精、人精我专、人专我突"，体现工程的

含金量。

2.4 科技创新与技术攻关

连云港市档案馆、城建档案馆迁建工程通过实行"明确目标精施工、精雕细刻铸精品"的管理思路，实现了"基础工程优品，主体工程精品，装饰工程艺术品"的施工效果。

特别是创新先进工艺和精工细作，将施工难点和普通材料做到极致，成为工程亮点，使建筑工匠作品在项目上处处体现和闪光。特别是业主对车位的人性化分区（男、女）等做法，亦让人在欣赏工程艺术品的同时，处处体会到建设者的独特理念。

（1）质量效果

工程荣获2015年度"连云港市优质结构"工程，荣获2015年度"华东片区建设工程示范样板工程"，荣获2016年度连云港市"玉女峰杯"优质工程，荣获2017年度江苏省"扬子杯"优质工程，荣获2016～2017年度第二批"中国建设鲁班奖"。

（2）技术效果

1）技术应用示范工程：工程被江苏省住房和城乡建设厅评为第22批新技术应用示范工程，应用水平达到国内领先水平。

QC小组成果：2015年度全国工程建设优秀QC小组活动成果二等奖1项，2016年度全国工程建设优秀QC小组活动成果三等奖1项，江苏省工程建设优秀质量管理小组活动成果优秀奖1项。

2）工法撰写：工程《蒸压轻质砂加气混凝土（ALC）砌块砌筑施工工法》、《金属风管简易吊装与固定装置施工工法》均获得江苏省省级工法。

3）新型专利：《一种使用方便的塑料阳角条》、《一种悬挑脚手架的锚固装置》荣获国家实用新型专利。

设计获奖情况：荣获江苏省勘察设计优

秀奖。

（3）环境和安全效果

1）工程荣获 2015 年度江苏省文明工地称号，并获得第四批全国绿色施工示范工程。

2）工程荣获 2016 年度全国 AAA 级安全文明标准化工地称号。

3）工程荣获江苏省住房和城乡建设厅二星级绿色建筑设计标识证书。

（4）社会和经济效果

工程竣工交付使用以来，各系统功能运转正常，未发现质量问题与隐患，符合设计要求，满足使用功能，业主非常满意！

3 工程主要质量特色

亮点 1：12580m² 地下室大面积混凝土地坪无空鼓、开裂，且环氧地坪平整、光洁，整个地下室地坪施工质量和观感效果极佳。见图 2。

亮点 2：超长、超宽 12580m² 地下室主体混凝土密实无裂缝，达到清水混凝土效果。地下室成排混凝土柱装饰后纵向、横向均平直一线，是项目部工匠精神对传统工艺的苛刻要求，独具匠心。

亮点 3：一层铝板吊顶间及所有纸面石膏板吊顶留设的凹槽装饰工艺缝，定制工具，专人施工，工艺缝宽深一致，分缝清晰，新颖美观，是本工程创新工艺追求完美的上乘佳作。见图 3。

亮点 4：屋面工程清爽美观，处处体现出精雕细琢的闪光之处。

（1）屋面地砖排版合理，铺贴平整，缝隙均匀一致，分隔缝分色美观。

（2）排水沟设置合理，水沟内排水坡度正确，流水顺畅。落水口石材定制，新颖美观。

（3）屋面弧形泛水处理独特，弧度一致，

图 2 亮点 1 相关照片

图 3 亮点 3 相关图片

做工精细、美观、新颖。见图4。

图4 亮点4相关图片

（4）不锈钢上人爬梯，造型新颖、做工精致、安全可靠。特色支墩美观大方；水簸箕做工讲究，美观实用。

亮点5：工程所有柱、墙、梁及纸面石膏板装饰后的竖向、水平阳角，均满贴优质专用塑料阳角条，共计53130m，整栋大楼的阳角顺直、挺括、方正、无一缺损，目测无误差，效果极佳。

亮点6：楼梯间做工精细、美观大方。

（1）楼梯踏步：地砖铺贴经现场精确测量，踏步宽、高度差均在2mm以内，且地砖选材要求高，厚度一致，楼梯踏步侧边厚薄误差≤1mm，观感效果好。

（2）不锈钢楼梯扶手安装牢固，转角平顺，护栏美观。楼梯栏杆水平段高度、下口挡水槛规范设置，施工细腻。

（3）楼梯梁、板粉刷平整，棱角分明；粉刷滴水线槽上下贯通，精心施工，分色清晰。

亮点7：卫生间墙、地面砖对缝铺贴，地漏处地砖定制加工，套割居中，美观大方。卫生器具、洁具居中布置，与墙砖拼接美。

亮点8：工程所有石材、地砖踢脚线均精心施工，平直一线，出墙厚度统一为12mm，精巧、美观。过道地砖全部整块排布，整洁大方。

主楼与裙楼的伸缩缝，内置可伸缩固件，外口用不锈钢面板饰面，同时与地面砖缝贯通，效果美观。

亮点9：大楼木门铰链专人统一安装，固三挑二，铰链开槽尺寸、深度与合页一致。所有铰链十字螺钉十字均横平竖直。门框套周边统一打胶，细致、美观。

门扇上部透气孔设置规范，门扇框无变形，门扇开启灵活。

亮点10：所有柱面上的开关、插座、应急指示灯等均做到居中布置或对称布置。施工策划独具匠心，做法新颖。

亮点11：所有不同交界面处均打胶处理，胶缝饱满均匀、平滑一致、美观适用。见图5。

亮点12：外墙火烧珍珠白花岗岩，按石材荒料连续编号切割加工，现场精心排版安装，六面防水处理到位，整个石材幕墙无色差，观感效果好。

亮点13：14个可拆卸式沉降观测点、4个防雷接地测试点，做工细腻，编号清晰，箱体统一策划定制，美观大方。见图6。

亮点14：工程无障碍设计周到齐全，残疾人通道、专用卫生间扶手、电梯楼层按钮均人性化设置，为残疾人和老年人群提供方便。

亮点15：本工程地下室、一层大厅等部位成排灯具，纵向、横向都上线。吊顶装饰面层内的灯具与装饰造型匹配，观感舒适。

亮点16：1～5层铝板墙安装接缝顺直、

图 5 亮点 11 相关图片

图 6 亮点 13 相关图片

表面顺滑流畅。木饰面墙接缝严密，表面光滑、平整，色调与使用功能相协调。

亮点 17：本工程地下室大理石门套均整条设置，独具匠心，美观讲究。

亮点 18：屋面设备布置合理，设备基础间距一致，平直美观，设备防雷接地线径合规，连接可靠。

亮点 19：屋面空调水管、多节弯绝热层

铝皮护壳，顺水搭接，制作讲究；屋面管道不锈钢过桥人性化贯通设置，方便适用。见图 7。

图 7 亮点 19 相关图片

亮点 20：本工程各专业管线施工前，将水、电、暖通、弱电等系统，运用了 BIM 管线碰撞排布优化技术，达到最佳效果。所有管道、桥架等走向合理，排布整齐、标识清晰。管道支、吊架安装牢固，吊杆顺直，位置正确。管道、桥架穿墙、穿楼板周边防火封堵严密，表面光滑、平整。

亮点 21：消防泵房、生活水泵房经 BIM 策划，设备安装牢固，排列整齐。基座四周排水槽布置合理，美观适用。水泵房管道安装整齐美观，标识清晰，观感效果好。见图 8。

亮点 22：水泵减振基础，吸收和隔离设备运行时的振动力，防止设备发生共振现象，确保设备运行平稳可靠。

亮点 23：管井内管道、阀门等布置整齐有序。根据各井道空间大小，合理布置，各层统一安装工艺，做到安全可靠、工艺完善、美观耐看。

亮点 24：消防箱后背进行防火板材的封堵，既满足规范又做到美观大方。

亮点 25：智能化设置了 10 个子系统、6156 个信息点、204 个摄像头等先进设备，智

能化集成度高，信息传输流畅，至今系统运行稳定。

亮点26：成品保护细腻周到，无碰伤、污染等现象。地下室环氧地坪等使用至今，仍光洁明亮，崭新如初。

亮点27：运用BIM技术合理优化吊顶内管线布设，为装饰装修工程提供了方便，同时极大提升了净高。见图9。

图8 亮点21相关图片

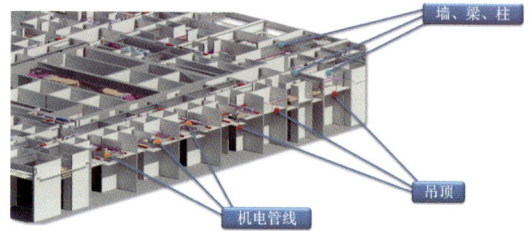

图9 亮点27相关图片

花桥国际商务城博览中心新展馆 ——苏州第一建筑集团有限公司

1 工程简介

1.1 基本情况

花桥国际商务城博览中心新展馆总建筑面积 58437m²，建筑高度 19.9m，见图 1。基础全部采用独立桩基。由 4～7 号单层展厅和两层的中展厅组成。主功能区域为单跨混凝土柱—钢管桁架屋盖组合结构体系，其他用房为钢筋混凝土框架结构。该工程主要功能为展览、展示场所。见图 2。

1.2 主要特点难点

4～7 号展厅地坪面积较大，设计采用金刚砂地面。每个展厅内设有主、次共用沟 22 条，分别沿展厅边缘及平行于展厅横轴线布置。天然地表以下 2～3m 范围均是软弱土层，直接影响地坪的成型质量和使用功能。见图 3。

4～7 号展厅共计 60 榀 55.35m 跨度的变截面倒三角管桁架；中展厅南北门廊各 1 榀 71.4m 跨度、总长达 105.2m、高 3.5m 的矩形空间管桁架。所有杆件都采用相贯焊接连接，杆件加工制作精度和施焊质量需要达到较高水平，才能确保结构的安全、稳定。见图 4。

南北立面各 18 块间隔式布置的独特 7 形幻彩铝板造型为项目的外观效果增色不少，但挑战也随之而来，要保证其按 6° 倾角同面、同轴安装，测量定位、钢结构与外装幕墙的制作、安装、配合都要重点控制。

4～7 号展厅的 6m 平台和中展厅屋面是整个工程的设备层，大量的设备、管线及相应支架布满了整个屋面，如何整合近十家专业的这些设备、管线、支架的布置，使之成为工程的亮点和特色是关键。见图 5。

1.3 社会效益

花桥国际商务城博览中心新展馆以 150 天的中标工期，确保创"鲁班奖"的投标承诺，实现了包含土建、钢构、内装、外装、机电安装、智能化、泛光照明、电梯、市政景观、绿化工

图 1 工程效果图

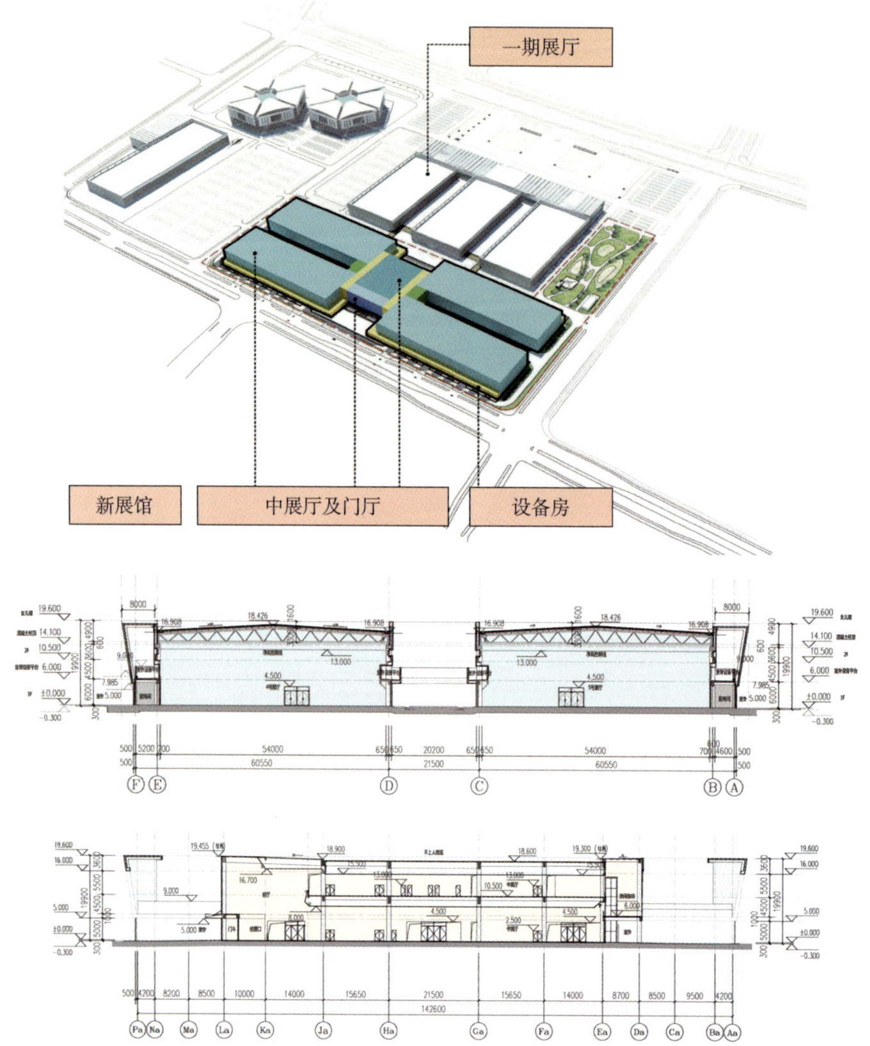

图2　花桥国际商务城博览中心新展馆建筑、结构概貌

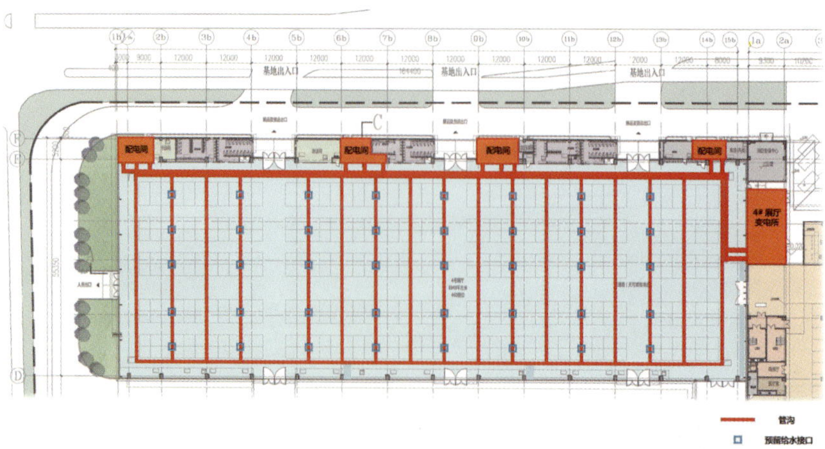

图3　展馆地沟平面布置图

图 4　展厅空间管桁架屋面及节点细节

图 5　中展厅屋面设备层的综合管线布置

程等众多专业的总承包管理。进行周密策划，建立高于国家标准的项目内控质量标准，以技术保证为先导，样板领路为示范，确保质量管理受控有序。

2　主要创优做法

2.1　不大，做细：展厅规模不大、但地面承载要求高

国内外除了少数超大型博览中心的单个展厅面积在 3 万 m^2 左右，大多数展厅面积在 1 万 m^2 左右。新展馆 4～7 号展厅每个都在 1 万 m^2 左右，采用金刚砂耐磨地坪，作

为重型设备的布展场所，地面设计承载力为 30kN/m^2。为方便各个展位引入电力和给水管线，每个展厅设有主沟 3 条，次沟 19 条，综合管沟对展厅地坪自然分割，形成了很多的界线细部。其结构施工时，又不可避免地对本就较软弱的原状地面土层造成较大扰动。为保证展厅地坪的施工质量和使用功能，策划过程中我们提出对软弱原状土予以挖除并采取砂石回填，土方换填开挖方量达 15 万 m^3，均满足设计压实系数不小于 0.97 要求。而施工程序则先砂石回填，后开挖施工共用沟。得到了设计和建设单位的一致认可。见图 6。

图 6　4～7 号展厅地坪共用沟分布图及砂石换填

根据策划，共用沟沟侧采取预埋角钢作为护角，有效地防止了共用沟边界处金刚砂地坪缺棱掉角等质量问题的发生。而盖板则选用高强碳纤维材料制作，其强度高、重量轻、颜色可调，在保证强度满足货车通行和重载展览的前提下，方便开盖操作，与金刚砂地坪整体效果佳。

大展厅金刚砂硬化地坪采用激光整平机械化施工，平整度好，强度高、不起尘、表面光洁。4～7号展厅40423m² 耐磨地坪平整、光洁，无裂缝，6541m 分仓胶缝纵横饱满顺直、宽窄一致。见图7、图8。

图7　成型后的展厅地坪

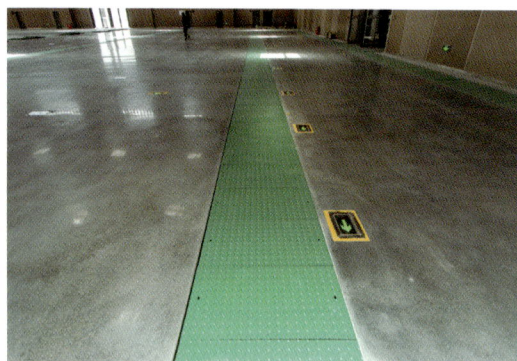

图8　展厅地坪的细部做法

2.2 不高，做精：室外装饰形式多样，不同材质交界面多

新展馆室外装饰有幻彩铝塑板加 Low-E 玻璃、幻彩铝塑板加瓦楞板、渐变色排列铝单板加深浅色防雨铝合金百叶多种形式结合，风格独特。外立面6m 标高以上幻彩铝板装饰造型，南北各18块，设计采用间隔式布局，近400m 长同一个立面装饰造型在空间上要精准同轴、同面。见图9。

我们专门为幻彩铝板造型施工进行了策划，利用 Tekla 软件进行钢结构深化设计，杆件数控断料、工厂制作、预拼装，现场按轴线将水平段与倾角段于胎架上拼接，整体吊装就位。利用模型获取各型钢单元角点三维坐标，通过地面设置的四个测量工作基点，采用全站仪监视测量安装精度，以求型钢基架安装误差最小。见图10。

图9　室外幻彩铝板造型实景图

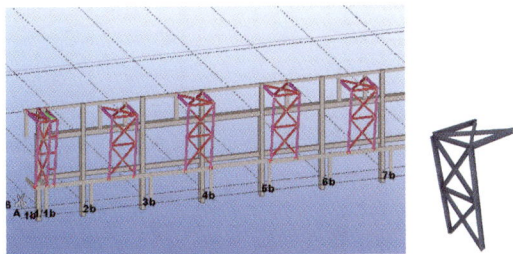

图10　幻彩铝板造型龙骨框架建模大样

而幻彩铝板饰面则采用 Rhino 犀牛软件进行建模、下料、工厂化成型。外装铝板施工前全站仪将所有点位全部投放在钢结构主杆件上。副龙骨横梁和立柱据此安装。通过复测复量及时调整横梁和立柱安装误差，保证了近400延长米的铝板安装的精度。见图11。

整个幕墙工程施工，墙面大角方正，上下垂直，外檐线条刚劲有力；玻璃幕墙安装规范，封胶整齐、饱满、严密，无渗漏，高效节能。不同材质界面接缝处打胶处理，界限分明，美观实用。

2.3　不复杂，做完美：中展厅屋面涉及专业多，设备多

花桥国际商务城博览中心新展馆10台空气源热泵机组、6台循环水泵、45台防排烟机

图11　展馆南立面灯光实景

和风机以及各种管道、桥架、设备基础、支架等都设置在中展厅3000m²的混凝土屋面上。下部为中展厅，设由展览区、休息室、物业用房和展馆使用方办公区，因此设备减振降噪要求非常高。整个3000m²的屋面涉及了几乎所有进场施工的专业队伍。

由总承包牵头，利用BIM技术将屋面上从土建的排水沟、饰面砖排砖，到所有设备、桥架、管道、风道进行建模布置，同时生成支架，于土建屋面施工时同步埋设。BIM技术的应用，不但避免了设备、管线的碰撞，还达到了布局整齐美观、层次合理清晰的效果。见图12。

图12　中展厅屋面设备层BIM建模与实体对比

策划时，为方便日常设备巡查、保养，我们提出结合设备布局和管线走向，整体考虑设置钢走道，得到设计和建设单位的一致认可，并以设计变更的形式确定增设。见图13。

屋顶重型设备提前进场，配合土建屋面施工，在外装玻璃顶施工前，阶段性插入；应用减振降噪综合技术在空调机组基础设置减振器，水泵通过减振台座和减振器隔振，风机等采用减振橡胶垫，隔离振动、吸收冲击。

屋面的整体布局使整个屋面整齐划一、非常美观。见图14、图15。

图13 中展厅屋面设备、管线、走道实景

图14 中展厅屋面饰面砖效果

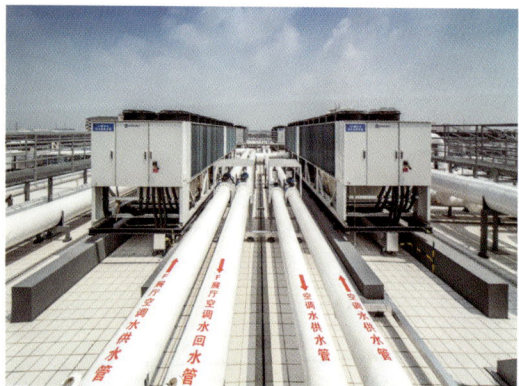

图15 中展厅屋面各部位实景（一）

图 15　中展厅屋面各部位实景（二）

3　新技术运用与技术创新

　　本工程施工中共应用了住房和城乡建设部十项新技术中的 7 大项 19 小项，江苏省十项新技术中的 5 大项 7 小项，创新技术 3 项，取得了良好的成果和综合效益。本工程还运用了由苏州第一建筑集团进行技术创新并经过多项工程实践、不断改良的四个江苏省工程建设省级工法。

3.1　缝隙式树脂排水管沟施工工法

　　缝隙式树脂排水管沟施工技术是采用模压式树脂式排水管沟暗敷于地表下，顶部采用中缝式或侧缝式 316 不锈钢顶盖收集地表水，同时起到隐蔽的效果。该技术主要应用于大面积的石材广场区、大区域的地表汇水区和景观质量要求比较高的隐蔽式收水系统。见图 16。

图 16　采用缝隙式排水管沟的广场地面

3.2　大型管桁架无胎架快速拼装施工工法

　　大型管桁架无胎架快速拼装施工技术采用下弦杆和下弦腹杆的平面精确定位、拼装，组成整体桁架拼装的"基座单元"。腹杆采用实样定位、焊接成"人字单元"作为桁架上弦杆的支撑构件，利用管桁架空间节点交汇，杆件轴心可以相交、汇合的特点，在"人字单元"与"基座单元"组装时杆件之间相互支撑，不依靠额外的支撑即可获得较高的稳

图 17　展厅主入口的大型管桁架

定性。因此省去了拼装胎架的设置，节约了成本。见图 17。

3.3　设备管道绝热结构彩色复合外护壳施工工法

设备管道绝热结构彩色复合外护壳施工技术，采用新型的彩色复合材料外护壳，通过专用胶粘带进行安装，同时采用专用胶水跳粘或塑料自攻螺钉进行加固，形成绝热结构保护层。该彩色复合外护壳具有憎水性、耐酸碱，表面平整、无缝隙，可抵御蒸汽高温以及酸碱侵蚀，具有良好的弹性，抵抗一定强度的冲击；制成不同颜色外护壳对管道进行分色处理，外观效果好；施工安装便利，使用剪刀、专用粘胶带及胶水即可安装，省去以往金属材料需要机器裁剪、钣金和铆接、焊接等复杂工艺；采用 BIM 技术建立管道的安装模型，获得安装管道、绝热层、保护层及配件的材料清单，由工厂化预制成彩色复合外护壳，进一步提升工作效率，避免了材料浪费。见图 18。

图 18　采用新工法施工的空调供水回水管

3.4 多管相贯焊接节点空间定位施工工法

结合 Xsteel 软件，将三维的空间坐标转化为三个容易测量和控制的距离，解决了多管相贯节点最困难的定位问题，提高了相贯节点的安装精度和外观品质。见图 19。

图 19 多管相贯桁架屋面

4 管理创新在 BIM 技术方面的应用

4.1 建立模型、优化设计

BIM 建筑信息模型，对建筑物管道设备模型的仿真建立，将管线设备的二维图纸进行集成和可视化，在施工前期可以进行管线碰撞检查，优化原有图纸设计，提高图纸阅读效率，减少在建筑施工阶段可避免的损失和返工的概率，更加方便地进行技术交底，从而达到管线综合优化布置的目的。见图 20。

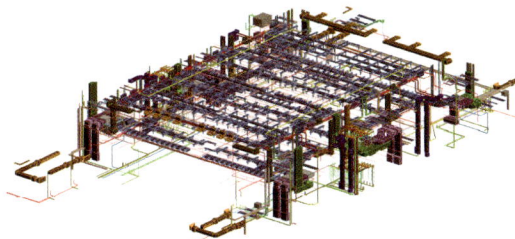

图 20 中展厅安装室内系统 BIM 模型

4.2 虚拟施工、优化管理

虚拟施工、技术与系统设备的完善，应当采用较为先进的技术（4D 或 5D）和系统，确保建模分析的全面性，可视化图纸输出。如钢结构工序模拟施工，以确定方案。同时，通过计算机 VR 技术实现虚拟施工与实际工况相结合，可以在复杂工序前对实际操作的一线工人进行实景交底，大大降低施工中出现差错的概率，提高施工质量并减少可能发生的返工成本风险。见图 21。

图 21 钢结构吊装工序模拟

4.3 多方协作，可实时交互的 BIM 模型管理平台

BIM 模型通过与 GPS 定位、二维码、云计算等多项新技术的结合，形成了一个多方协作管理平台，在实际施工管理中发挥了巨大的作用。管理人员依靠基于 BIM 模型的平台，可以实时发现、反馈、纠正、检验施工中实际发生的问题，所有施工的参与方共同协作，进行安全管理、材料管理、质量管理、流程管理等，确保工作的持续性。

5 工程获奖情况

5.1 国家级

（1）荣获 2016～2017 年度第二批中国建设工程鲁班奖

（2）评为"全国建筑施工 AAA 级文明标准化工地"；

（3）工程建筑设计获三星级绿色建筑设计

31

标识证书；

（4）全国工程建设质量管理小组活动Ⅰ类优秀成果奖；

（5）全国建设工程项目管理成果三等奖。

5.2 省级

（1）评为上海市优秀设计工程；

（2）获得江苏省优质工程"扬子杯"奖；

（3）通过"江苏省新技术应用示范工程"验收；

（4）设备管道绝热结构彩色复合外护壳施工工法；

（5）江苏省安装行业BIM技术应用大赛"最佳普及应用奖"。

6 经验总结

鲁班奖是中国建筑业界的最高荣誉，要得到鲁班奖这一殊荣，并不单单是埋头苦干就能如愿以偿。企业必须提高自身的总体素质，从全方位的管理水平上达到一流的水平，再配合一个符合创优条件的重点工程，才能有机会夺得这一荣誉。当今社会心浮气躁，追求"短、平、快"带来的即时利益，从而忽略了产品的品质灵魂。企业更需要工匠精神，不断雕琢自己的产品，不断改善自己的工艺，享受产品在双手中升华的过程。只有这样，才能将一件件也许并不是名师大家的设计，或者也没有奢华耀眼的装潢工艺，而是与这个社会息息相关的万千广厦都塑造成精品工程，让所有人安居乐业，这就是平平淡淡中见真章。作为地方建筑企业，这些年经受着大型国企的不断冲击，我们只有不放弃对工匠精神的执着追求才能将每一件产品都塑造成客户满意的产品，才能真正立于不败之地，才能再去闯一片我们的新天地。

盐城体育中心体育场 ——江苏中南建筑产业集团有限责任公司

1 工程概况

盐城体育中心体育场位于盐城市城南新区，是苏北地区规模最大的体育场，同时也是盐城市打造高品位市民生活、推动城市发展的重大民生工程。见图1。

体育场整体设计宛如一只展翅飞翔的丹顶鹤，在景观水池里倒映出"盐田鹤影"的景象，充分展现了盐城极具代表性的"盐"文化及"鹤"文化。这些独特的造型设计，隐约似丝绸又似流水、似繁花又似绿树，相对柔和的表现形式，从更深的层面体现出人文关怀。

图1 工程外景

工程由盐城市城南新区开发建设投资有限公司开发，悉地国际设计顾问（深圳）有限公司设计，盐城市工程建设监理中心有限公司监理，盐城市建设工程质量监督站进行工程监督，江苏中南建筑产业集团有限责任公司主承建施工，南通市中南建工设备安装有限公司参建机电安装工程，金丰环球装饰工程（天津）有限公司参建内装及幕墙工程，山东锦城钢结构有限责任公司参建钢结构工程。

工程总面积54872.73m²，框架-剪力墙+钢结构；地上二层，局部三层，设座位35884座。主要由9道400m标准跑道、国际标准田赛场地及标准足球场、活动用房、商业用房、办公用房、设备机房等组成。满足专业队训练、举办省级综合赛事、全国单项比赛，及大型文艺演出和全民健身活动的需要。

工程于2010年12月18日开工，2015年7月28日竣工验收备案并交付使用。

2 工程技术难点及新技术的推广应用

2.1 工程技术难点

（1）本工程平面及空间结构复杂，工程的测量放线技术难度大。

采取措施：

1）应用全站仪、激光垂直仪、高精度经纬仪等精密仪器，建立"整体控制，分区自成体系"的轴线控制网；

2）通过BIM技术的应用，确保了工程定位精确。

（2）体育场环形看台 800m 长混凝土超长结构的无伸缩缝设计，给施工带来了极大的挑战和难题。

采取措施：

对施工过程中环梁温度应力的变形测算、裂缝控制、施工后浇带浇筑时的低温合拢等技术进行了研究和探讨。

图 2　混凝土超长结构的无伸缩缝设计

（3）钢结构加工及安装难度大、要求高。

1）本工程需要弯制的钢管最大截面为 402×16，大口径钢管弯制一次成型难度大及钢结构吊装和空中对接难度大。

采取措施：根据钢结构模型，导出构件的三维信息，使用自动弯管设备，一次性弯曲成型。

2）钢结构主桁架与次桁架相连接处的贯口密集，形成多管相贯，节点控制难。

采取措施：选用合理的焊接顺序，调整合理的焊接参数，对焊工进行专门培训，保证多管相贯的焊接质量。

图 3　钢结构加工及安装难点 1

图 4　钢结构加工及安装难点 2

3）桁架单榀重约50t，安装高度48m，支撑系统的安装高度和侧向稳定性是本工程控制的重点和难点。

采取措施：选用我公司专利技术的支撑架，该支撑架在60m的使用高度下设计承载力为50t，完全能够满足本工程的施工需要；主桁架吊装后及时进行次桁架的安装，使结构形成一个整体，保证结构的侧向稳定性。

图5　钢结构加工及安装难点3

（4）桁架悬挑42m，临时支撑卸载点84个，高空作业的安全性和卸载数据的准确性是本工程的难点。

采取措施：支撑点最大荷载445kN，通过仿真模拟分12级进行卸载，卸载前使用midas结构分析软件进行卸载过程分析，找出卸载过程中可能出现的风险因素，针对风险因素制定防范措施；卸载过程中对结构进行全过程的监测，保证卸载安全。

图6　钢结构加工及安装难点4

（5）幕墙及屋面系统施工难度大

1）为体现"盐田鹤影"的寓意，在结构上设置10道造型骨架，形成层层叠叠的羽翼形状，给屋面系统的施工和防水的处理等提出了更高的要求。

采取措施：使用犀牛（Rhino）软件对屋面系统进行三维建模，保证建筑外墙与结构骨架紧密贴合，同时将屋面防水的功能隐藏在盐田鹤影的造型之中。见图7。

2）铝板幕墙节点构造复杂、尺寸异形，施工精度要求高。

采取措施：铝板幕墙共6万 m^2，由3万片单曲面、不规则四边形铝板组成，铝板数量多、造型不规则、运用BIM技术，建立三维模型，整体布局、分区控制，结合钢龙骨的测量数据，运用电脑放样下单，确保异形的基层结构、防水铝板及规格各不相同的面层铝单板进行有效的组合，造型美观、无渗漏。见图8。

图7 幕墙及屋面施工效果1

图8 幕墙及屋面施工效果2

（6）体育场平面呈椭圆形，机电安装的管道及桥架根据体育场的弧度进行弧形制作安装，保持曲率一致，是施工中的难点。

采取措施：

体育场平面呈椭圆形，机电安装的管道及桥架根据体育场的弧度进行弧形制作安装，保持曲率一致，包括大口径空调无缝钢管、消防镀锌钢管以及强弱电桥架的弧形加工制作，弧度在1°～7°之间。见图9。

图9 管道及桥架弧形制作安装

（7）泛光照明灯具安装在体育场丹顶鹤翅膀造型羽翼内侧，灯具固定安装困难，高空施工难度大。

泛光照明共编制20套动画效果，来保证工作日、节假日以及举办活动的各种美轮美奂的效果。见图10。

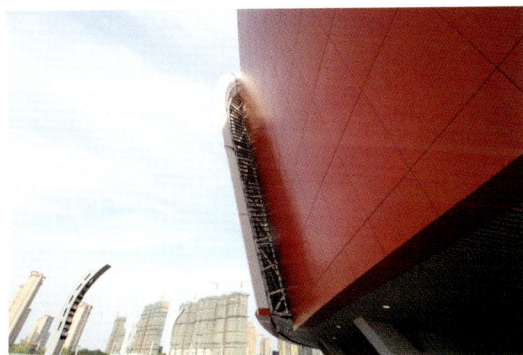

图 10　灯具安装效果

2.2　新技术推广应用

工程应用住房和城乡建设部"建筑业 10 项新技术"中的 9 大项 22 小项,江苏省"建筑业 10 项新技术"中的 9 大项 25 小项,通过自主技术创新形成省级工法 2 项、专利技术 6 项。四新技术创效 398.3 万元,同时本工程获得了 2014 年度江苏省建筑业新技术应用示范工程(苏建质安〔2014〕695 号 --JSXY-034),其整体水平达到"国内领先",取得了显著的经济和社会效益。

3　"四节一环保"应用及建筑节能技术

(1)从设计到施工的各个环节都遵循了"四节一环保"的要求,设计中积极提倡绿色低碳设计理念,采用多项新型节能、保温技术,有效降低了建筑能耗。

(2)施工中积极推行绿色施工技术,现

场临时道路进行硬化处理,设置自动喷淋、自动冲洗台、三级沉淀池等降尘措施。安全防护采用工具化、定型化产品;利用废旧木料进行成品保护,"四节一环保"效果显著。见图 11。

工程顺利通过了节能、环保等专项验收。

图 11　绿色施工

4　工程质量情况

4.1　工程质量目标

工程开工之初,明确誓夺"鲁班奖"的质量目标。

4.2　质量管控措施

强化宣贯力度,营造创优氛围。

完善质保体系,落实质量责任。

"关键工序施工方案、作业指导书、技术交底"先行,作业班组"挂牌制"管理,为确保过程精品保驾护航。

4.3 地基与基础工程

工程无裂缝、无倾斜、无变形。

桩基采用预制方桩，共1826根，经第三方检测机构对单桩承载力和成桩质量进行检测，单桩承载力均符合设计要求；桩身完整性检测：抽样检测1826根，Ⅰ类桩1784根占97.7%，Ⅱ类桩42根占2.3%；无Ⅲ类桩。

体育场共设153个沉降观测点，2011年5月21日至2017年5月10日共观测17期，其最大沉降量为1.00mm，最后百天平均沉降速率为0.01mm/d，沉降已稳定，满足规范要求。

4.4 主体结构工程

主体混凝土结构内实外光，节点方正、清晰，梁、板、柱等构件截面尺寸准确，达到清水混凝土水平；砌体垂直平整，砂浆饱满，完工后经盐城市建设工程质量检测中心有限公司实体质量检测均合格。使用至今无裂缝，无渗漏。经测量结构垂直偏差最大值满足规范要求。施工全过程材料试样检测均合格，结构安全可靠，获得盐城市优质结构工程。

钢结构工程由山东锦城钢结构有限责任公司加工制作并安装，钢结构焊接采用二氧化碳气体保护焊工艺，经江苏省建筑工程质量检测中心有限公司无损探伤检测，一次合格率达99.6%，二次合格率达100%。防火涂料经检测符合规范和设计要求；钢结构安装及卸载的变形量在设计预控范围内。

4.5 建筑装饰装修工程

建筑外幕墙计算书及专项审查手续齐全，色泽均匀一致，固定牢固，表面平整，四性检测及防雷接地电阻测试符合设计及规范要求。

吊顶形式多样，错落有致。贵宾厅墙地面石材做工精细，色泽高雅；乳胶漆墙面平整光洁，软包饰面精巧别致；各类防火门及普通木门安装牢固，开启灵活，五金安装位置正确，尺寸统一，合页开槽深度大小吻合严密。见图12。

图12 吊顶图片

4.6 防水工程

屋面采用金属屋面虹吸式内排水，屋面防水等级均为Ⅱ级。卫生间采用2厚JS聚合物水泥基防水涂料。

屋面、卫生间均经两次以上蓄水、淋水试验，投入使用两年多，无渗无漏。

4.7 设备安装工程

给水排水管道畅通、无渗漏、设备运转正常、系统工作可靠。

卫生洁具经满水试验，水泵经单机试运行和联动试运行，各系统运行正常，使用至今无一渗漏，满足设计及使用功能要求。生活饮用水经水质检测符合《生活饮用水卫生标准》GB 5749的要求。

消防系统设备安装位置合理、固定方式可靠，管道安装牢固，间距符合要求。一次性通过盐城市公安消防支队验收合格。

空调系统运行平稳，满足使用功能要求。

图 13　设备安装图片

空调风机安装牢固，减震可靠，噪声符合环保规定。各系统风管安装位置正确，排列整齐，接缝严密；管道经强度和严密性试验，风管经漏光检测及漏风量检测均合格，设备经单机试运行和联合试运行，温度、风量等技术性能指标均符合设计要求，系统运行良好，使用舒适、环保、节能。见图 13。

4.8　建筑电气及智能建筑工程

桥架安装横平竖直，弧形桥架曲率一致；防雷接地规范可靠，接地电阻测试符合要求；箱、柜接线正确、线路绑扎整齐；各类灯具安装规范，开关按钮控制灵敏。电气防火封堵接缝严密，安全美观。

智能化系统，各种信号准确，检测一次性合格，使用正常，集成运行良好。火灾自动报警与联动系统运行正常，动作准确可靠，联动运行良好，满足设计和使用功能要求。见图 14。

4.9　电梯工程

工程设 4 部客梯，呼叫按钮灵敏，信号准确，运行平稳，平层准确，闭门严密。

经江苏省特种设备安全监督检验研究院验收合格。

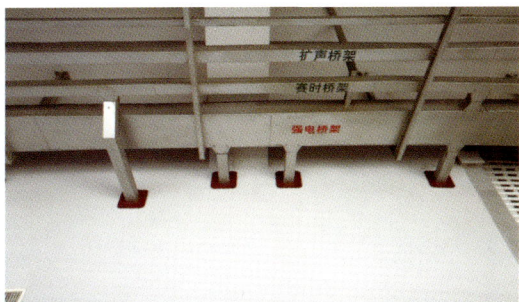

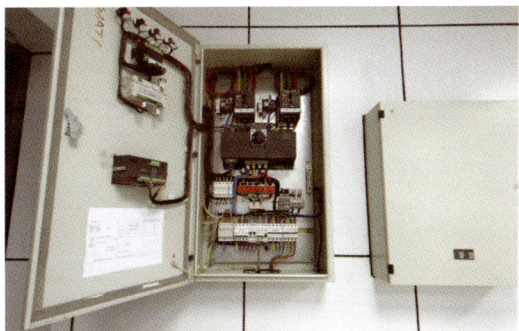

图 14　智能化系统图片

4.10 建筑节能工程

节能工程专项设计经审查合格。充分利用自然光等自然资源，设备设施均为节能产品。工程按设计文件及验收规范施工，所用材料均经验收及按规定抽样检测合格，施工过程中及完工后按相关规定进行了抽样检测，质量符合设计和标准要求，于2015年7月通过节能工程专项验收。

4.11 体育工艺方面

场地照明、扩声广播、大屏显示、塑胶跑道、天然草坪等体育设施施工规范，场地平整，尺寸准确，已通过中国田径协会及足球协会的验收合格，体育工艺通过专家组的专项验收，各项指标均符合专业比赛要求。见图15。

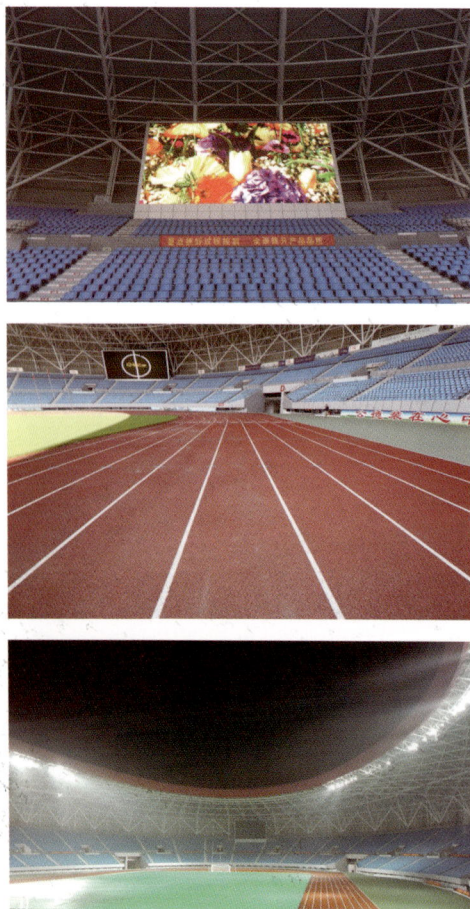

图15 体育工艺相关图片

4.12 工程资料

工程技术资料共151卷，编制了总目录、卷内目录、子目录。资料齐全完整，装订精美、分类合理，编目清楚，便于检索；数据真实准确、手续齐全，可追溯性强，并一次性通过城建档案馆的验收。

5 综合效果及获奖情况

5.1 质量效果

工程获2012年度盐城市优质结构工程、2012年度中国钢结构金奖、2016年盐城市"盐阜杯"奖、2016年度江苏省"扬子杯"奖、2016年度江苏省优秀设计奖。2016年度中国安装之星、中国建筑工程装饰奖（内装、幕墙）、2016年度华东片区工程质量监督示范样板工程。

5.2 技术效果

新技术：获2014年度"江苏省新技术应用示范工程"称号，整体应用水平达"国际先进"。国家专利：6项；QC成果：全国1项、省级1项；论文：省级3篇；工法：2项。

5.3 环境、安全、节能效果

未拖欠农民工工资，未发生任何安全责任事故。工程获2011年度江苏省建筑施工文明工地。

5.4 社会和经济效果

工程交付使用至今，结构安全可靠，系统运行良好，工程质量与使用功能得到业主和社会各界的一致好评，业主单位"非常满意"。

该工程践行"精、细、严、实、突"的管理思路，使工程各项管理均达到很高的水准，工程质量始终处于行业领先水平，同时经济效益显著。

盐城市体育中心体育场的建成，为全民健身创建了一个绿色环保的生态环境，为青少年的健康成长提供了一个强身健体的活动空间，促进了盐城地区体育事业的发展，取得了良好的经济与社会效益。

6 结束语

通过盐城市体育中心体育场工程的施工管理实践，我们深深体会到：工程创优，贵在精益求精，我们只有追求不断创新，持续改进技术和苛刻内控，才能建造出更多"与时俱进"的精品工程。

打造时代精品，铸就百年基业，品质为先是中南人永无止境的追求，以盐城体育中心体育场工程为依托，我们将向社会奉献更多的优质精品工程！

海安县文化艺术中心 ——南通华新建工集团有限公司

1 工程概况

海安县文化艺术中心位于县城长江中路 81 号，框架 - 剪力墙结构，地上 4 ~ 5 层，地下 1 层，建筑高度 39.5m，总建筑面积 59028.4m²，由剧院、图书馆、文化馆及会务中心四部分组成，见图 1。剧院设有 1300 座大剧院、400 座小剧院、剧院大堂、化妆间、琴房、排练厅、会议室、休息室、办公室等；图书馆设有藏书区和阅读区等；文化馆设有办公室、工作室、工坊、美术馆、培训室、阅览室、舞蹈房、健身吧、观影厅、录音室、会议室、消控中心等；地下室设有机动车库（194 辆车位）、消防泵房、生活水泵房、暖通机房、变电间、舞台设备、库房等。

本项目基础采用 PHC 管桩、承台筏形基础。主体结构类型为框架剪力墙结构，屋面为钢结构网架。

室内外装饰情况：

外墙做法：石材、玻璃、铝板等组合幕墙；

内墙做法：乳胶漆、干挂石材、墙砖、木吸声板、穿孔铝板等；

楼地面做法：环氧涂料、地砖、大理石、地毯、静电地板、实木架空地板等；

吊顶做法：GRG、铝格栅、穿孔铝板、多孔吸声板、石膏板等。

本工程剧院、观众厅采用木吸声板和 FC 板作为饰面，顶面采用 GRG 板作为造型材料；剧院外大堂地面、墙面和圆柱采用索菲特金石材。

大楼犹如一座书案，北侧的政府办公楼形似一座弯弯的椅背，构成天衣无缝的一组建筑群，不仅扮靓了大美海安，还满足了人民群众的文化需求，是海安社会文化事业的重点工程。

本工程开工日期为 2013 年 05 月 16 日，竣工日期为 2016 年 07 月 29 日。由海安县文化广电新闻出版局开发，南通华新建工集团有

图 1　项目效果图

限公司承建。

2 策划实施、过程控制

2.1 明确管理目标

工程开工之初公司确定了"鲁班奖"的管理目标。项目部制定了高于国家标准规范（含行业、地区、部门的标准规范）的企业控制标准。在工程主体结构、装饰装修、室外工程等工程全过程，均按本企业标准执行。

2.2 工程管理、质量保证措施

为确保本工程合同质量目标的实现，我们详细制定了保证质量的具体制度和措施：

（1）根据质量创优目标，公司精心选配具有创精品工程经验的项目经理及专业技术过硬、团队协作力强的人员组成项目管理班子，成立鲁班奖创优小组，建立创优体系。

（2）本工程创建"鲁班奖"优质工程突出一个"精"字，从预控、构思、创新入手。其过程策划与深化设计是指导工程建设的依据，其内容应针对工程建设的主要分部、分项进行。组织项目创优策划、施工过程策划和深化设计，过程控制是基础，严格规范验收是保障，科技创新是支撑，综合协调管理是关键。

（3）大力宣传教育，让创建精品工程的质量意识深入人心，以质量创优为核心，以质保体系规范运行为基础，贯彻"验评分离，强化验收，完善手段，过程控制"的方针，实施"分级过程控制，分层目标管理"，突出过程质量管理监控。

（4）施工过程中，积极推广应用新技术、新工艺、新材料、新设备，组织开展QC攻关，依靠科技进步提升创优水平。

（5）施工过程中按照工序操作标准和要求，做到工程材料100%检验、人员100%培训考核、过程100%监督到位、工序100%检查、缺陷和问题100%纠正分析、责任100%分解到位，强化综合管理，实现整体创优。

2.3 质量特色

（1）入口大堂屋面钢结构为大截面钢梁，支座采用盆式橡胶支座，其承载力大、重量轻、结构紧凑，节省钢材，降低造价，减振效果好见图2。

图2 质量特色1

（2）1300座大剧院，剧院内采用集成实木饰面，凹凸有致，拼接严丝合缝，顶面采用GRG板作为造型材料,确保完美音质。见图3。

图3 质量特色2

（3）400座小剧场内墙超长大曲面装饰板，错落有致，形似层层水波，与建筑物东外立面内外呼应，集声学效果与艺术美学的完美统一。见图4。

（4）幕墙线条顺直，缝隙均匀，胶缝饱满、通顺，外形美观大方。见图5。

（5）主入口门厅5根直径1.6m的20m高大圆形独立柱，挺拔、亮丽。见图6。

图4　质量特色3

图5　质量特色4

图6　质量特色5

（6）剧院大堂天然大理石墙、地面，表面平整、纹理自然、纵横通缝、无空鼓。见图7。

图7　质量特色6

（7）形式多样、造型别致，灯饰精美，与整体装饰装修风格相协调，相得益彰。见图8。

图8　质量特色7

（8）墙面块材铺贴密实、平整，木饰面纹理平顺，做工细腻。见图9。

（9）地砖等块状楼地面面层铺贴密实、排布合理、无空鼓、无色差，环氧防滑涂料等整体楼地面，地面平整、光滑见。图10。

（10）楼梯踏步高宽一致，栏杆间距均匀，安装牢固，滴水线顺直。见图11。

图9　质量特色8

图10　质量特色9

图11　质量特色10

（11）屋面分隔缝顺直,坡向合理,无开裂、无渗漏。见图12。

图12　质量特色11

（12）钛锌屋面线条顺直、美观,安装牢固,面层整体结构性防水、排水功能强,降噪效果好。见图13。

（13）屋面细部做法精细美观。见图14。

图13　质量特色12

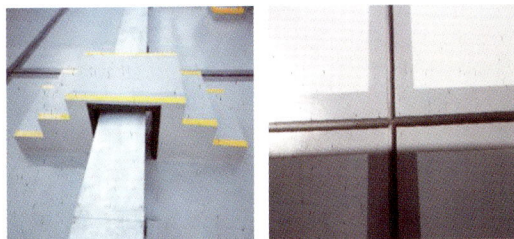

图14　质量特色13

（14）地下车库耐磨地坪一次成型,表面平整、分格合理,无空鼓、开裂。见图15。

（15）卫生间墙、地砖对缝,洁具安装规范、标高一致,地面排水坡度正确,无积水。见图16。

图15　质量特色14

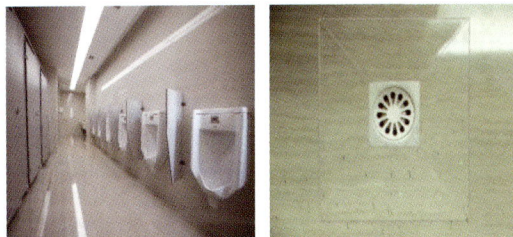

图16　质量特色15

（16）地源热泵设备排列整齐,安装牢固,支吊架规范,标识清晰。见图17。

图17　质量特色16

（17）消防设备排列整齐,安装牢固,减振有效;管线排布有序,走向正确,支吊架规范,标识清晰。基础四周排水通畅,整体协调美观,运行平稳。见图18。

图18　质量特色17

（18）舞台设备

主舞台采用典型的品字形舞台工艺布置形式，1300座大剧场空调系统采用CFD仿声模拟技术，解决了高大空间空调系统降噪、气流组织等难题，使室内温度均衡；舞台采用POC控制系统，84道灯光和景幕吊杆；4个升降主舞台，9个辅助舞台，工艺设计科学，技术性能优良，配置优化实用，运行安全可靠，操作维修方便。见图19。

图19 舞台设备

剧场扩声系统设备由江苏锐丰智能科技有限公司提供，经南京大学声学研究所检测，剧院扩声系统达到文艺演出类一级要求。

（19）变配电间柜体安装垂直，设备排列整齐，分色正确、接地可靠、标识清晰。见图20。

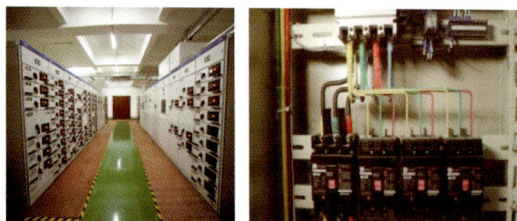

图20 质量特色19

（20）接地系统安全可靠，防雷接地网安装牢固、顺直，引下点标识清晰。见图21。

（21）管道、母线防火封堵密实、美观。见图22。

（22）各类管道、桥架标牌、标识清晰、美观。见图23。

图21 质量特色20

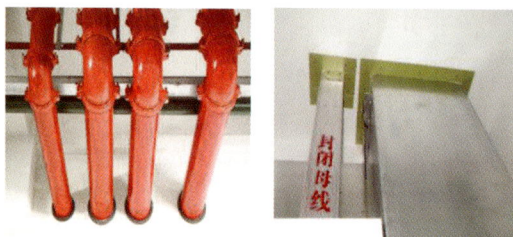

图22 质量特色21

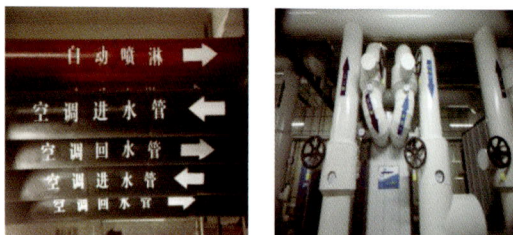

图23 质量特色22

3 科技创新、技术攻关

3.1 工程技术难点

（1）舞台台仓区域超深基坑，施工难度大。剧院舞台台仓周边区域标高不一，形成坑中坑结构，分为 6 个标高层面、三圈混凝土外墙由底至上呈阶梯形向四周扩展，基础埋深约 15.3m，深基坑施工难度大。

（2）地下室东西方向长 219.9m，南北宽86.45m，为超长混凝土结构，基础底板厚度为 1.5m、1.2m，按后浇带划分最大一次性混凝土浇筑量达 2500m³，混凝土裂缝控制、超长楼地面整浇、原浆机械抹光是本工程基础阶段的难点。

（3）本工程结构空间高、跨度大。

1）层高较高、空间跨度较大区域：

①大剧院后舞台 38 ～ 42/E ～ L 轴区域：层高 11.95m，最大跨度为 21.5m。

②小剧场舞台 31 ～ 33/R ～ Y 轴区域：层高 14.05m，最大跨度为 18m。

③舞台侧台 34 ～ 37/A ～ D、M ～ R 轴区域：层高 19.6m，最大跨度为 20.4m。

④舞台台仓 34 ～ 37/D ～ P 轴区域：层高 43.6m，最大跨度为 29.4m。

2）梁截面较大区域：

①一层 34/R ～ P/D ～ E 轴，D/1/31 ～ 32轴，37/A ～ B 轴，R/34 ～ 37 轴区域：层高 6.05m，梁截面 600mm×2000mm，板厚200mm。

②一层 L/38 ～ 41 轴区域：层高 6.05m，梁截面 600mm×1900mm，板厚200mm。

③三层 D/36 ～ 37 轴区域：层高 4.05m，梁截面 600mm×1700mm，板厚150mm。

④三层 38/L ～ E 轴区域：四层 38/L ～ E轴，屋面 38/L ～ E 轴，层高 4.05m，梁截面 800mm×1700mm，板厚 150mm。

⑤三层 34/L ～ E 轴区域：层高 4.05m，梁截面 800mm×2200mm，板厚 150mm。

3）独立柱

剧院大堂 9 ～ 21/N ～ V 轴区域：有 5 根20.1m 高圆柱，圆柱直径 1.6m。

以上大截面、大跨度、高空间区域达 10处，如何保证高支模施工安全及工程质量是本工程主体结构施工的难点。

（4）钢桁架跨度大，高空吊装就位难度大。屋面钢结构桁架最大跨度 28.5m，单支构件重 27.8t，安装精度要求高，吊装就位难度大。见图 24。

图 24 桁架安装难度大

（5）倾斜式玻璃、铝板及石材幕墙造型复杂，立面构造形式多变、加工及安装就位难度大。见图 25。

图 25 玻璃、石材、铝板、幕墙加工安装难度大

（6）由于建筑造型复杂、错层多，给水排水及消防管道和风管、强弱电桥架等各类管线、设计走向不同，如何采用管线综合平衡技术进行合理布置是安装阶段的难点。

舞台工程是一项巨大的系统工程，涉及土建、安装（水、电、暖）、装修、环保、舞台机械、设备智能控制、灯光音响等诸多专业，各专业间相互交叉、配合难度大，协调困难，机械设备系统调试复杂，舞台设备、音效要求高。

3.2 新技术推广应用情况

本工程应用了住房和城乡建设部建筑业10项新技术9大项24小项，自主创新技术5项，具体内容如下（表1、表2）：

住房和城乡建设部建筑业10项新技术　　表1

序号	十项新技术	子项	应用部位
1	地基基础和地下空间工程技术	复合土钉墙支护技术	舞台基坑
2	混凝土技术	高强度性能混凝土	PHC预应力管桩
		混凝土裂缝控制技术	地下室底板、顶板、侧壁
3	钢筋及预应力技术	高强钢筋应用技术	框架柱、梁
		钢筋焊接网应用技术	地下室底板及屋面板面层
		大直径钢筋直螺纹连接技术	框架柱、梁
4	钢结构技术	深化设计技术	剧院大堂、大剧院前
		钢与混凝土组合结构技术	剧院大堂5根20m高独立柱
5	机电安装工程技术	管线综合布置技术	整个工程水电、管线布置
		金属矩形风管薄钢板法兰连接技术	地下室风管系统
		变风量空调技术	暖通专业空调风机盘管
		非金属复合板风管施工技术	通风与空调风管
		预分支电缆施工技术	消防应急照明
6	绿色施工技术	基坑施工封闭降水技术	工程地下室
		基坑施工降水回收利用技术	生活区、混凝土养护等
		现浇混凝土外墙外保温施工技术	工程混凝土外墙
		工业废渣及（空心）砌块应用技术	地下室墙体和地上部分外墙
		铝合金窗断桥技术	铝合金外窗
7	防水技术	聚氨酯防水涂料施工技术	地下室外墙
8	抗震、加固与改造技术	深基坑施工监测技术	土方回填完毕前
9	信息化应用技术	虚拟仿真施工技术	整个工程施工过程
		远程监管及工程远程验收技术	整个施工过程
		工程量自动计算技术	整个工程施工过程
		项目多方协同管理信息化技术	整个施工过程

自主创新技术　　表2

序号	新技术名称	应用部位
1	高大空间多曲面装饰施工技术	小剧场
2	观众厅空调系统气流组织技术	大剧场
3	地源热泵耦合冰蓄冷技术	地源热泵机房
4	矮立边直立锁边钛合金金属屋面技术	屋面
5	盆式橡胶支座抗阻尼技术	钢结构屋面

3.3 BIM 技术应用

本工程作为集团率先使用 BIM 技术的首批试点工程之一，在现场布置优化、深化设计、管线综合布置、模拟施工和管线碰撞等方面进行了全面的探索。

（1）匹配施工进度计划 4D 施工模拟：

应用 BIM 技术利用模型的可视化效果，结合人、材、机等资源供应计划，进行 4D 模拟建设，全程掌握进度计划的实施状况，并将实际进度与计划进度进行对比分析，找出进度偏差、排除未知因素、采取有效纠偏措施，确保项目进度按预定的目标执行。

（2）钢结构屋面模拟施工：

运用 BIM 技术对剧院钢桁架屋面及剧院池座上空、马道、面光桥、声桥的钢结构施工，提前进行施工模拟，对技术质量、安全等各条线人员进行可视化交底。见图 26。

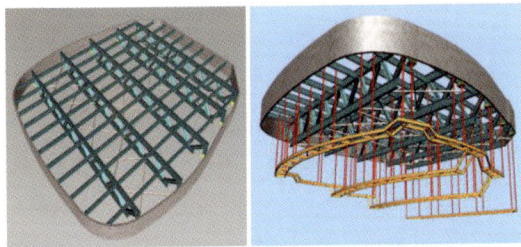

图 26　钢结构屋面模拟施工

（3）图纸深化及管线综合布置利用三维建筑模型，结合施工的需要，充分研究管线的合理排布，通过优化设备管线在建筑结构间隙空间中的布置，合理化管线布局，实现更准确的预留预埋和共同支吊架方案，增加预制等。泵房、暖通机房设备多，管线错综复杂，对机房的设备位置确定、管线走向、标高等一系列进行深化设计工作。见图 27。

（4）全面检测管线碰撞：

运用 BIM 模型，施工前进行结构和机电管线的碰撞检查，地下室共查出碰撞点 729 处，及时排除项目施工中遇到的碰撞点，提高了工效。

图 27　模拟与实际对比图

通过各项新技术及 BIM 技术应用，为提高工程质量，降低工程成本等提供了技术保障，进一步提升项目精细化管理水平，工程获中国建筑业协会 BIM 大赛卓越奖。

4　绿色施工

为大力发展低碳经济、循环经济，建筑业的发展走低碳、环保、节能、降耗是施工企业发展的必然之路，本工程积极推行绿色施工，走科技创新发展道路。本工程开工之前，制定创建住房和城乡建设部绿色施工科技示范工程的管理目标。自开工以来，在施工管理过程中围绕"四节一环保"，始终坚持绿色施工。

本工程根据《绿色施工导则》、《建筑工程绿色施工评价标准》、《建筑工程绿色施工规范》《住房和城乡建设部绿色施工科技示范工程管理实施细则》等规范要求，开展绿色施工要素评价、批次评价、阶段评价和单位工程绿色施工评价，按以下方式进行动态跟踪和持续改进。

（1）项目部在实施过程中坚持开展自检和

评估，并分别在基础阶段、主体结构阶段和装饰装修阶段实施效果评价，并进行分析和改进。

（2）公司按本项目绿色施工目标值要求，组织人员对绿色施工进行定期与不定期检查，实施评价考核。

4.1 本工程绿色施工创新特点

（1）将工程质量、安全、造价、进度与"四节一环保"、扬尘控制有机结合，在保证工程质量一次成优和满足安全生产条件下，节约资源，降低成本。

（2）绿色施工开创了施工及技术管理新领域，项目管理新办法，提升施工管理水平促进节能减排的实质性转变。

（3）将BIM技术应用于本项目施工过程中，以提高本工程施工管理水平，控制施工成本，降低施工能源消耗与污染排放。

4.2 绿色施工经济效益

相关效益数据见表3。

经济效益

表3

序号	项目	目标值		实际值	
1	实施绿色施工增加成本	一次性耗损成品200000元	490000元	一次性耗损成品	571902元
		可多次使用成本为290000元（按折旧计算）		可多次使用成本为364390元（按折旧计算）	
2	实施绿色施工节约成本	节材措施节约成本780000元	1119500元	节材措施节约成本1068217元	1557625元
		节水措施节约成本80000元		节水措施节约成本97037元	
		节能措施节约成本241000元		节能措施节约成本370021元	
		节地措施节约成本18500元		节地措施节约成本22350元	
3	前两项之差	节约629500元，占总产值0.11%		节约985723元占总产值0.17%	

4.3 绿色施工社会效益

工程严格按照《建筑工程绿色施工评价标准》内容实施，利用多项绿色施工技术，并在施工中进行绿色施工技术创新，实施情况良好，评价优良，成功创建了住房和城乡建设部绿色施工科技示范工程和"AAA级安全文明标准化工地"，利用创建住房和城乡建设部绿色施工科技示范工程的机会，对现场和周边的环境进行全面保护，根据"四节一环保"的原则，对现场扬尘、噪声、光污染、污水排放等进行全面控制，避免了水土流失，对现场建筑垃圾进行分类回收再利用，增加建筑垃圾的回收利用率，减少有害气体的排放，多家建筑企业到工地进行参观交流。海安县建工局在本工程召开了建筑工程安全质量综合观摩现场会，省、市、县领导以及中科院周成虎院士都曾来本工程调研、慰问和参观，提升了公司形象和社会知名度。

5 综合效果及工程获奖情况

本工程创优目标明确，质量计划周密，施工过程严格管控。基础和主体质量可靠装饰做工精细，安装细部处理考究，坚持样板引路、一次成优，处处显示"精品工程"的特征，工程质量得到了建设单位和监督单位的一致好评，科技成果丰硕，多项专利和工法其他项目得到有效推广应用。全过程绿色施工，环境保护和文明施工措施有效，各项指标均实现，在创造经济效益的同时取得了良好的社会声誉，得到主管部门和社会各界的广泛认可。相关奖励见表4。

相关奖励   表 4

序号	获奖年份	获奖名称
1	2014 年	2014 年度"AAA 级安全文明标准化工地"
2	2014 年	江苏省工程建设优秀质量管理小组活动成果二等奖
3	2015 年	全国工程建设优秀 QC 小组活动成果三等奖
4	2016 年	全国建设工程优秀项目管理成果二等奖
5	2016 年	江苏省建筑业新技术应用示范工程
6	2016 年	中国长三角优秀石材建设工程综合大奖
7	2017 年	住房和城乡建设部绿色科技示范工程
8	2017 年	江苏省优秀勘察设计
9	2017 年	江苏省优质工程奖"扬子杯"
10	2015 年	实用型专利《一种墙体洞口工具式临边防护固定装置》
11	2015 年	实用型专利《一种模板支撑体系的单面旋轴折叠三角撑脚》
12	2015 年	实用型专利《一种模板支撑体系的下挂板沿边锁紧件》
13	2015 年	实用型专利《单面旋轴可折叠三角独立支撑杆》
14	2015 年	省级工法《可伸缩独立支撑钢框木模组合模板施工工法》
15	2016 年	省级工法《大板块石材幕墙附框固定安装施工技术》

仁恒江湾城四期 ——龙信建设集团有限公司

1 工程概况

1.1 工程名称、地点、规模

工程名称：仁恒江湾城四期

工程地址：南京市建邺区，河西大街以南，乐山路以西。

工程规模：8栋高层住宅（01～03、05～09栋）及地下车库组成；占地面积6.55万 m²，总建筑面积为24.02万 m²，其中地下5.7万 m²、地上18.32万 m²，地下一层，地上18～45层（01栋18层，02、05、06、07栋45层，03栋42层，08、09栋31层）；主楼最高152.7m。工程总造价11.5亿元。

工程开竣工日期：2013年6月1日～2016年9月26日。

图1　工程外景

1.2 工程建设各方名称

建设单位：南京仁恒置业有限公司

勘察单位：江苏南京地质工程勘察院

设计单位：南京市建筑设计研究院有限责任公司

监理单位：南京中南工程咨询有限责任公司

施工单位：龙信建设集团有限公司

监督单位：南京市建筑安装工程质量监督站

2 工程施工的特点、难点

特点1：分户验收

727套全装修住宅如期顺利交付小业主，是本工程一大特点。项目部依据公司主编的《全装修住宅逐套验收导则》及《住宅室内装修工程质量验收规范》的要求，会同建设与监理单位全部进行"一房一验"，并自行整理分户验收资料留档。见图2。

特点2：住宅工程质量通病防治

住宅工程质量通病防治是本工程一大特点，施工过程实施专项治理，通过样板引路，

净高测量

空鼓检查

图2　分户验收

现场交底，对易发生质量问题的主体结构、屋面工程、外墙防水、室内抹灰、块材铺贴、外窗和管道根部处理等工艺进行了优化，达到质量通病防治预控的效果。见图3。

该做法采用了公司已获得的江苏省省级工法及实用新型专利。见图4。

现场交底

样板引路

图3　质量通病防治措施

特点3：全装修住宅项目总承包管理

全装修住宅工艺繁杂，涉及的专业、工种多，交叉施工普遍。总承包单位建立了包括总包和各分包单位在内的总承包质量管理体系，制定了施工总承包管理制度，明确各方责任，明确管理规定和检查考核方法，并在项目部设立总承包管理部，专门负责各专业单位、工种的检查和协调管理，每周还定期组织责任各方召开总承包管理会议。通过项目总承包管理体系的正常运行，确保最终产品的品质。

特点4：螺栓固定式斜拉悬挑脚手架

项目部采取螺栓固定式斜拉悬挑脚手架，悬挑工字钢与混凝土结构采用高强度螺栓进行连接，这样对悬挑层的室内装饰装修无任何影响，待悬挑构件拆除后，对穿墙螺栓洞进行封堵，增加一道防水层，避免了渗水隐患。

螺栓固定式悬挑工字钢

螺栓固定式悬挑工字钢详图

斜拉钢丝绳

悬挑架外景

图4　螺栓固定式斜拉悬挑脚手架

难点1：大型地下室超长结构防裂缝

地下车库面积5.7万 m²，地面平整度、

底板收面、找平　　表面扫毛　　塑料薄膜覆盖，浇水养护

图5　地下室超长结构防裂缝

防裂缝控制是难点。施工过程中，我司通过优选水泥及骨料规格、适量添加高效减水剂及一级粉煤灰、优化混凝土配合比、覆膜养护等措施，有效地控制了混凝土裂缝。实施跳仓施工，加强技术交底和现场监督，确保一次成活。见图5。

难点2：高支模

本工程各栋号一层大厅模板支撑体系为高支模，编制了详细的施工方案并且通过专家论证，施工前对各施工员、质量员、安全员及班组进行技术交底，在施工过程中，对搭设的支撑体系进行检查，浇筑混凝土前对高支模支撑体系进行验收。

图6　高支模图

难点3：152.7m高楼栋全高垂直度控制

楼栋最高点157.2m，外立面幕墙饰面观感要求高，全高垂直度控制难度大。结构施工过程中采用激光仪及大角弹线加重锤进行双重校验，同时采用内、外双控技术。

外墙抹灰过程中阴阳角、窗洞口、阳台大角全高上下挂通线，保证大角顺直，阳台、外窗上下通顺，无偏斜。最终全高垂直度偏差在12mm以内。见图7。

图7　外立面效果

难点4：厨卫间防渗漏

厨卫间数量多，防水质量要求高，如何保证每套厨卫间不渗漏是本工程质量控制难点，也是重点。项目部严格把控管道的二次

吊洞、防水涂刷、管根防水加强、蓄水等每道工序施工质量，同时在淋浴、卫生间门的下槛设置止水坎，在地面墙根缝隙采用密封胶细部加强处理等措施。经使用一年多，无渗漏。见图8。

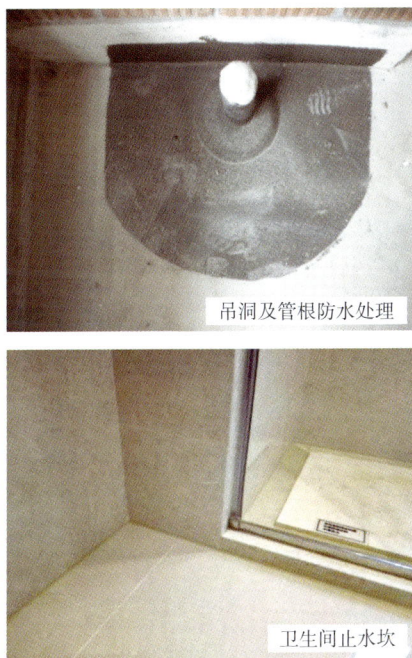

图8　厨卫间防渗漏

难点5：地下车库机电管线综合布线

机电管线多、综合布线、立体交叉施工难度大。施工时在现场进行实物试排，各管线合理避让，预留、预埋一次到位，保证了后续施工质量。见图9。

3　创优策划及实施

（1）明确创建"鲁班奖"的质量目标，各参建单位目标明确，达成共识，进行创优目标量化分解，层层签订质量责任书，保证了质量管理全过程受控。

（2）集团公司成立了创"鲁班奖"领导小组，选派有"鲁班奖"工程施工经验的项目经

图9　管线综合排布

理，组建了专业齐全、高知、精干、高效的项目团队，健全了项目质量创优管理的相关制度，明确责任，各司其职。

（3）通过聘请内外部专家现场讲课、组织创鲁班奖推进会、参加全国建筑业企业创精品工程培训等活动，丰富广大质量管理人员的质量管理及创优知识，提高项目质量管理水平，为工程创优奠定了基础。见图10。

（4）强化过程控制，严格执行"三检制"，经检验确认工序质量达到标准要求，方可进入下一道工序的施工，同时开展劳动竞赛等质量活动。见图11。

（5）合理安排工序，坚持"联合会审、专业隐蔽、综合验收"的工作制度；注重对各专业队伍的管理协调及技术交底工作，合理安排工序，使原材料进场、检验与试验、质量检查与验收、技术资料归档、成品保护等各环节均处于受控状态。见图12。

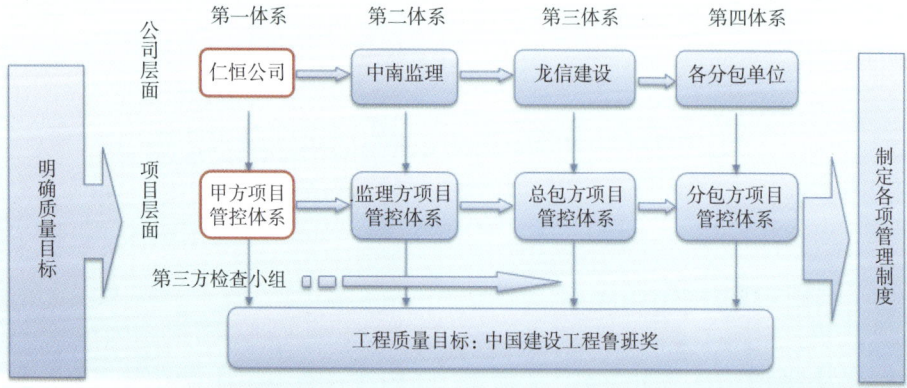

图 10　质量管理体系

模板标高检查

钢筋间距检查

地面平整度检查

混凝土垂直度检查

图 11　质量检查

混凝土阳角成品保护

混凝土平行检验

图 12　相关保护与检验

（6）广泛开展科技攻关和群众性 QC 活动，重点加强质量通病防治，提高了工程质量水平。并培养锻炼出一批具有较高素质、善于攻坚克难的质量管理和技术人才，夯实企业发展的人才队伍基础。

4 四节一环保实施情况

4.1 绿色施工

（1）节能措施

现场照明安装自动控制装置系统，按季节及工作调节时间。

办公区域、宿舍区域采用节能灯具；办公室采用节能空调，温度控制在 26℃；宿舍区采用太阳能热水器。见图 13。

（2）节水措施

在施工现场道路边设立雨水及基坑积水收集池可容纳 10t 水，运用增压泵，将水作为消防水和绿化道路洒水、冲厕等使用。办公、宿舍区全部采用节水器具。见图 14。

（3）节材措施

钢筋连接采用了 1.23 万个直螺纹套筒接头及 35.46 万个电渣压力焊接头，提高工效，连接质量合格，又节约了大量钢材。

木方采用接木机对接，既保证木方刚度又能二次利用，大量降低现场木材的消耗。见图 15。

（4）节地措施

施工围墙采用混凝土空心砌块，节约土地

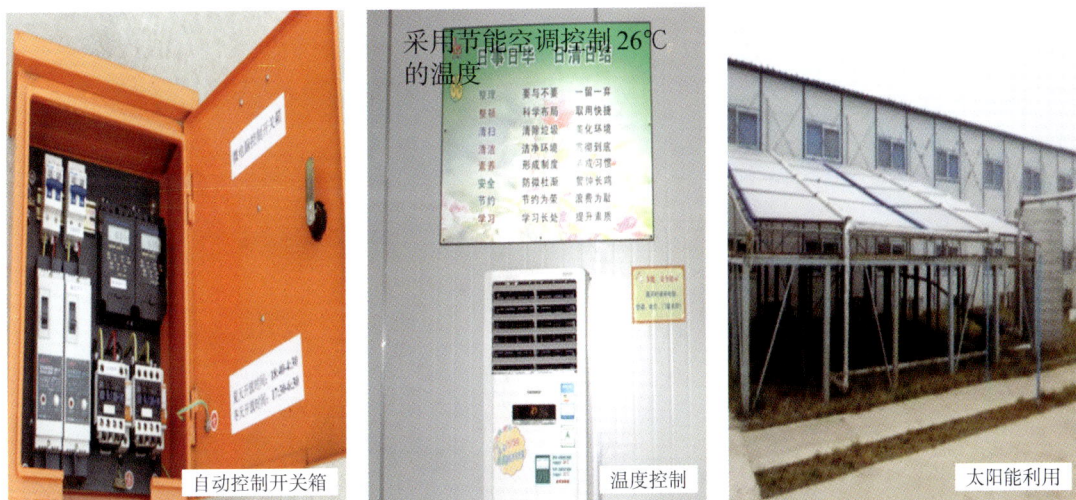

图 13 相关节能措施

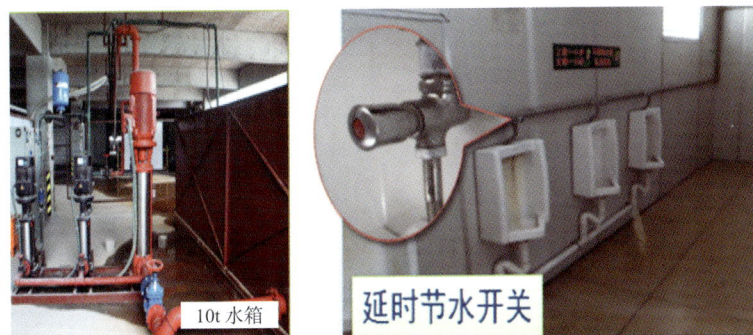

图 14 节水措施

图 15 节材措施

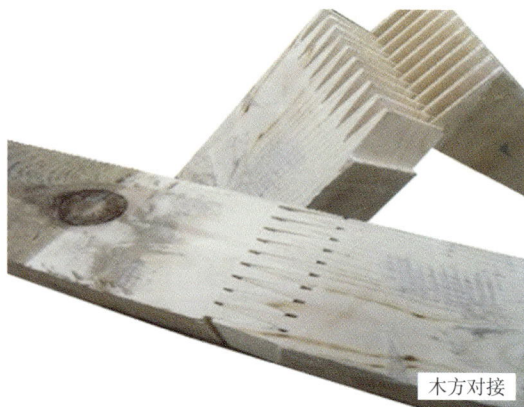

资源。临时办公和生活用房采用经济美观、占地面积小的多层彩钢板房，标准化装配式结构。施工现场道路按照永久道路和临时道路相结合，形成环形通道，减少道路占用土地。

（5）环保措施

现场设专人负责工地扬尘治理工作，采用洒水、围挡、遮盖等有效措施降尘，在电梯井设置楼层垃圾垂直管槽，使施工现场扬尘减少到最低限度。见图16。

隔热金属多腔密封窗框。建筑节能措施完善，公共照明以节能型荧光灯为主，智能化控制，室内均使用变频中央空调。

图 16 环保措施

4.2 绿色建筑

（1）节能情况

工程外墙保温层为30mm发泡水泥板，屋面为40mm挤塑聚苯板，门窗6高透Low-E+6空气+5透明+19空间层内置百叶+5透明-

图 17 节能情况

（2）节水情况

小区室外绿地浇灌、道路及场地洒水均利用雨水收集系统收集。

工程为全装修住宅，使用的装修材料、洁具及构配件均为高档品牌，使用寿命长，密封防水好，使用至今，无跑、冒、滴、漏等现象。见图18。

（3）节材情况

本工程为全装修住宅，"设计—施工"一体化，装修施工一次到位，大量减少小业主二次装修的浪费。

在施工过程中采用塑料垫块、马凳来替代水泥砂浆、混凝土垫块和钢筋马凳，节约了水泥、钢筋等材料，减少了人工费用，也便于工地文明施工管理。

工程钢筋采用了直螺纹套筒及电渣压力焊接头，提高工效，连接质量合格，同时节约了大量钢材。

（4）节地情况

填充墙采用混凝土加气块及页岩多孔砖，节约土地资源。见图19。

（5）环保情况

室内装修材料均采用绿色环保产品，经检测污染物浓度值满足Ⅰ类民用建筑工程要求。

本工程的雨污水经沉淀处理后，排入市政污水管网。

外脚手架采用密目网全封闭形式，防止建筑垃圾飞散，降低扬尘。

高档洁具

高档卫具

雨水回收用于洒水

图18 节水情况

混凝土加气块

页岩多孔砖

图19 混凝土加气块和页岩多孔砖

5 新技术应用与创新

5.1 新技术应用

本工程应用了：

（1）住房和城乡建设部推广的十项新技术

中 9 大项，19 小项；

（2）江苏省推广的十项新技术中 3 大项，5 小项；

（3）其他新技术 1 项。

具体应用新技术名称、应用部位、数量如表 1～表 3：

住房和城乡建设部十项新技术应用情况 表 1

序号	新技术项目名称		应用部位	应用量
1	1. 地基基础和地下空间工程技术	1.1 灌注桩后注浆技术	桩基	847 根
2	2. 混凝土技术	2.4 轻骨料混凝土	下沉式卫生间	461t
		2.6 混凝土裂缝防治技术	基础底板	45850m²
3	3. 钢筋及预应力技术	3.1. 高强钢筋应用技术	基础底板、楼层板、梁、柱	13625t
		3.3 大直径钢筋直螺纹连接技术	基础底板	1.23 万个接头
4	4. 模板及脚手架技术	4.2 钢框胶合板模板技术	主楼剪力墙	30 万 m²
5	6. 机电安装工程技术	6.1 管线综合布置技术	地下室	18652.8m
		6.6 薄壁金属管道新型连接方式	卫生间给、排水管道	1.5 万 m
6	7. 绿色施工技术	7.1 基坑施工封闭降水技术	基础	52411m²
		7.2 施工过程水回收利用技术	基础	52411m²
		7.3 预拌砂浆技术	内墙、外墙等粉刷工程	12600m³
		7.5 粘贴式外墙外保温隔热系统施工技术	外墙外保温	24.3 万 m³
		7.8 工业废渣及（空心）砌块应用技术	填充墙	26 万 m³
		7.9 铝合金窗断桥技术	除南封闭阳台外所有铝合金窗	38941.28m²
		7.12 建筑外遮阳技术	除厨房、卫生间外窗户	15991.65m²
7	8. 防水技术	8.4 遇水膨胀止水胶施工技术	桩基钢筋	3 万根钢筋
8	9. 抗震加固与监测技术	9.7 深基坑施工监测技术	基坑支护	52411m²
9	10. 信息化应用技术	10.3 施工现场远程监控管理及工程远程验收技术	视频监控技术	施工全过程
		10.4 工程量自动计算技术	工程量、钢筋量计算	施工全过程

江苏省十项新技术应用 表 2

序号	新技术项目名称		应用部位	应用量
1	1 地基基础与地下空间工程技术	1.4 钢板桩支护技术	基础	30m
2	3. 建筑幕墙应用新技术	3.1.1 陶土板幕墙施工技术	外墙	436.34m²
		3.1.2 金属幕墙施工技术	外墙	7.92 万 m²
		5.4 耐磨混凝土地面技术	地下车库地面	41500m²
3	9. 废弃物资源化利用技术	9.2 工地木方接木应用技术	基础、主体	81.15m³

其他新技术应用 表3

序号	新技术项目名称	应用部位	应用量
1	方钢模板支撑技术	主楼墙柱	36万㎡

5.2 重点技术攻关成果

（1）后浇带临时构造柱

后浇带施工为了解决"回顶法"存在的质量隐患，我项目部在后浇带两侧增设临时构造柱与结构混凝土一同浇筑，使之结构支撑体系拆除后后浇带不再出现悬臂状态。既保证了主体结构混凝土质量，又提高了施工周转材料的使用率，节约了施工成本。其《大跨度后浇带早拆模增设临时构造柱施工工法》被评定为省级工法。见图20。

（2）铝合金门窗防渗漏

为了保证门窗框不渗水及门窗工程的过程保护，采用了副框工艺，干硬性防水砂浆塞缝，在外窗侧边四周200mm宽涂刷二遍柔性德高防水涂料压副框10mm。完成后在窗台部位进行蓄水试验，整栋门窗扇安装后，进行不小于2h的淋水试验。见图21。

6 质量特色与亮点

（1）外墙、楼梯间上下层之间的接槎，通过预埋螺栓，防止接槎处漏浆、高低不平等现象。见图22。

（2）现浇混凝土墙板采用钢框竹胶组合定型模板，浇筑后混凝土棱角分明，阴阳角顺直。填充墙二次配管开槽部位做加

图20 后浇带构造

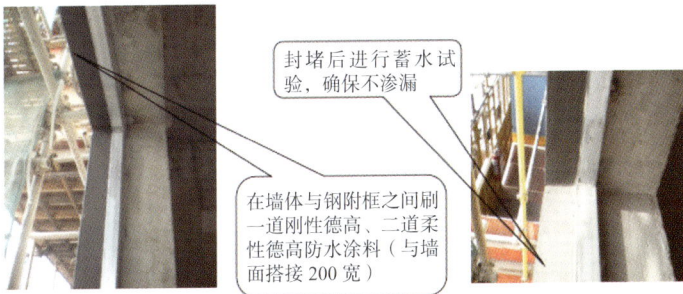

封堵后进行蓄水试验，确保不渗漏

在墙体与钢附框之间刷一道刚性德高、二道柔性德高防水涂料（与墙面搭接200宽）

图21 铝合金窗防渗漏

预埋螺栓

图22 质量特色与亮点1

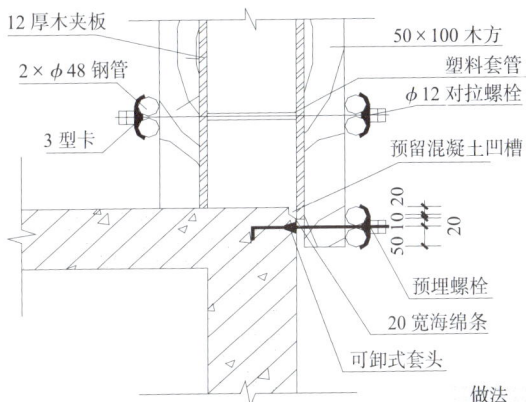

12厚木夹板
2×φ48钢管
3型卡
50×100木方
塑料套管
φ12对拉螺栓
预留混凝土凹槽
预埋螺栓
20宽海绵条
可卸式套头
做法

强处理措施，以保证结构及抹灰工程质量。见图23。

（3）外立面三层以下部分采用石材幕墙，其余外立面采用深色及浅色金属铝板结合部分涂料；接缝表面平整、立面垂直、阴阳角方正、整洁美观。见图24。

图23 质量特色与亮点2

图24 质量特色与亮点3

（4）户内设有中央除尘系统，方便保洁。见图25。

（5）套内装饰精雕细琢。室内顶棚采用铝合金扣板和纸面石膏板；内墙饰面采用乳胶漆，平整、光洁，阴阳角方正顺直，涂料涂刷均匀，色泽一致。木制品专业化设计、工厂化加工，橱柜、木门、地板、固定家具等拼缝严密，线条顺直流畅，色泽一致，制作精细。见图26。

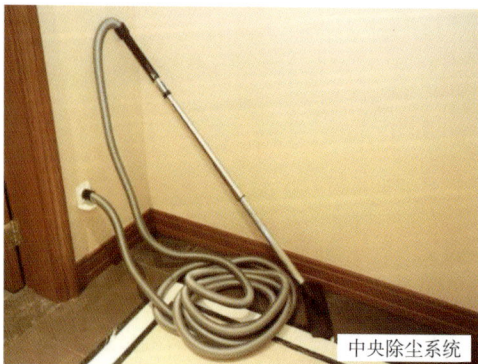

图25 质量特色与亮点4

图26 质量特色与亮点5（一）

户内装饰

木质衣柜

图26　质量特色与亮点5（二）

（6）公用部位入户大堂、电梯厅、进户通道的饰面品质高雅，做工精细，阴阳角顺直，观感效果好。见图27。

（7）吊顶设计别具特色，做工精致，通风口、探头、灯具、协调一致，吊顶与墙面接缝部位设凹槽连接，可有效解决接缝处裂缝现象。见图28。

（8）屋面坡向正确、无积水、无渗漏；分格缝设置规范、合理，水簸箕制作美观，经久耐用；透气孔安装顺直、标识清晰；烟道无动力风帽安装规范，防雷接地标识清晰。见图29。

（9）地下室非金属耐磨地坪，地面平整、色泽亮丽，标识清晰，无裂纹。排水沟顺直美观，排水流畅。见图30。

入户大堂会客区

地下车库进入电梯厅

公共部位电梯厅

石材阴阳角顺直

图27　质量特色与亮点6

石膏板吊顶

铝扣板吊顶

图28 质量特色与亮点7

接地防雷接地标识

屋面透气孔，雨水口精雕细琢

屋面分隔缝

排水沟，排水流畅

屋面排水沟、侧排地漏

屋面雨水管接水簸箕

图29 质量特色与亮点8

标识清晰、导向正确

车库排水沟顺直美观

图30 质量特色与亮点9

（10）设备基础设置美观，成排成行，排水沟槽留设精致。设备布置合理，安装牢固，减振良好，接地可靠，运行平稳；阀门、仪表排列整齐，标高一致，便于操作。管道穿墙穿楼板套管一次成型、封堵严密、接口处装饰美观，一次性通过专项验收。见图31。

（11）地下车库下沉式采光井，采光良好、通风顺畅。见图32。

（12）雨水回收系统及绿地浇灌系统配套使用。见图33。

设备基础及水沟　　地面防滑　　接地规范

图31　质量特色与亮点 10

地下室下沉式采光井　　地下室采光好

图32　质量特色与亮点 11

绿地灌溉系统

图33　质量特色与亮点 12

7　工程获奖与综合效益

7.1　工程获奖情况（表4）

7.2　工程建设过程情况

工程建设及运营过程中无安全和质量事故，无环境污染事故，无拖欠农民工工资，为南京市劳动用工先进单位。

7.3　综合效益

本工程设计先进合理，采用了大量的新技术、新工艺、新材料，产生了显著的经济及社会效益，施工过程中严格质量和安全管理，无质量安全事故、无农民工工资拖欠，分部分项工程一次性验收合格率100%，工程资料齐全、真实、有效，结构安全可靠，工程使用一年以来设备运行正常、沉降稳定、工程完好如新，用户非常满意！

获奖情况　　　　　　　　　　　　　　　　　　　　　　　表4

项次	奖项名称	获奖时间	评奖机构	奖项级别
1	2017年度江苏省优质工程奖"扬子杯"	2017.6	江苏省住房和城乡建设厅	省级
2	江苏省建筑业新技术应用示范工程	2016.12.26	江苏省住房和城乡建设厅	省级
3	2016年省城乡建设系统优秀勘察设计工程奖	2016.12.2	江苏省住房和城乡建设厅	省级
4	2015年度第一批江苏省建筑施工标准化文明示范工地	2015.7	江苏省住房和城乡建设厅	省级
5	大跨度后浇带早拆模增设临时构造柱施工工法	2014.1.7	江苏省住房和城乡建设厅	省级
6	《提高不同强度等级混凝土浇筑质量》QC成果三等奖	2015.3.16	南京建筑业协会	市级
7	《外墙悬挑脚手架悬挑构件端部固定》QC成果三等奖	2015.3.16	南京建筑业协会	市级
8	《基坑施工过程中的简易垂直运输》QC成果三等奖	2014.3.20	南京建筑业协会	市级

1 工程基本情况

UWC 世界联合学院（中国·常熟）坐落于美丽的江苏省苏州市常熟昆承湖畔，是全球第 15 所分校，中国大陆唯一的一所。在校学生 35% 来自中国大陆各省市；另外 65% 来自世界 80 多个国家和地区，文化交流多元化。成为中西方文化交流的平台。见图 1。

本工程总建筑面积 63095m²，由培训中心 2-3 号，百家坛 / 行政中心 / 戏剧中心 / 体育中心、培训 / 餐厅 / 图书馆、招待中心、外教公寓组成。本工程局部地下一层，地上最高六层，由建筑设计大师贝聿铭的弟子莫平和司徒佐先生设计，利用常熟昆承湖的优美环境营造了一个具有浓郁江南水乡特色又有现代气息的园林式学校。以白色、灰色为主要建筑立面基调，与之呼应的有花窗、竹影、置石。外墙装饰的灰色石材幕墙和灰白色真石漆同昆承湖碧波荡漾的湖水融为一体，烘托出独特的江南韵味。

工程主体结构为独立承台桩基础，钢筋混凝土框架结构。其中图书馆钢结构屋面总跨度 26m，采用类似于双层拱形的结构，体育馆钢结构屋面总跨度为 24m，为双坡屋面钢结构。屋面的带型采光带使室内更为通透，在结构上采用矩形截面和外装木纹铝板，以大跨钢结构实现木结构的建筑效果，整个工程建筑风格大气，充满了江南园林水乡风光。见图 2。

建筑功能齐全，空间布局灵活多样，建筑

图 1 工程效果图 1

图2　工程效果图2

和装饰按 UWC 的全球统一标准建造。

　　本工程所有的通风、消防、配电、食堂等附属设施全部在地下、布置管道同各幢建筑相连，并且采用了多项节能环保新技术，污水分流、中水回用、能源利用、环保节能。

　　本工程于 2014 年 6 月 20 日开工，竣工日期 2015 年 9 月 22 日竣工。工程获得 2016～2017 年度第二批国家优质工程奖。

　　工程由常熟市昆承湖开发建设有限公司投资，苏州设计研究院股份有限公司设计，江苏常诚建筑咨询监理有限责任公司监理;(标一)工程施工总承包为江苏金土木建设集团有限公司，(标二)工程施工总承包为苏州华亭建设工程有限公司，装饰、设备安装等多家单位分包。

2　确定目标与计划，强化管理、各负其责，确保目标实现

　　(1)创优目标明确，本工程从招投标开始到合同的签订就明确了确保荣获"扬子杯"奖并争创"国家级优质工程奖"的目标，并在施工合同中加以确认。

　　(2)建立实现创优目标的组织机构和各方责任制:

　　创优组织机构见图3。

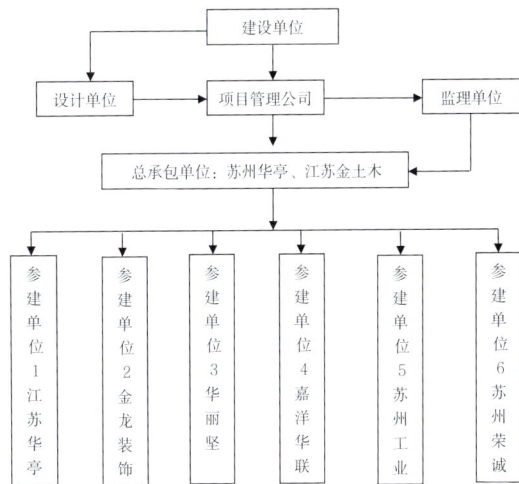

图3　组织机构

　　本工程由于施工时间紧，单项工程多，结构复杂多变，各种功能齐全，专业分包单位较多。所以，成立了以建设方昆承湖开发建设有限公司为组长，两家总承包单位为副组长的创优领导组织机构，并制定了各单位创优责任制

及奖罚制度。

（3）确定和编制详细的创优目标计划。由总承包施工单位对各标段承担的工程，编制了《创优实施总纲》、《工程目标管理计划书》，各施工单位根据各自承担的工程编制了《分项工程作业指导书》，详细指导各分部分项的施工操作和确定验收标准，并且实行样板引路。对土建、装饰以及各分项中的关键部位和关键节点进行样板确认，施工前技术交底按样板标准进行质量控制。严格验收，确保"一次成优"。

（4）对分包加强管理，确保目标的实现。由于本工程施工承包的特殊性，为确保创优目标的实现，必须确定各方的责任，做到相互协作、责任明确、奖罚分明，根据创优计划，分解到各个单位。

建设单位主要通项目管理起到工作协调、监督、奖罚的作用。负责设计院对设计方案的修改、变更和优化方案的确认。督促监理对施工过程的检查与验收。总承包单位对分包单位施工的过程进行管理，参加施工样板的确认和对各分项的标准验收，起到总承包的管理责任，并负责施工区域内绿色文明施工的管理，以及相互的协调工作。各分包单位对各自承担的工程制定详细的作业计划和质量标准，对施工中的质量负责，做好各分项工程的中间交接验收工作，确保不留质量

隐患。通过明确各方责任，确定统一标准，加强各方协作，各施工方交接验收一次合格成型，保证了创优目标的实现。

3 本工程难点部位的施工方法

本工程主要的施工重点与难点：

3.1 高精度耐磨地坪

本工程车库耐磨地坪面积 7000 多平方米。要求为 2m 靠尺验收允许偏差为 3mm，力争在地坪精度及整体外观效果上寻求突破，做到以下方面的控制及创新。

为确保整体施工效果，改进了控制地坪浇筑方法，耐磨剂采用 sikafloor-2syntop-1，固化剂采用 cementone，地坪混凝土粉煤灰含量控制在 10% 以下，坍落度控制在 120mm ± 20mm。项目技术骨干集思广益，自制导杆，控制地坪平整度施工工艺：浇混凝土前先在柱筋（或钢柱）上定出基准线，然后在已绑扎完成的板筋上埋入 ϕ10 钢筋的导杆，导杆的间距为 5.5m × 5.5m。见图 4。

将基准线用水准仪引测到导杆上作为混凝土面的基准点。基准点的顶比混凝土面高出 10cm，导杆的下端用螺牙螺帽可以调节高度。螺帽预先焊牢在扁铁上，安装时扁铁与所在部位的底排筋点焊，钢筋下部保护层填实，使浇混凝土时该处的底板筋不再沉降，导杆的

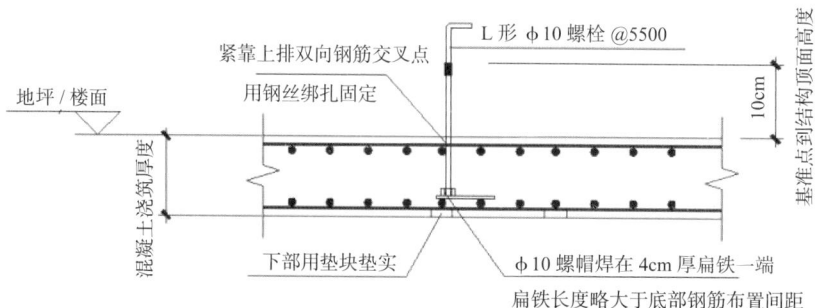

图 4 导杆立面图

上端则用扎丝与上排筋扎牢。浇混凝土过程中需有专人再将导杆上的基准点进行复核，如有误差，则利用导杆下端的螺牙进行调整，直到基准点完全正确为止（导杆在混凝土初凝时取出）。耐磨地坪平整、光洁、牢固，平整度达到≤2mm，得到了相关方的一致好评。形成了新的作业指导书中，并将在以后地坪施工中加以推广，获得常熟市QC成果一等奖。见图5。

图5　高精耐磨地坪

3.2　大截面框架梁与异形梁的施工

本工程局部有较大截面的框架梁和异形梁。

体育中心地下室顶盖300mm×2500mm大梁，所涉及的板厚为250mm，施工高度为5.40m。百家坛屋面400mm×1800mm大梁，所涉及的板厚为120mm，施工高度为16.16m。

招待中心车库混凝土楼面-0.45～4.7m为转换层，最大梁截面尺寸1300mm×1500mm，且梁交错，方向无规则，自重线荷载达48.75kN/m。见图6。

项目部主持编制施工方案，经相关专家论证后对现场工人进行交底后再进行施工。模板支设要求符合《建筑施工模板安全技术规范》JGJ 162-2008、《建筑施工扣件式钢管脚手架安全技术规范》JGJ 130-2011相关规定。混凝土施工严格按方案实施并进行QC攻关，经现场检验，混凝土密实、美观、平整度不超2mm，达到清水混凝土效果，并获得全国工程建设优秀质量管理小组二等奖。

3.3　现场拼装多维钢结构走廊

本工程多维钢结构走廊是采用预拼装，现场散件安装焊接施工方法。

（1）利用Tekla Structures软件进行建模，通过对构件进行尺寸矫正，构件搭接节点处理，调节生成构件加工及安装详图。构件加工图通过专用软件生成数控机床加工程序。

（2）数控机床输入切割程序，从而进行圆管相贯线切割加工，经接头打磨和尺寸复核后进行构件编号，内外壁打上相应钢印，并进行编码。

（3）根据图纸进行预拼装，测量拼装尺寸，

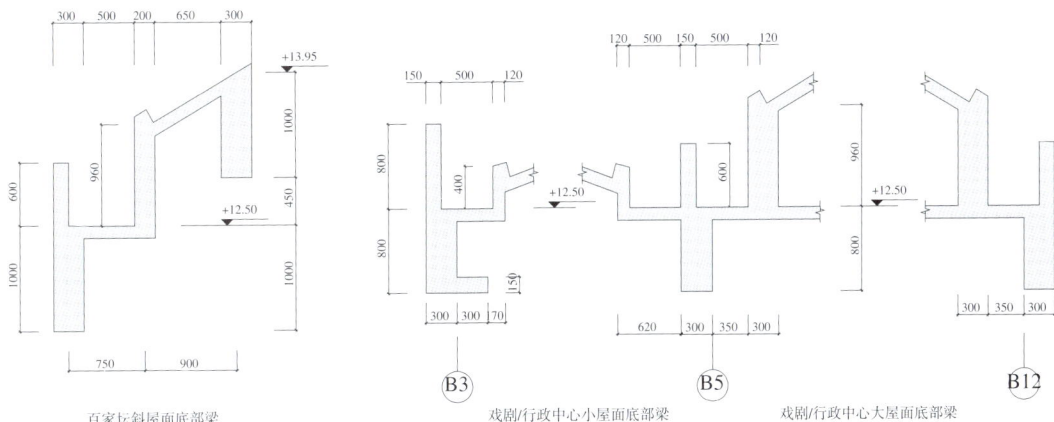

百家坛斜面屋面底部梁　　戏剧/行政中心小屋面底部梁　　戏剧/行政中心大屋面底部梁

图6　相关图纸

要求整体拼装尺寸在《钢结构工程施工质量验收规范》GB 50205-2001 规定的偏差范围内，同时用塞尺检查拼缝大小，拼缝大对口错边和间隙需满足安装要求。预拼装完成后，构件全数进行抛丸除锈。构件按照轴线和编号，构件之间垫软性材料分别进行包装、运输。

（4）现场拼装焊接

1）先安装立柱等竖向构件，在柱顶处栓接好 4 道缆风绳，钢柱缓慢下降，严防钢柱和混凝土基础冲撞，钢柱基本到位后，将钢柱和预埋螺栓用螺帽拧紧做临时固定，同时固定好缆风绳。

2）竖向构件吊装完成后进行初步的尺寸、位置复核，包括：标高、垂直度、中心偏移。用经纬仪在 x 轴和 y 轴方向校正垂直度，垂直度控制在 $L/1000$ 以内且不大于 10mm。超出偏差允许范围，则可通过调节柱顶缆风绳进行调直，符合要求后拧紧地脚螺母，进行初步固定，复核完成后搭设满堂钢管脚手架，进行横向构件安装。见图 7。

3）横向构件安装：先吊装圈梁，使梁、柱形成稳定的框架，采用手工电弧焊点焊初步固定（一般电焊 3 ~ 4 个临时点），固定后撤掉钢柱缆风绳，用水准仪复核圈梁标高；安装完成后在对角线位置之间的钢柱上端（约1/3柱高处）设置一道通长的钢索，钢索中间用手拉葫芦连接，用红外线测距仪复核梁、柱框架的对角线尺寸，对角线长度偏差≥ 10mm，通过张拉手拉葫芦调节钢索长度校正对角线长度。校正完成后锁定手拉葫芦，对角线对拉钢索需在所有横向构件全部安装完成并焊接固定后方可拆除。

柱、圈梁初步形成固定框架后逐步安装剩余多向圆管钢梁，总体按照先主管、后副管的顺序进行施工。如图 8 所示先安装蓝色主管，主管可通过临时支架进行临时支撑固定，临时

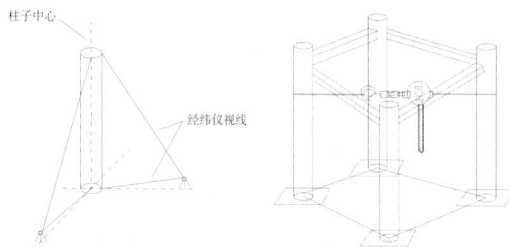

图 7　现场拼装焊接

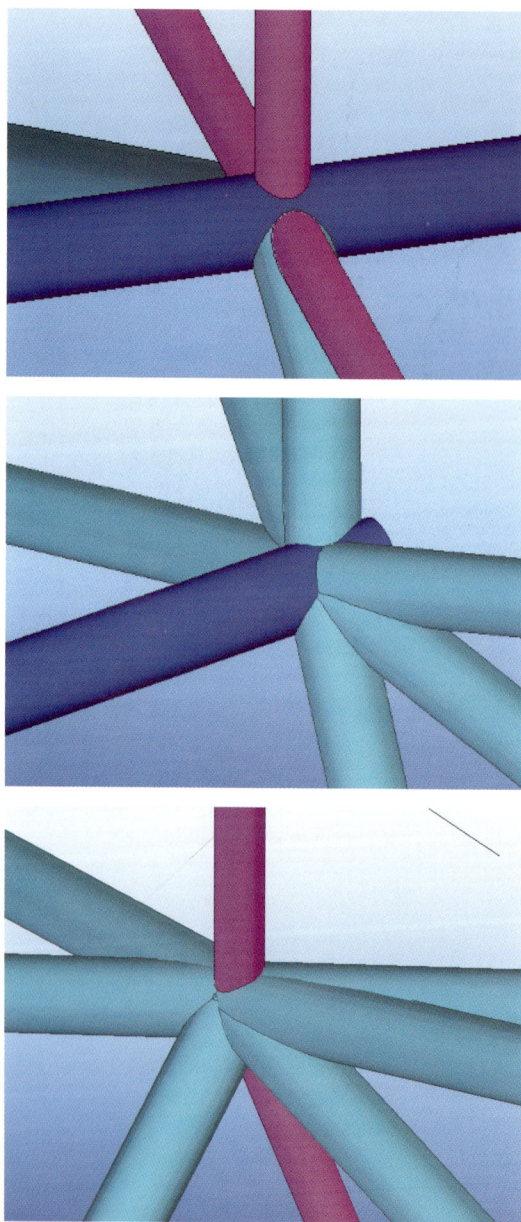

图 8　横向构件安装

支架搭设在满堂脚手架上，临时固定后需对主管的标高、标识线位置偏差进行复核，复核方法参照钢柱。主管固定后，根据 Tekla 软件生成的图纸，测量出其他副管标识线与主管标识线拼接节点位置，用记号笔标记在主管标识线上，作为副管吊装的依据。

副管吊装入位后可用橡胶锤轻轻敲击副管端部，使副管中心线与主管上的标记位置重合，手工电弧焊点焊固定；副管吊装顺序按照从下到上依次进行，每根副管安装完成后（特别是开始几根副管）均应对主管位置复核，确保位置无误后再依次进行其他副管的安装，主附管安装后按规范标准进行拼缝焊接。

4）该走廊现场安装工艺获江苏省 QC 成果一等奖。

3.4 大跨度钢结构屋面仿木纹效果的施工方法

本工程大跨度屋面采用了钢结构、钢柱及屋面钢梁及板底，利用木纹铝板装饰，仿制成木结构形式，与江南水乡园林建筑特色相互照应。

体育馆钢结构屋面总跨度为 24m，为双坡屋面钢结构，坡度较大。采用了变截面钢梁与柱顶铰接，加限位装置的设计方案控制了屋面的变形，减小了水平推力对主体结构的影响。钢结构外侧用木纹铝板装饰。

图书馆钢结构屋面总跨度 26m，采用类似于双层拱形的结构，在结构上 H 型钢截面修改为矩形截面，外涂以油漆，用钢结构做出木结构建筑效果。屋面采用带型采光带，外露钢结构和建筑有机结合，通透、干净和质感。现代结构形式通过建筑造型和装饰，同江南水乡建筑特色融合一体是本工程建筑施工的一大特色。见图 9。

图 9　钢结构屋面仿木纹效果

3.5 江南园林特色的铁艺花格窗施工

（1）样板的设计，运用计算机辅助设计进行构件样板设计，并按要求预留余量，确定构件几何加工尺寸。

（2）按照各种不同尺寸形状的构件逐一进行样板设计，绘制出详细的构件加工图并对构件进行统一编号，以此作为下料、切割和弯圆加工的依据。见图 10。

（3）切割、弯圆：根据已编号的构件加工图纸用数控管材切割机对原材料进行切割之后。在铁砧上调直，在半成品上设置对应标签。

（4）预拼装、精确定位、焊接：按照施工图纸 1:1 的比例在钢板组装平台上放样标注出测量定位点进行预拼装，对各构件进行实样预定位，对构件进行测量校验，并做好

71

测验记录，并对偏离的构件作修整。根据图纸确定出各构件的装配定位基准线，并应以构件的中心线为准进行定位画线，将各构件分别放置在专用定位夹持在装置工作台上，逐一测量校验并电焊固定，在对所以焊件固定后进行构件的焊接。焊接应满焊，最后进行抛光打磨。见图11。

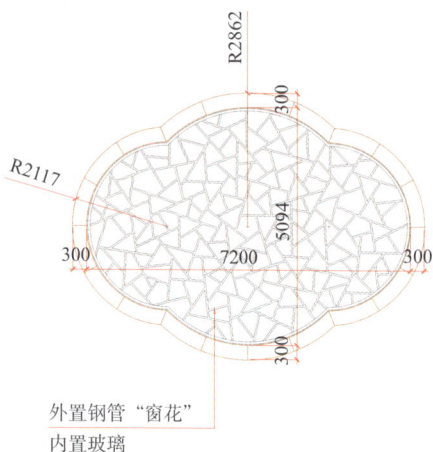

图12　铁艺花格窗效果

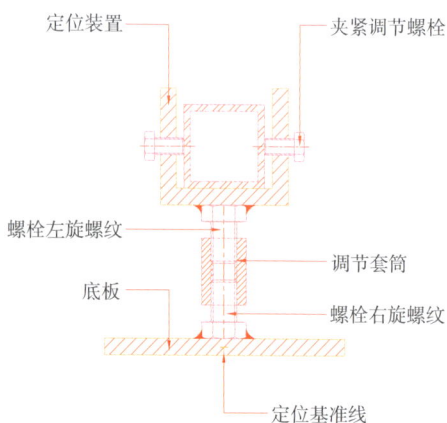

图10　铁艺花格窗施工

图11　铁艺花格窗施工2

（5）在对构件表面处理后，进行涂装。涂装材料根据设计要求，涂层应均匀、平整、丰满、有光泽。该铁艺花格窗施工获得科技创新成果奖和新型专利奖。见图12。

4　工程质量特色与亮点

工程按照创"国家优质工程"的质量目标进行全过程控制，体现出二十个细部亮点。

细部亮点1：地下室停车位区域坚实平整。见图13。

细部亮点2：主体混凝土结构阴阳角方正，棱角清晰，达到清水混凝土效果。墙面、顶面等不同材料拼接节点处理细腻。见图14。

细部亮点3：屋面广场砖铺设平整，设备布置整齐，阴角弧形处理，做工细腻，屋面落水口细部做法精致美观。见图15。

细部亮点4：戏剧中心龙骨完成后一次安装到位，铝板木饰面纹路对拉的自然、协调。见图16。

细部亮点5：大厅装饰顶棚平稳，地面材料拼缝严密。木制品家具做工细致，门把手等小五金安装精良。见图17。

细部亮点6：卫生间洁具居中布置，墙地面砖缝对齐，台下盆获得实用新型专利。见图18。

细部亮点7：办公区域整洁大方，照明系统布局合理，地面石材无缝对接，收边合理。电梯厅顶棚与地面拼花互相呼应。见图19。

细部亮点8：屋面管道设备排列整齐、过人处不锈钢梯美观实用。见图20。

图 13　细部亮点 1

图 14　细部亮点 2

图 15　细部亮点 3

图 16　细部亮点 4

图 17　细部亮点 5

图 18　细部亮点 6

图 19　细部亮点 7

图 20　细部亮点 8

细部亮点 9：钢结构连廊、图书馆和体育馆钢结构美观大气。见图 21。

细部亮点 10：招待中心内设电动遮阳节能卷帘，种植屋面绿色环保。见图 22。

细部亮点 11：配电柜排列整齐，盘线走向合理，导线顺直，元器件动作灵敏。开关、插座安装平直、标高一致。见图 23。

细部亮点 12：消防箱饰面与墙体大面完美

图 21　细部亮点 9

图 22　细部亮点 10

图 23　细部亮点 11

对接，箱体内设施齐全，使用方便。见图24。

细部亮点13：电梯运行平稳、平层准确。噪声低，轿厢内操纵动作灵活，信号显示清晰，运行良好。见图25。

细部亮点14：窗户铁艺设计，雅致精巧、美观、大气。见图26。

细部亮点15：大型吊灯同屋面自然采光相得益彰。见图27。

细部亮点16：机电设备整齐，周围排水盖板平稳。见图28。

细部亮点17：地下室管道系统统筹考虑，设置综合支吊架，排列整齐美观。见图29。

细部亮点18：冷冻机房机电管道采用彩色PVC壳宝，做工精细、分色清晰。管线、母线槽封堵严密，整洁美观。见图30。

细部亮点19：消防泵房，管道设备排列整齐，标识清晰。见图31。

细部亮点20：各类管道油漆均匀，分色清楚，介质流向标识齐全，机电设备接地安全可靠。见图32。

图24　细部亮点12

图25　细部亮点13

图 26　细部亮点 14

图 27　细部亮点 15

图 28　细部亮点 16

图 29　细部亮点 17

图 30　细部亮点 18

图31 细部亮点19

图32 细部亮点20

5 绿色建造与科技创新

积极推广绿色施工和创建江苏省安全文明施工工地活动，节能减排，保护环境。

（1）编制了本工程的绿色施工方案和四节一环保的控制指标。

（2）建立以建设单位和两个总承包施工单位为领导小组的组织机构，由两个总承包单位负责对所有分包单位和所承担施工的区域进行管理、监督、整改，并在施工合同中明确了创建江苏省文明工地的奖罚指标。

（3）按创建江苏省安全文明工地的标准和绿色施工的要求。创建领导小组每月组织所有单位进行一次安全文明和绿色施工检查、考核以及评分，并列入会议纪要。按评分结果，工程结算时支付安全文明施工措施费。通过创建江苏省安全文明工地的活动和绿色施工。施工现场整洁、文明有序、降噪节能。减少了对环境的影响。得到市领导和UWC学校领导的一致好评。本工程两个标段双双评为"江苏省安全文明施工示范工程"。

（4）按世界联合学院（UWC）的标准和二星绿色建筑的标准设计与施工。确定之初本工程设计方案按二星级绿色建筑标准进行设计，该设计方案获得"江苏省优秀工程勘察设计行业绿色建筑设计奖"。建筑设计中采用了许多绿色环保、降噪节能的新材料和新技术。铝合金窗、智能遮阳帘，图书馆和体育馆屋面采用带形采光窗，减少室内照明光源。外墙和种植屋面，螺杆式湖水源热泵机组，新风系统均设置热回收式新风机组，热回收效率>60%。地下车库采用出入口自然进风、机械排风的通风方式，实现节能运行。供电系统采用智能化控制和能耗监测系统所有照明全部采用LED节能灯，并通过灯光控制系统达到节能目的。地下室采用太阳能光导照明系统，室外全部采用太阳能照明路灯。

（5）施工按绿色建筑设计的要求，严格控制原材料的标准和绿色施工工艺进行建造。一是采用商品混凝土和预拌砂浆，二是控制原材料的质量标准。所有原材料采购前必须提供样品进行封存，进场时按照样品进行验收。三是所有的装饰材料必须是通过绿色环保认证的产品。四是建设方及UWC选定的绿色环保材料。五是所有的原材料都必须通过第三代检测机构的检测，未检测合格的材料不得使用于本工程。

工程竣工验收前，经检测室内均符合《民用建筑工程室内环境污染控制规范》GB 50325-2010 标准中 I 类民用建筑工程室内环境污染物浓度限量的要求，室内环境质量合格。

积极开展科技创新和十项新技术推广工作，本工程项目的实施中利用了许多的新技术和技术创新，两个标段均成为"江苏省十项新技术推广示范工程"达到国内领先水平，并且有三项施工创新获得了实用新型专利。

（6）BIM 技术的应用

本工程管道、空调通风和强弱电都在地下走廊中布置，安装专业多、管线多、空间小，满足人员通过。在设计之初，就建立设计与施工单位的 BIM 团体，通过建模对管线进行碰撞试验和净高复核。把结果提供专业设计人员并进行综合协调布置。在多次的建模、复核、调整后，满足了规范和施工的要求。

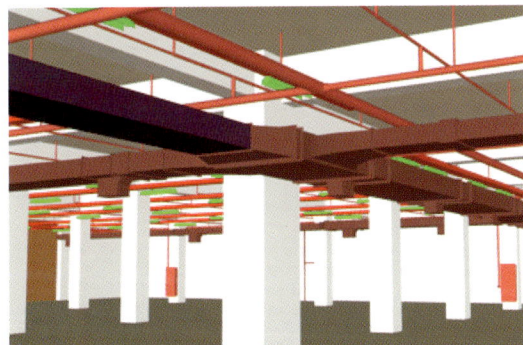

在施工阶段，通过 BIM 团队的参与，采用管线综合布线技术合理布置、共用支架，满足规范，减少了支架数量。管线安装整齐统一，层次分明，排列有序，美观大方、节约了空间和施工成本，并为今后的使用和维修创造条件。见图 33。

本工程还在多维钢管结构连廊中，利用了 BIM 技术辅助设计，在钢管件加工中采用 BIM 建模，利用 TEKLA 程序控制好切割加工管件，指导现场多位钢管结构在连廊的现场拼接安装。见图 34。

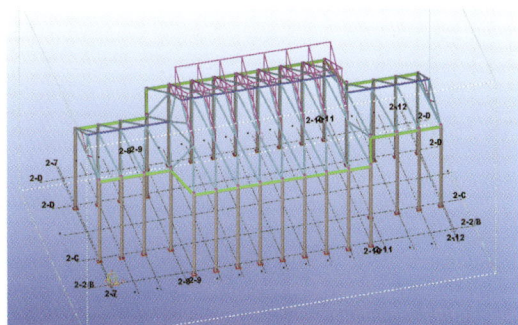

图 33　BIM 应用 1

图 34　BIM 应用 2

6 本工程获得的成果

本工程在建设过程中，获得荣誉见表1：

获得荣誉 表 1

序号	获奖名称	数量	等级
1	优秀设计成果二等奖	1	国家级
2	全国工程建设优秀质量管理二等级	1	国家级
3	国家发明专利奖	1	国家级
4	国家新型实用专利奖	2	国家级
5	优秀工程勘探设计行业奖绿色建筑设计奖	1	省级
6	江苏省工程建设优秀质量管理一等奖	1	省级
7	江苏省标准化文明示范工地	1	省级
8	优质工程扬子杯	1	省级
9	新技术示范工程	2	省级
10	科技创新成果奖	1	省级
11	绿色建筑设计奖	1	省级

南徐新城商务办公 B 区 1 号楼——镇江建工建设集团有限公司

1 工程简介

南徐新城商务办公 B 区 1 号楼，位于镇江南徐新城区、檀山路 211 号。建筑面积 51004m²（地下 9783m²、地上 41221m²），地下 1 层、裙房 4 层、地上 28 层，建筑高度：126.4m。

基础类型为桩基筏板基础；结构形式为裙楼钢筋混凝土框架结构、主楼钢筋混凝土框筒结构。外装饰主要为玻璃幕墙和石材幕墙，局部采用金属铝板；内装饰地面主要为环氧地坪、花岗岩、天然石材、地砖、地毯、地板等；墙面主要为石材、木饰面、墙纸、乳胶漆等；顶面吊顶主要为铝板及石膏板吊顶等。水暖与通风设有室内给水排水、雨水系统、消火栓、自动喷淋系统、中央空调系统及新风系统。建筑电气设有照明、动力及空调动力配电及控制系统、防雷与接地系统。智能化系统设有有线电视、通信及综合布线、安防监控系统、消防报警系统。电梯共设 10 部。

本工程 2011 年 7 月 1 日开工，2015 年 9 月 18 日竣工，获 2016 ～ 2017 年度第二批国家优质工程奖。整体外形见图 1。

2 本工程创精品工程的过程

2.1 精心策划，严格控制，攻坚克难，步步达标

（1）建立创优攻关小组

本次创国优精品工程是我公司在工程创优历史上的首次，没有经验，所以在工程开工时从公司层面到项目部高度重视，明确创优目

图 1 整体外形

标为"国优"，成立以总经理为组长，公司总工程师、公司生产副总和项目经理为副组长、项目部和公司安全工程部主要人员为成员的"创国优攻关小组"，制定创优总体计划及月、周分计划，每项工作责任到人，每周五下午定期召开创优专题会议，对本周出现的问题及时解决，制定下周工作计划。

同时，与建设单位、设计院、项目监理、各专业分包单位及钢筋、混凝土供应商等相关单位达成创国优的一致认识，统一思想。

（2）质量计划具体可行，实施效果达到计划标准

对本工程的每道工序制定符合或高于国

家标准的验收要求，包括资料的收集及编制标准，对于工程量和重复量大的工序（如砌墙、粉刷）实行样板开路，培训上岗。下面略举几例：

例1：对墙体砌筑的要求以样板为标准，允许偏差小于国家标准1～2mm，如图2做到灰缝均匀，表面垂直平整、搭接符合规范、表面整洁美观。

图2 墙体样板

例2：模板工程是混凝土工程的关键，直接影响混凝土的外观质量和后期的装修，配板方案需精心制定，允许偏差高于国家标准1～2mm，做到接缝严密，边角方正，轴线顺直，表面平整。制定如下创国优标准，如表1：

高于国标的模板创国优标准　　　表1

项目		国标允许偏差（mm）	创国优允许偏差（mm）
轴线位置		5	3
底模上表标高		±5	±3
截面内部尺寸	基础	±10	±8
	柱、墙、梁	+4，-5	+3，-4
层高垂直度	不大于5m	6	4
	大于5m	8	6
相邻两板高低差		2	2
表面平整度		5	4

实施效果举例如图3：

图3 模板创优效果

例3：钢筋施工中，采用定型箍筋固定墙柱插筋，用现浇混凝土预制件控制钢筋间距及楼板厚度（工法），用钢筋梯子工艺保证墙体钢筋的位置及间距等措施，有效地控制了钢筋位置及间距，保证了钢筋施工质量。实体效果如图4：

图4 钢筋绑扎

例4：对于钢筋混凝土制定了高于国家验收标准的标准，如表2：

实施结果表明，取得了良好的效果。如混凝土分项达到了内实外光，方正光洁。实例如图5：

例5：装饰工程在创优过程中至关重要，如大理石饰面，要求各种材料的地面、墙面阴阳角线条顺直，细节处理得当，缝隙宽窄均匀，勾缝密实，墙面、地面块材通缝铺贴。实体效果如图6。

混凝土质量创国优验收标准 表 2

项次	项 目 名 称		允许偏差（mm）	
			国家验收规范	创国优优标准
1	轴线位移	柱、墙、梁	6	5
2	截面尺寸	柱、墙、梁	5	±3
3	垂直度	层高	8	5
		全高（H）	$H/1000$ 且 ≤ 30	$H/1000$ 且 ≤ 30
4	表面平整度		4	3
5	脚线顺直		4	3
6	预留洞口中心线位移		10	8
7	标高	层高	±8	±5
		全高（H）	±30	±30
8	阴阳角	方正	4	3
		顺直	4	3

图 5　梁板柱混凝土施工节点实体

图 6　装饰工程中的大理石地面和墙

例6：整个幕墙工程构造规范、安装牢固、平面平整无变形，打胶平顺、饱满，节点和细部构造合理,经淋水试验和风雨考验无渗漏。如图7。

例7：地下室地面为耐磨环氧树脂面层，表面平整，色泽均匀，无空鼓、无裂缝。车道线、标志线、停车位等采用白色环氧树脂耐磨地面，标识清晰。汽车坡道面层采用无震动降噪防滑坡道，坡度准确、角线圆滑顺弧、消声耐磨，防滑耐用。如图8。

例8：桥架线槽安装顺直，连接牢固，表面平整、紧密一致，接地可靠。如图9。

例9：给水排水工程管道安装整齐美观、坡向正确，布置合理、美观，穿墙封堵密实，管道接口无渗漏。如图10。

图 8　地下室环氧树脂地面

图 9　桥架线槽安装

图 7　玻璃幕墙安装

图 10　给水排水工程管道安装

例 10：各专业施工技术资料与施工进度同步跟进，真实完整。

施工资料的编制随着施工的进程同步收集、整理，且有逻辑性。各类资料在时效上、程序上都要符合逻辑性和关联性要求。如钢筋的检验批必须做到材料进货单的批次、合格证、复检报告、检验批的见证取样、隐蔽工程验收、施工日记、监理检查记录资料等，在时间上、先后程序上都要完整统一，具有可追溯性。

最后装订竣工资料时，收集完整，除了现场各专业（土建、水电、暖通、设备安装、装修、智能化、绿化等）施工资料外，对建设单位的前期资料如项目工程可评（研）报告或项目建议书、工程立项文件、工程报建批复文件（建设工程规划许可证、建设用地规划许可证、土地使用证、施工许可证、环评报告批复文件等）；后期资料如规划、消防、环保、节能等的验收报告，水土保持、安全、职业卫生（有食堂餐厅的项目）、档案等验收文件和工程质量监督（质监站、咨询 / 监理）单位的工程质量评定文件都要收集完整。

（3）针对本工程的技术特点难点攻坚克难

难点 1：地下室墙板和顶板的抗渗漏

本工程基坑开挖深度为 8m，基坑面积为 11500m²，土方开挖量 63500m³，地下水位高、地面及地下环境比较复杂，变形监测及土方开挖难度很大。纯地下室顶板设计为种植屋面，预留吊装孔洞多、面积大、渗漏隐患大。其最大的难点是如何确保地下室的墙板和顶板无渗漏现象，这是创优工作的必保项目。

为此：（1）筏板施工高度重视，尤其是防水施工层层严格把关；（2）从与设计沟通墙和顶板配筋尽量采用小规格钢筋，减小钢筋间距，增加开抗裂钢筋；（3）混凝土的配比多次

试验，采用三级配，加抗渗剂和引气剂，将泵送坍落度控制到最小（12cm）；（4）混凝土施工有专人监督振捣手，严格控制其振捣间距、时间、状态（气泡很小很少）；（5）采用塑料薄膜贴盖养护。最终使地下室无一处渗漏。见图 11。

图 11　地下室施工无渗漏

难点 2：装饰材料品种繁多、风格各异

各楼层部位有其不同的功能，因此对装饰材料的材质有不同要求，内装饰材料品种繁多，从选材、施工到成品保护难度大。为此采用 CAD 和 BIM 等信息技术多次放样、排布、试看、征求建设单位意见，多次修改。做到：排布美观、色彩协调、线条横平竖直、边块对称、各种灯孔、灯槽、消防喷淋等横成行、侧成线，细部处理精益求精，风格各异，独具匠心。见图 12。

图 13　利用 BIM 技术进行智能化管道优化布置

图 12　各种装饰材料精美设计布局及美观效果

难点 3：管道的设计错综复杂，设计中有许多相碰等矛盾的地方。

为此采用了 CAD、BIM 技术深化设计，取得了相当好的效果：管道安装横平竖直、坡向正确，布置合理、美观，穿墙封堵密实，管道接口无渗漏。见图 13。

（4）本工程的精工之处凸显了施工质量的亮点和特色

在开工时，就对本工程的特色和亮点部位进行了分析和确认，作为重点进行质量管理和效果特出。

1）上人屋面的地砖铺贴

原设计的上人屋面为普通地砖，铸铁排水沟盖板颜色单调。为了达到创优效果，在基本不增加成本投入前提下进行了 3 项修改：

（1）将原来的 300×300 淡黄色地砖改为 200×200 白色广场砖，并用蔚蓝色广场砖作

为分割；

（2）将普通铸铁排水沟盖板改为钢格栅，油漆成天蓝色；

（3）在对屋面管道进行了包裹处理，增加了防腐木踏步过桥。

这样的变更与原来设计的效果相比给人以清新美观的感觉。见图 14、图 15。

2）屋面栏杆的设计修改与效果

原设计的屋面栏杆为不锈钢钢管，形式单调，与周围环境不相融合。在创优过程中，将其改为透视性较好的高强玻璃栏杆，这样与广场砖屋面及周围环境相得益彰。

3）室内大理石及吊顶装修精美、协调、大气

本工程的一楼大厅、接待大厅、主会议室、空中花园、羽毛球馆、公共走道等大面积场所均采用了高档大理石墙面和地面装修，因此不但大理石饰面要求精致美观大气，还要求配套

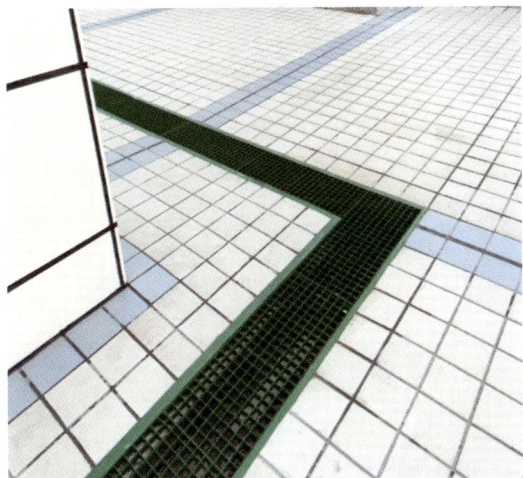

图 14　上人主屋面保护层做法

图 15　裙房上人屋面保护层做法

的吊顶精美相称。这就给装饰设计和施工带来了较大的挑战。不但要设计优秀，而且施工质量也要精工细雕。为此在装修方案的设计过程中，利用 BIM 和 3D 软件技术，多方案、多次推敲比较，最终以业主、监理、上级主管部门满意为止。在施工方面，将大理石块体铺放在空旷地面选砖，尽量减少色差，使得天然花纹自然美观；在施工操作上选用手艺高超的能工巧匠，精心操作，质量管理全过程跟踪监督验收，达到石材墙面、地面铺贴表面平整，缝隙均匀，色泽一致，拼接线条分明、顺直，层次清晰，拼缝严密通顺；吊顶新颖别致，造型简洁，做工精细。见图 16。

4）空调与通风及配电设备的安装亮点

各类设备及配件位置正确、安装牢固、运行可靠，空调及防排烟系统单机及联动调试合格。变配电间内配电柜安装整齐、相序标识清

图 16　一楼大厅及主会议室装修墙面、地面、配套吊顶实体效果

图 17　空调设备安装牢固

图 18　配电柜安装整齐美观，标识清晰

图 19　绿色施工图片（一）

晰，零、地线颜色正确，接地可靠。见图 17、图 18。

（5）绿色施工

本工程的整个施工过程始终贯彻了"四节一环保"的绿色施工理念。见图 19。

（6）获奖成果及科技创新

工程获得了"国家优质工程奖"、"江苏省建筑施工文明工地"、"江苏省建筑业新技术应用示范工程"、"江苏省优秀 QC 小组活动成果三等奖"、"镇江市工程建设市级工法"、"二星

图 19　绿色施工图片

（a）节水（洗车水回收利用）;（b）节地（场地硬化、绿化）;（c）节能（利用太阳能）;（d）节材（短木方回收接长利用）;（e）环保（噪声检测）;（f）环保（洒水降尘）

绿色建筑"、"实用新型专利 1 项"等多项荣誉。

　　本工程 2012 年 6 月 15 日在现场召开了全市"创文明工地 建精品工程"现场观摩会，2012 年 12 月 28 日召开了省级绿色施工现场观摩会，2013 年 1 月 12 日召开了省 AA 级示范工地观摩会。

3　总结与体会

　　镇江南徐新城商务办公 B 区 1 号楼工程通过践行先进的管理理念，使工程在管理流程、技术应用、质量措施、成品保护等各个环节达到了较高的水准，工程质量始终处于行业领先水平，安全文明、信息化施工及综合管理始终处于省市先进水平。在施工期间严格执行质量管理体系、环境管理体系和职业健康安全管理体系，未发生质量及安全事故，在农民工工资支付上未有拖欠情况发生。

　　工程竣工交付使用后，各系统功能运转正常，满足使用功能，未发现质量问题和隐患，符合设计要求。主动为业主做好回访保修服务，随叫随到，业主使用单位非常满意。

　　在日益激烈的市场竞争中，公司始终坚持将质量放在第一位，将"细筑过程、追求成果"的核心管理理念贯彻到企业和每个人的思想中，不断创造精品工程。

微软（中国）苏州科技园区一期办公楼 ——苏州中正建设工程有限公司

1 工程简介

1.1 工程基本信息

微软一期办公楼总建筑面积 4.38 万 m^2，建筑总高度 44.2m，由 9 层主楼、单层裙房及一层地下室组成，工程于 2014 年 10 月 10 日开工建设，2016 年 5 月 18 日竣工验收，项目总造价约 4.02 亿元。见图 1。

图 1 工程外景

本项目强调与科技园现有规划与建筑的对话，并体现了微软视窗操作系统的界面元素，办公楼单体利用两栋 L 形建筑巧妙相连，形成了一个带内中庭的"显示器"，同时塔楼底部设置部分开放空间与裙房顶景观完美结合，室外景观绿化延续至裙房屋面，建筑层次丰富。项目运用了大量的新材料、新工艺，大面积种植屋面的应用大幅提升了整体建筑环境，打造了一个美观、精致、舒适且功能齐全的办公研发建筑。

1.2 项目建设的意义

微软（中国）办公楼是根据微软研发需求量身定制的研发楼，是苏州工业园区与微软合作的重点项目，也是苏州工业园区产业转型、科技兴区的代表之作。项目建成后将成为微软在亚太地区的互联网研发总院，助力苏州形成新的科技产业协同效应，同时也是向外界展现"现代化高科技新苏州"的窗口。

1.3 工程参建单位（表 1）

工程参建单位	表 1
建设单位	苏州工业园区科技发展有限公司
设计单位	建学建筑与工程设计所有限公司
监理单位	江苏盛华工程监理咨询有限公司
施工单位	苏州中正建设工程有限公司（总包）
	苏州柯利达装饰股份有限公司（参建）
	北京市设备安装工程集团有限公司（参建）

2 项目特点、重点和难点

（1）一层裙房屋面全部采用种植屋面，种植草皮及小灌木，种植绿化面积 4211 m^2，种植屋面占屋面总面积的 37%，不仅美化了环境，提高了整体绿化率，还有利于调节底层室内温度，节能环保。见图 2。

（2）微软企业文化对饰面色彩有独特的要求，每个楼层的主题色彩与中庭楼梯色彩一致；中庭从一层直达 9 层屋面采光顶，采光优良，中庭楼面周边为公共通道及休息区，中庭内设置步行景观楼梯及东西区连接通道，楼梯及楼层周边栏杆采用彩色渐变玻璃饰面，转角处采用弧形玻璃处理，一直从底层黄色过渡到顶层蓝色。见图 3。

（3）室内空调系统采用四管制，能同时满

图2 屋面绿化

图3 饰面色彩

足办公场所人员不同的温度需求；设置了二氧化碳探测装置来控制新风系统，实现最小新风比及新风量控制，办公室新风采用高效的全热回收装置，加强对余热的利用，降低能耗。

（4）先进的智能化系统实现了对整栋大楼所有功能设备的监控及控制，保证员工舒适安全的办公环境。

（5）场地狭小，施工组织难度较大：基础施工阶段，由于场地狭小，材料堆放、运输及总体施工协调受到很大影响。

（6）大面积种植屋面防水施工：

裙房屋面大面积的种植屋面符合绿色建筑设计思路，但是对屋面防水提出了极高要求，设计防水等级为一级。斜坡部分设置挡土梁，裙房屋面与主楼立面交接节点复杂，使得排水及防水施工难度大为增加，经综合考虑，裙房屋面防水采用材料相容性佳的橡胶沥青涂膜防水 + SBS 防水卷材的形式，确保了裙

图4 种植屋面防水

楼屋面无渗漏。见图4。

（7）机电安装利用BIM技术解决管线综合布置：

工程机电安装部分系统齐全，材料设备种类繁多，各种管道交叉。为了实现设计和施工之间的衔接，通过BIM管线综合布置与平衡技术，完善节点设计和施工详图设计、解决管线设备的标高和位置问题，在进行各类管线综合时，大量运用综合支吊架，为以后的运行维修管理和二次施工等问题提供了便捷，保证了施工中各系统安装合理有序、整齐美观、检修方便，避免了各系统衔接不当、交叉冲突等问题。见图5。

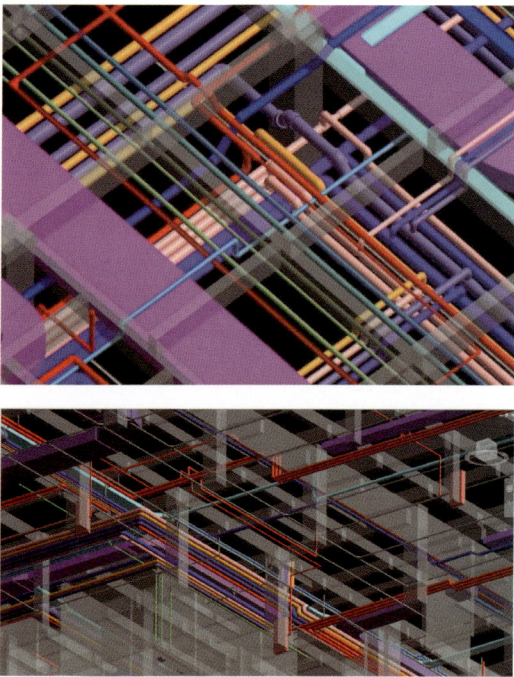

图5 BIM技术应用

（8）装饰阶段各工种协调配合管理：

装饰材料及工艺复杂多变，加工难度高，施工阶段多专业、多工种同时施工，各工种配合、协调施工难度大。装饰、水电、消防、空调工艺及土建施工提前策划，采

取针对性的施工措施，充分发挥了创新性的项目中后期管理方法，确保了整个工程的质量及工期。

（9）机电系统调试复杂：

本工程机电系统繁多，业主对供电、空调、弱电等系统要求非常高，电气部分、给水排水部分和空调部分的系统调试能否达到设计和使用要求，将直接影响整个项目使用功能的有效发挥，在工程施工过程中根据进度和具体的系统、设备特点，编制有针对性的调试计划，详细说明各系统的调试流程、方法，对各类不同的管线材质和系统类型，编制不同的调试方案，同时配备专用的机电工程调试检测仪表和专业调试技术人员，加快调试的时间，保证调试的准确性，最终确保各系统达到设计及使用要求。

3 工程建设目标

工程建成后要达到的目标：

（1）质量目标：国家优质工程奖。

（2）绿色建筑目标：二星级绿色建筑。

（3）安全文明目标：创建省级文明工地，争创国家级文明工地。

（4）绿色施工目标：全国建筑业绿色施工示范工程。

（5）进度目标：按照合同要求进行进度管理，确保工程进度。

（6）科技创新目标：江苏省建筑业十项新技术示范工程。

4 前期策划

4.1 设计引导

设计的水平和深度对工程创优有着至关重要的作用，微软对研发楼的使用功能、环保、视觉效果要求极高，为此建立了以建设方、微软、设计院、深化外包设计单位、施工单位、监理单位、参建单位全部单位参与的设计协调小组，定期召开会议，对深化设计图纸、效果图、施工工艺、材料、设备等进行讨论和确认，内装色彩、材料、厨卫设施设备、机电设备、外装立面分隔、室外景观、细部处理等都经过多轮的讨论才最终确定方案，原设计中较为简单的木扶手、楼梯间环氧地面、水泥砂浆屋面、机房地面等均通过设计讨论，采用简洁、美观的工艺与用材进行替换，通过设计引导，使整个建筑的视觉效果得到大幅提升。

4.2 深度策划

项目初始阶段，公司各职能部门会同项目部召开标准化施工研讨会，对微软项目的实施做总体规划。按照图6所示组织编制了《微软项目标准化施工策划书》。策划书形成后，项目部积极组织相关管理人员学习并对策划书进行深化和细化，施工过程中根据实际情况严格落实，动态调整。

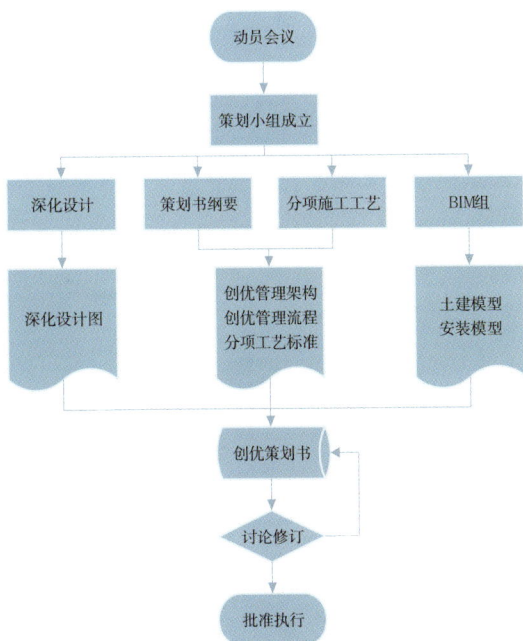

图6　总体规划

5　工程建设管理

5.1 坚持"以预防为主"原则

以预防为主，从对工程质量的事后检查转向事前控制、事中控制；从对产品质量的检查转向对工作过程质量的检查、对工序质量的检查、对中间产品（工序或半成品、构配件）的检查。这是确保施工项目质量的有效措施，也是项目成功的关键。

5.2 坚持"用质量标准严格检查，一切用数据说话"原则

质量标准是评价建筑产品质量的尺度，数据是质量控制的基础和依据。产品质量是否符合质量标准，必须通过严格检查，用实测数据说话。

5.3 坚持"样板领路"的原则

贯彻样板领路的思想，每个分项工程在开始大面积操作前项目部均做出示范样板，统一操作要求，明确质量目标。实现可视化管理。

5.4 落实检查、复核和整改工作

施工中，项目部对每个施工段都有明确的质量负责人，对该段施工负质量责任，以提高操作人员的责任心。加强施工过程的监控和抽查，从材料使用、半成品加工、操作工艺、成品质量、成品防护等方面进行全方位监控。未经检查合格，不得进行下道工序施工。技术、质检人员技术复核、过程监控，不等整段施工完成后再统一检查，及时发现问题及时整改。

5.5 月检制

项目部每月25日由项目经理组织项目管理人员及施工班组长对本月施工质量进行扫网式大检查，发现问题现场落实人员负责立即整改，并总结经验教训，避免出现同样的问题，使工程质量始终及时受控。

6 工程建设亮点及经验

本工程为微软量身定制的研发楼，鉴于一期体量小、技术难点不多等因素，只有坚持"细节决定成败"的原则，通过设计引导与精细化的施工，来提升建筑的精细品质。

（1）一层主通道大厅采用非对称设计，中庭直通屋面采光顶，整个大厅采光良好，总台、等候区、中庭楼梯、休息区、洽谈区、瀑布、小景、地面拼花、墙面、吊顶、灯带、液晶显示屏等细节设计独具匠心，科技与人文并举，既不显拥挤，还达到了一步一景的效果。见图7。

图7 一层主通道大厅

（2）主楼电梯门厅入口采用不锈钢及玻璃机闸，地面计算机预排布，采用拼花地砖方案，墙面采用木饰面及彩色涂料装饰，简洁、大方且具备视觉变化。见图8。

图8 主楼电梯门厅入口

（3）内装饰色调使用丰富、鲜艳，每个楼层的主题色彩与中庭楼梯色彩一致，一直从底层黄色过渡到顶层蓝色。中庭楼面周边为公共通道及休息区，中庭内设置步行景观楼梯及东西区连接通道，楼梯及楼层周边栏杆采用彩色渐变玻璃饰面，转角处采用弧形玻璃处理，营造出美丽的建筑内部空间。见图9。

图9 内装饰示意

（4）餐厅采用地砖地面、实木复合地板、墙砖、仿石隔断、彩色玻璃隔断、彩色木构件隔断、青花瓷墙面等装饰形式，配合简洁现代的餐厅家具，将餐厅分隔成不同的风格区域，配合不同风味的食品供应，使餐厅在实现就餐功能的同时，还为员工打造了一个空间变换、多姿多彩的就餐环境。见图10。

（5）男、女卫生间以运动元素为装饰设计理念，充分利用马赛克地面、彩色渐变玻璃、墙砖、招贴等装饰形式打造出个性化卫生设施空间。见图11。

（6）屋面由细石混凝土改为10cm×10cm广场砖铺设，分隔缝采用不同颜色广场砖进行分隔，女儿墙泛水采用仿石镶边，广场砖根据屋面实测尺寸在计算机上进行预排布，精工细作，线条顺直，坡度一致，排水通畅。见图12。

（7）地下室管线经建模进行管线综合布置与平衡，综合支架共用率高，排布合理。见图13。

图 10　餐厅

图 11　卫生间

（a）男卫生间；（b）女卫生间

图 12　屋面

图13　地下室管线排布

图14　安装图片
（a）消防泵房设备及管线安装；（b）空调冷冻机房安装

（8）消防泵房、冷冻机房经过深化设计布局，管线综合排布，错落有序整齐，地面采用米黄色防滑地砖铺设，设备基础四周设计$\phi 150mm$半圆弧排水沟，排水沟表面涂刷灰色环氧漆，冷冻机房管道采用精致铝壳保护，机房整体明亮开阔，细部做工精致。见图14。

（9）配电室采用成品柜体，安装高度统一，成行成线，地面采用防尘静电架空地板，2路供电确保整个办公大楼工作稳定。见图15。

（10）各类机电柜体排列整齐，盘线走向合理，导线顺直，元器件动作灵敏。见图16。

（11）室外景观道路工程经过深化设计，铺装、小品、绿化、园路、运动场、休息设施类型丰富，造型美观，布局富有变化，施工质量优良，排水通畅，无积水，铺装精致、缝道均匀美观。见图17。

图15　配电室

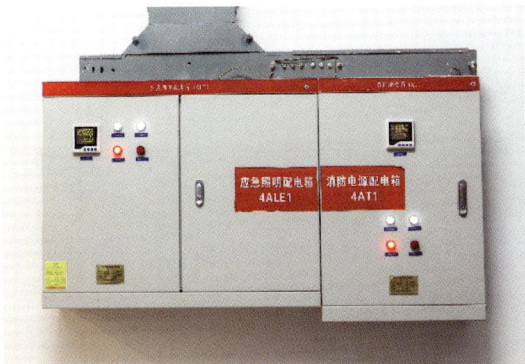

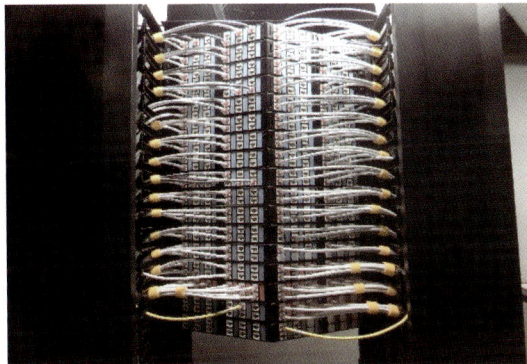

图 16　机电安装

图 17　室外景观

7　新技术运用情况

本工程采用建筑业 10 项新技术中 10 大项 17 小项，江苏省 10 项新技术中的 4 大项 6 小项，其他新技术 2 项。于 2015 年 10 月 26 日被江苏省住房和城乡建设厅列为第二十二批"江苏省建筑业新技术应用示范工程"的目标项目，并于 2016 年 11 月下旬通过验收。

8　绿色施工

在项目开工前期，公司就提出该项目要积极争创"国家优质工程奖"的创优目标，而

"绿色工程"有利于更好打造精品工程，为确保能实现目标，保证现场各项施工管理工作到位。项目部成立绿色施工专项小组，并将绿色施工的理念应用在施工全过程中，制定《绿色施工实施方案》，以技术创新、管理创新为抓手，最大限度地节约资源，减少对环境的负面影响，实现"四节一环保"目标，做到人与环境和谐相处，实现可持续发展。

工程于2016年4月通过了"第五批全国建筑业绿色施工示范工程"过程验收及授牌。2017年6月获得全国建筑业绿色施工示范工程荣誉证书。

9 工程建设成果

（1）2015年7月获得二星级绿色建筑设计标识证书；

（2）2015年7月获得江苏省建筑施工标准化文明示范工地；

（3）2016年12月份通过江苏省新技术应用示范工程验收；

（4）2017年7月获得年度建设项目优秀设计成果二等奖；

（5）2017年获得姑苏杯、扬子杯及国家优质工程奖；

（6）2017年12月获得全国建设工程安全生产施工标准化建设工地；

（7）省级优秀论文2篇、全国QC二等奖一项等荣誉。

本项目是苏州工业园区引入微软后合作的重点项目，充分体现了苏州产业转型升级的引导功能、产业协同效应以及高级技术人才的吸引作用，而企业通过建设精品工程创建，扩大了企业的知名度，在企业内部引导了精品工程建设的创建氛围和积极性，增强了企业在未来的竞争能力。

扬州大学新校区文体馆 ——江苏邗建集团有限公司

1 工程简介

1.1 工程各责任主体

扬州大学新校区文体馆工程于 2012 年 7 月 16 日开工，2015 年 8 月 25 日竣工，位于扬州市华扬西路 196 号，由扬州大学投资兴建，上海华东建设发展设计有限公司设计，扬州大学工程设计研究院有限公司勘察，扬州市建苑工程监理有限责任公司监理，江苏邗建集团有限公司施工总承包。

1.2 建筑规模

工程总建筑面积为 48157m²，建筑高度 26.05m。框架结构 6 层，设有游泳馆、篮球馆、乒乓球馆、羽毛球馆、健身房、多功能厅、小剧场及部分办公用房，工程总造价约 1.78 亿元。

该建筑物呈长方形，长 174m，宽 83m，外貌端庄、稳重、大方、美观，色彩总体呈浅灰色，与校园环境相协调。南、北立面的 18 根高立柱刚劲有力，既具现代气息和特色建筑风格，又与使用功能相得益彰，浑然一体。见图 1。

工程内部设计充分考虑了不同功能的使用要求，各个功能体既可相互联系，又可以独立使用，且注重人性化设计，设置内外部过渡空间，便于两大功能单元之间的联系交流，增加了空间的活跃性，符合大学生的实际使用需求。

2 精品工程的策划与管理

2.1 创优小组建立、责任划分

开工伊始我公司即强化目标管理，进行了精心策划，确定了创"国家优质工程"的质量目标。并及时成立创优领导管理小组，签订创优责任书，将要达成最终目标所需的各项工作指标进行分解，使施工的质量均处于受控状态，以确保工程创优目标的实现。见图 2。

2.2 制度保证

根据集团公司一体化管理体系、管理手册及程序文件，项目部建立健全各项管理制度、施工图审查制度、技术交底制度、样板引路制度、质量检查验收制度、工程质量的三检及交接检制度、质量奖罚制度、质量例会制度、材

图 1 工程效果
（a）南立面；（b）东南角

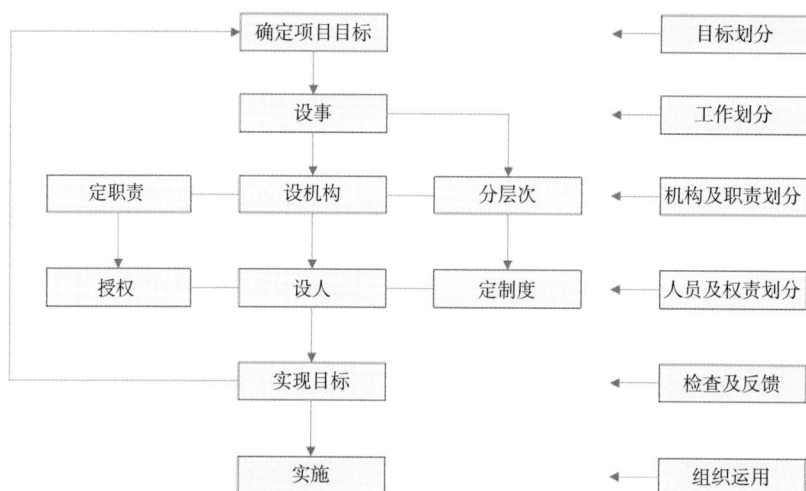

图 2　创优小组管理机构的设置

料采购制度、材料检验制度、材料保管制度、计量器具管理制度、成品保护制度、工程质量保修制度，确保工程一次成优。

2.3　开展 QC 质量小组活动，实行技术攻关

项目部建立 QC 质量小组，在公司技术部门的指挥下协同攻关，项目部将投入一定的技术基金，用于 QC 小组活动经费，开展技术革新和关键施工工艺的研究。

2.4　实施过程

（1）推行首件样板引路控制，严格样板的质量标准，强调工程质量的预控和过程控制。

（2）从设计图纸入手，努力改进管线预埋、敷设，屋顶、装饰细部、变形缝及外墙节点处理，提高了工程整体观感质量。

（3）在具体施工过程中，对易发生质量通病的部位，如室内抹灰、石材干挂、铺贴以及管道根部处理等施工工艺进行优化，达到质量预控的效果。

（4）加强过程质量预控是保证工程质量的一个重要项，每一道环节都由专人负责、专人检查、专人评定，层层把关、严格执行。本工程重点进行了地下室工程、主体结构、墙体砌筑、屋面、墙体粉刷、卫生间、石材铺设、防雷接地及消防等施工环节的预控，确保了施工质量，为工程创优提供了保证。

2.5　创优创杯奖罚措施

（1）项目部选用有创优工程施工经验的施工班组参与本工程的建设，并与管理人员和施工班组签订责任书，明确责任和奖罚措施。

（2）施工班组严格按施工规范要求和项目部的操作要求进行施工，对分项工程检验批达到优质验收要求的班组进行奖励，达不到质量验收要求的班组，按制度进行处罚。

（3）各施工班组之间相互配合，服从项目部的指挥和协调，对配合能力较强的班组进行奖励，对配合能力较差的班组进行处罚。

2.6　过程质量控制措施

（1）一般过程控制

提供必要的施工文件进行详细交底，作业人员按照图纸、规范、标准的要求进行操作。施工过程中，严格执行"三检制度"，对"定位测量、钢筋绑扎、模板安装、混凝土浇筑、装饰装修"等每道工序认真做好自检、专检、

交接检的工作，做到检查上道工序、保证本道工序、服务下道工序，使过程始终处于受控状态。

（2）关键过程控制

在"屋面防水"、"卫生间施工"、"墙体砌筑"等关键分项工程施工时，除向作业人员提供图纸、规范和标准等文件外，还提供专门的工艺文件和作业指导书，明确施工方法、程序、检查手段，统一施工做法，实现样板化、标准化施工。

（3）质量展示区设置、质量标准化施工

按照公司的要求，除了实现文明工地标准化施工外，还需要在现场设置质量展示区，对各种常见施工做法，如"现浇板钢筋绑扎"、"卫生间做法"、"墙体砌筑"、"楼梯施工、屋面施工"等进行样板展示，做到样板引路控制，严格按照样板的质量标准，强调工程质量的预控和过程控制。见图3。

图3　样品展示区

3　过程控制难点

（1）难点1：屋面采用装配箱混凝土空心楼盖结构形式，其最小跨度16.8m，最大跨度33.2m，箱体规格较多，解决箱体破裂灌浆的质量通病是施工难点。见图4。

（2）难点2：南、北立面有18根高度22m、直径1.2m的独立圆柱，其混凝土结构成型及干挂石材铺贴是施工难点。见图5。

（3）难点3：3800m² 实木地板及4300m² 实木运动地板铺设，控制接缝、平整度及地板的变形、翘曲是施工难点。见图6。

（4）难点4：工程内有多个挑空式中庭，最大挑高25m，混凝土结构成型及高大模板的施工安全控制。见图7。

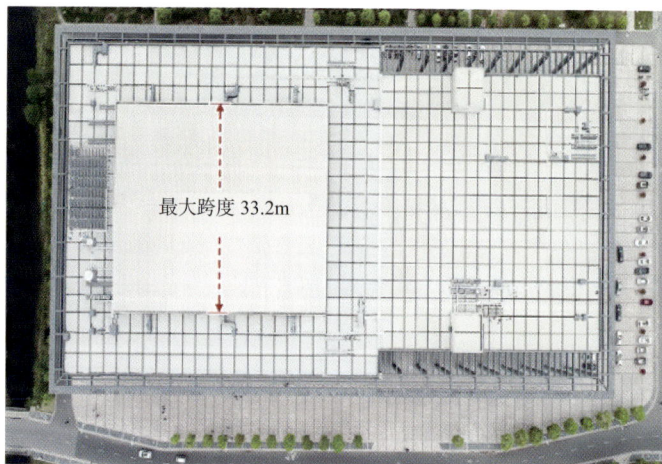

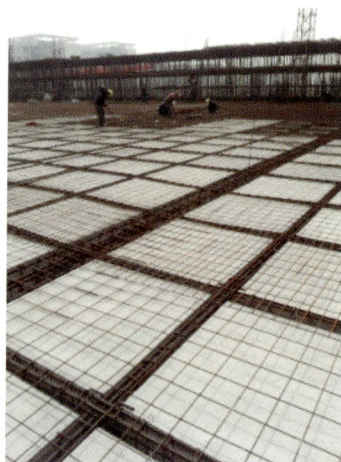

图4 难点1：网梁楼盖施工

图5 难点2：直径1.2m、高度22m圆柱施工

图6 难点3：实木运动地板铺设

图7 难点4：挑高25m中庭

图8 难点5：屋面8000m²的面层施工

（5）难点5：8000m²的屋面刚性防水层表面平整度控制，裂缝、起砂等质量通病防治以及其分格缝的留置是施工难点。见图8。

（6）难点6：电气管线预埋穿箱体及肋板

防漏浆封堵、灯头盒（接线盒）在箱体底板开孔固定封堵的施工质量控制。见图9。

（7）难点7：为确保中央空调系统各末端设备运行温度均衡稳定，空调异程水系统的调试。见图10。

图 9 难点 6：电气管线预埋穿箱体

图 10 难点 7：中央空调系统

4 技术创新、绿色施工及节能减排情况

4.1 技术创新

（1）在施工过程中，采用了住房和城乡建设部推广应用的"建筑业 10 项新技术"中的 8 大项 17 子项，采用江苏省推广的新技术 5 大项 6 子项，自创新技术 2 项，获"江苏省建筑业新技术应用示范工程"，整体水平达到国内领先。

（2）在基坑降水过程中，采用综合补偿降水设计的技术，解决了不透水层降水的施工难题，并获得省级工法《遇不透水夹层简易降水绿色施工工法》。

（3）在网梁楼盖施工过程中，对"叠合箱"制作及安装工序进行重大的改进，最大箱体高度为 1.7m，最大箱体宽度 1.2m，突破了现有的"叠合箱"规格，具有施工质量稳定、减少施工现场劳动强度、降低环境污染、降低工程造价等优点。该技术获得国家级 QC 成果一等奖，并形成省级工法《横向密布圆肋筒状木质组合箱体网梁楼盖施工工法》。

4.2 绿色施工

（1）工程开工前，结合工程特点，编制绿色施工方案，制定相应的管理制度和目标，按照"四节一环保"五个要素中控制项实施，并建立了相关台账，评价资料齐全。

（2）采用"多维度复合式自控压力水综合降尘施工工艺"，实现建筑工地的地面、高空、室内立体交叉，多维度全覆盖的全自动降尘体系，提高扬尘控制的效果。

（3）利用 BIM 技术，对施工临建布置、塔吊运行空间分析、合理优化材料、加工区的布置，将整个场地进行 3D 模拟、优化，现场布置合理、紧凑、实现场地动态管理。

4.3 节能减排

（1）屋面采用 50mm 厚岩棉板、外墙保温采用岩棉带外保温，外窗采用断热铝合金辐射中空玻璃幕墙，经第三方检测，室内空气质量检测合格、围护结构密实性试验符合设计要求、幕墙现场实体检测合格、分项工程全部合格、质量控制资料完整，满足设计要求。

（2）用水器具全部选用节水型，灯具采用节能型，夏季空调冷媒为冰蓄冷系统，热水采用太阳能集中供热，降低了运行使用阶段的能耗。

5 工程实体质量及亮点

5.1 地基与基础工程

（1）228根混凝土预应力管桩，经检测均符合设计要求，其中Ⅰ类桩99.6%、Ⅱ类桩0.4%，无Ⅲ类桩。

（2）沉降观测点27个，共观测12次，最大沉降量为3.8mm，最后100d的最大沉降速率值为0.002mm/d，沉降已稳定。见图11、图12。

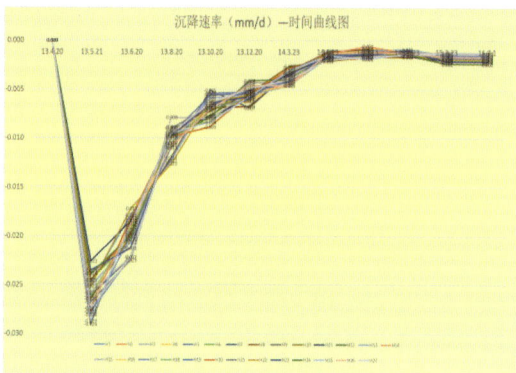

图11 沉降速率

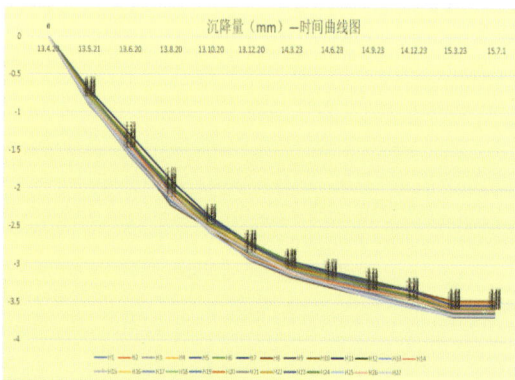

图12 沉降量已稳定

（3）地下室防水采用结构自防水与4厚聚氨酯防水卷材相结合的方式，使用至今建筑物无渗漏。

5.2 主体结构工程

主体结构混凝土内坚外美，节点清晰，未出现影响结构安全和使用功能的裂缝。砌体表面平整、灰缝平直。建筑物全高垂直偏差仅为3mm。见图13。

图13 主体结构、砌体工程

5.3 建筑装饰工程

（1）15000m^2玻璃幕墙、石材幕墙安装牢固、色泽一致、缝隙均匀、光洁平整，胶缝饱满、顺直，四性检测合格。见图14。

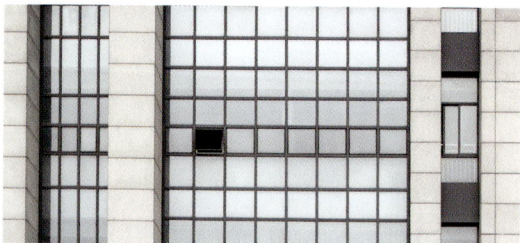

图14 玻璃幕墙、石材幕墙

（2）高24.47m圆形石材柱安装牢固、做工精细、庄重大方。见图15。

（3）21600m² 室内石材、面砖地面粘结牢固，铺贴平整，无空鼓开裂。8100m² 木地板铺装坚实平整，拼接严密，纹路清晰。4300m² 橡胶地面铺贴牢固、缝格顺直、表面平整、洁净。见图16。

（4）65000m² 涂料墙面阴阳角顺直，色泽均匀，线角清晰。见图17。

（5）3213m² 吸音板墙面安装牢固、表面平整、缝隙一致、色泽均匀。见图18。

（6）卫生间墙、地砖对缝整齐，卫生洁具居中对缝，经蓄水试验无渗漏。见图19。

（7）28090m² 吊顶形式多样美观，铝板、矿棉板吊顶安装牢固，平整对缝，接缝严密。铝合金格栅吊顶无翘曲，宽窄一致，图案美观。

（8）钢木门及防火门安装牢固、开启方

图15　24.47m 圆形石材柱

图16　橡胶地面、木地板

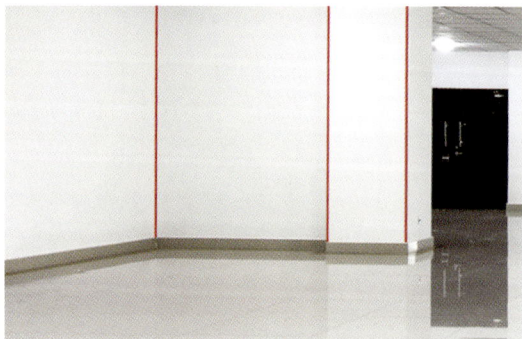

图 17　涂料墙面

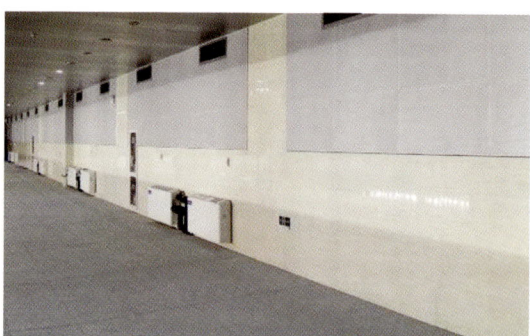

图 18　吸音板墙面

图 19　卫生间面砖及洁具

图 20　吊顶

向正确，开关灵活。五金件安装齐全、位置正确。门窗细部处理美观，开启灵活，无渗漏现象。

5.4 屋面工程

屋面 8000m² 细石混凝土刚性防水面层，表面平整、无裂缝；分格缝设置规范、合理；排水沟坡向准确，无积水，无渗漏，细部处理规范。见图 21。

5.5 电气工程

电缆桥架排布规则，安装牢固。配电箱柜安装规范整齐、配线清晰，漏电开关动作准确。灯具安装间距合理，成排成线。开关、插座排布合理。见图 22。

屋面避雷带顺直，固定点均匀牢固、测试点安装规范，设备接地、等电位联结有效。见图 23。

5.6 给水排水、采暖工程

机房设备成排成线、基础方正、运行平稳。管道安装规范、接口严密。设备保温做工细腻，细部处理规范。消火栓箱，开门见栓、设施配置齐全。见图 24。

5.7 通风空调工程

空调机房风管、水管综合排布、错落有致，地面冷凝水排水沟组织有序。空调系统运行稳定可靠。见图 25。

5.8 智能建筑工程

智能化系统运行安全可靠，信号准确。各类标识清晰，双语指示准确，为设施的有效使用提供了便利。见图 26。

5.9 电梯工程

电梯安装牢固，运行平稳，平层准确，经特种设备检测中心检测及年检合格。见图 27。

图 21 屋面

图 22 电气工程
（a）电缆桥架；（b）配电箱柜

图 23 屋面防雷带

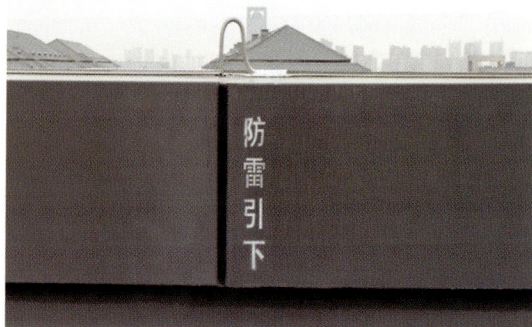

图 24 机械设备

图 25 通风空调系统
（a）空调系统；（b）空调泵房

图 26 智能化

图 27 电梯工程

6 工程获奖与综合效益

6.1 工程获奖

工程荣获"国家优质工程奖""江苏省安全文明工地"、"江苏省优秀设计"、"江苏省优质工程扬子杯"、"江苏省新技术应用示范工程"、全国QC小组活动一等奖、国家发明专利1项、实用新型专利2项,省级工法4项。

工程建设施工期间未发生任何质量安全事故,无拖欠农民工工资等不良行为,市场行为规范。自2015年9月投入使用以来,结构安全稳定,各系统运行可靠,功能完善,节能舒适。使用单位对工程的质量非常满意。

6.2 社会效益分析

本工程是扬州大学为进一步改善办学条件、推进学校内涵建设与发展、满足学校学科调整、创建"双一流"高校等需要而建设的重要项目和标志性工程,建成后为该校区近2万名师生提供了教学、训练、运动的良好场所,也填补了扬城南部无一公共体育场馆的空白。

南京移动通信综合楼 ——南通四建集团有限公司

1 工程概况

南京移动通信综合楼工程位于建邺区庐山路 226 号，是一座集移动业务、办公、通信设备和接待等功能的综合性大楼，成为河西 CBD 商务中心的标志性建筑。见图 1。

图 1 工程外景

工程总投资约 5.6 亿元，总建筑面积 70378.2m²，占地面积 13330m²。主楼地下二层，地上 28 层，建筑高度为 126.1m；裙楼 4 层，建筑高度为 23.9m。工程采用桩筏基础，主体结构为框剪结构体系，大楼外装饰采用石材幕

墙和玻璃幕墙相结合，设计新颖、典雅。内装饰做工精细，楼内配备给排水、电气、通风空调，消防报警，智能化、电梯等系统。

工程于 2009 年 4 月 1 号开工，2015 年 9 月 18 日竣工验收，2015 年 10 月 21 日竣工备案。

建设单位：中国移动通信集团江苏有限公司南京分公司

设计单位：江苏省建筑设计研究院有限公司

监理单位：江苏建发建设项目咨询有限公司

施工总承包单位：南通四建集团有限公司

2 工程技术难点

（1）本工程位于南京市庐山路上，邻近长江，地下水位较高，且地下室边邻近周边建筑、马路，且基坑深度大面为 -13.55m，最深处电梯基坑达到 -18m，为深基坑。地下室基坑支护设计采用钻孔灌注桩 + 止水帷幕 + 两道支撑梁体系，有效控制了水位高度，确保了周边建筑及道路的安全，保证了施工的顺利进行。见图 2。

图 2 技术难点 1

（2）本工程基础1000mm厚底板大面积混凝土浇筑，基础承台最大厚度达2000mm，总体积合计约8100m³。通过优化混凝土配比及施工工艺，采取补偿无收缩混凝土、温度监控、合理养护等措施，有效控制了混凝土收缩裂缝的产生，无渗无漏。见图3。

（3）本工程主楼部分柱采用劲性混凝土柱结构，组合劲性混凝土柱计15根，劲性混凝土柱用型钢820t，施工中精准定位、焊接质量、吊装垂直度控制要求高。见图4。

（4）主楼与裙楼四层47m大跨度钢结构连廊制作与吊装（由地面吊至四层）为本工程

的一个难点，钢结构连廊施工过程中，考虑连廊在四层且跨度较大。采用整体提升技术，减少了脚手架、人工、材料的投入，在地面施工也减小了施工的难度。见图5。

（5）地下室顶板BDF管现浇楼面，增加了BDF管安装的工序，同时也给楼面钢筋绑扎、混凝土的浇筑增加了难度。施工中为保证BDF管位置的准确，根据图纸设计BDF管的位置，使用12号抗浮铁丝，穿过底模绑扎在支撑钢管上，防止混凝土浇筑过程中上浮。见图6。

（6）本工程设计中的高支模部位多，最

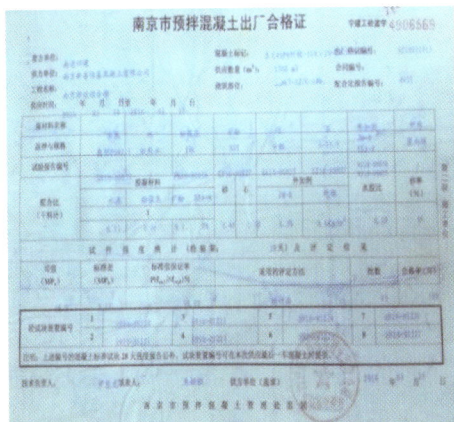

图3 技术难点2

图4 技术难点3

图 5　技术难点 4

图 6　技术难点 5

图 7　技术难点 6

大高度达 11.7m，施工难度大，在施工前编制施工方案，对模板支撑体系进行计算，并请专家组进行论证，论证通过后进行施工。在施工过程中，严格按照方案进行施工，以确保支撑体系的稳定。见图 7。

（7）主体结构施工中，选用了公司自主研发的"超高层（128.00m）外墙液压爬升脚手架施工"，爬升脚手架施工的科学性，大大节约工程成本,解决了超高层外脚手架施工的"高费用、高风险"难题。见图8。

(8)本工程主、裙楼所采用的幕墙形式多、设计复杂、造型独特,采用石材幕墙与玻璃幕墙组合,对预埋件的预埋要求极为严格,使用激光垂准仪和全站仪采取内外双控法进行测量放线。见图9。

(9)本工程安装工程系统多,设备、管线布置复杂,做到了排列紧凑、标识正确明晰;管道需特殊布置,地下室管道安装需与装饰有

图8 技术难点7

机协调统一,施工难度较大,曲线变化要求高。见图10。

图9 技术难点8

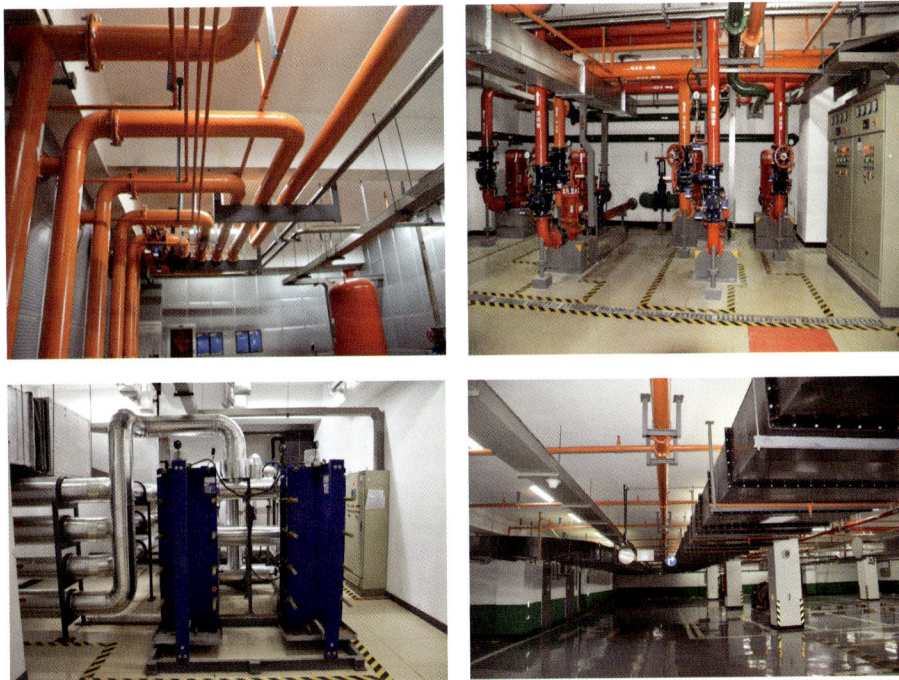

图10 技术难点9

3 工程建设目标

3.1 创奖计划目标

本工程在立项初期就建立了创优目标，设计阶段要求获得省级优秀设计奖，施工质量要求确保"扬子杯"，争创国家优质工程奖，施工安全目标确保江苏省文明工地。

3.2 绿色建筑效果

（1）设计节能环保

1）工程地上内墙砌筑墙体采用了蒸压加气混凝土砌块。

2）幕墙玻璃采用 6mm（透明半钢化）+ 1.52PVB + 6mm（Low-E 半钢化）+ 12A + 8mm（全钢化）。玻璃幕墙面积 12000m²，节能效果显著。

3）安装采用管道保温。

4）屋面保温采用 105 厚水泥复合发泡保温板。

5）屋面柔性防水材料采用 3 厚自粘性 BAC 防水卷材，节约能源。

6）采用节能灯及 LED 灯作为主要照明灯具，保证照度和节约用电。

7）空调采用变频式风冷热泵机组，利用变流量技术控制空调负荷变化，使变风量和变制冷剂流量等变流量系统得到有效控制，以节约能源。

8）卫生间小便池采用红外感应节水器，有效地达到了节水的效果。

9）自带变频调节节能水泵能有效精确地控制每一台水泵运行。

（2）绿色施工四节一环保

1）节材措施：合理布置施工总平面，施工堆料场地设计合理，布置有序，避免和减少二次搬运；施工现场实行防护设施工具化、木方齿节等。

2）节水措施：施工现场喷洒路面、绿化浇灌采用二次沉淀后的水，设置自动冲洗台，循环使用。

3）节地措施：临时办公和生活用房采用经济、美观、占地面积小、对周边地貌环境影响较小，且适合于施工平面布置动态调整的多层彩钢板房标准化装配式结构。施工现场道路按照永久道路和临时道路相结合的原则布置，施工现场内形成环形通路，减少道路占用土地。

4）节能措施：照明灯具全部采用节能灯，每间宿舍安装电表，并制订限量标准，对节电的宿舍进行一定物质奖励，以避免长明灯现象的发生，并分区安装限流装置，避免宿舍使用大功率的电气设备。

5）环保措施：项目部设专人负责工地扬尘治理工作，采用洒水、围挡、遮盖或喷洒覆盖剂等有效措施压尘、降尘，使施工现场扬尘减少到最低限度，还采取机电设备系统降噪综合技术。

4 项目管理组织

4.1 成立创优小组

为确保创优目标的实现，项目经理部组织成立了以项目经理为组长，项目副经理及技术负责人为副组长，各部门、各专业工程师、质检员为组员的创优实施小组，具体领导、组织、部署、协调、落实创优工作，并明确责任，各司其职，严格按质量保证体系运作。

4.2 组织人员教育与培训

工程项目所有管理人员除必须经过业务知识技能培训外，还邀请江苏省建筑"扬子杯"和"国优奖"的评审专家对优质结构、"扬子杯"、"国优奖"的有关评审标准及申报要求进行讲课，组织项目管理人员和分包单位到公司其他获奖工程进行实地观摩学习。对于特殊工种，按南京市要求，除必须持证上岗外，还将针对本工程的实际情况进行培训，达到项目的要求才可以上岗操作。

单位职能部门组织对项目相关人员进行质量、技术方面的教育与培训，增强全体员工的质量意识、创优意识。

4.3 管理措施

（1）严把分包队伍、材料供应商的评审选择关，强化分包队伍和材料供应商的质量管控措施。

（2）严格执行"三检"制度，按既定的质量创优方案进行检查，上道工序达不到创优质量标准，严禁下道工序施工（实行施工工序质量责任人挂牌制）。见图11。

（3）实施样板引路制度：施工操作注重工序的优化、工艺的改进和工序的标准操作，在每项工作开始之前，首先进行样板施工。在样板施工中严格执行既定的施工方案，在样板施工过程中跟踪检查方案的执行情况，考核其是否具有可操作性及针对性，对照成品质量，总结既定施工方案的应用效果，并根据实施情况、施工图纸、实际条件（现场条件、操作队伍的素质、质量目标、工期进度等），预见施工中可能发生的问题，完善施工方案。

4.4 技术措施

（1）学习《优质示范工程技术指导方案》、《关于加强建筑结构工程施工质量管理的若干规定》等相关规定，针对工程中可能出现的质量通病，编制《结构工程创优施工方案》，

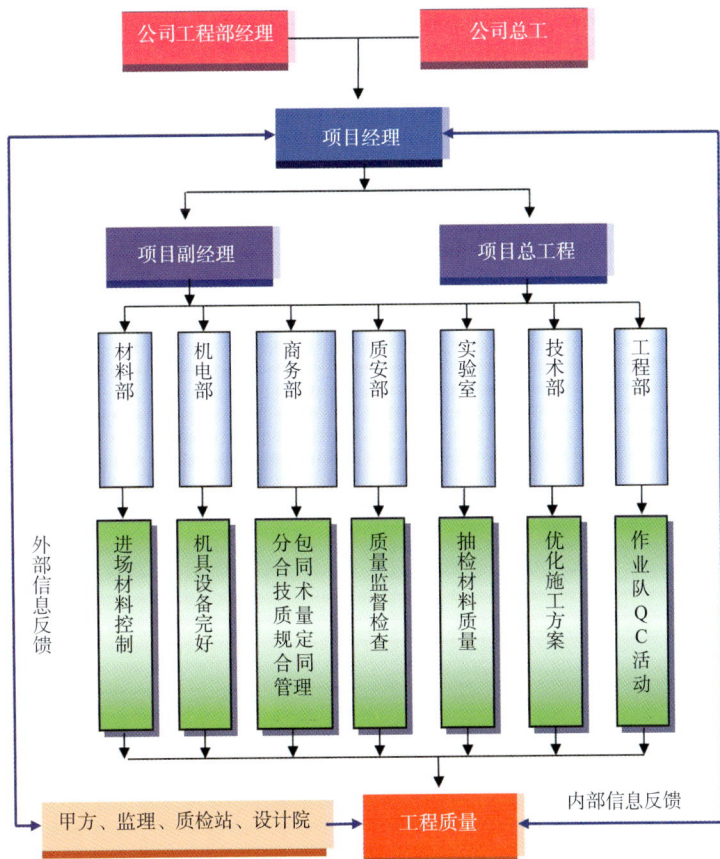

图11 南京移动通信综合楼工程创优管理组织机构

并按专业进行交底，在施工过程中认真贯彻执行。

（2）组织项目技术人员和工人等针对本工程的重点、关键点成立 QC 小组，编制攻关计划并严格实施。

4.5 绩效考核措施

为加强质量管理行为，提高质量管理水平，激发项目部管理人员的积极性，公司特制定如下绩效考核措施：

（1）根据本工程的特点，根据项目质量控制重点，项目制定《本工程质量奖惩管理办法》，加强项目管理人员和广大施工人员的创优意识，提高他们的积极性，推动创优工作上新台阶。

（2）本公司对该项目部管理人员工资上浮 35%～50%。

（3）本项目获得"国家优质工程奖"，公司一次性奖励项目部 80 万元。

5 工程建设亮点及经验

亮点 1：南京移动通信综合楼以高端办公楼之姿态落成，建筑立面设计简洁、现代、挺拔宏伟。见图 12。

图 12 亮点 1

亮点 2：上人屋面坡度明显，排水沟顺直，无积水，透气管、风机帽曲线排列，精致美观。屋面雨水口、水簸箕、支墩独特，做工精细。见图 13。

图 13 亮点 2

亮点 3：楼梯踏步、踢脚以整块大理石为主，大理石板材预制通长加工，拼缝少且隐蔽，简约大方，滴水线成型顺滑；踏步规整；不锈钢栏杆顺直，转角弯曲，自然圆滑。

亮点 4：屋顶架空层设计新颖别致，现浇框架梁棱角分明，滴水线条顺直。见图 15。

亮点 5：玻璃幕墙选用全隐框单元式玻璃幕墙、竖明横隐单元式玻璃幕墙，裙楼采用构件式玻璃幕墙。玻璃采用 6mm（透明半钢化）＋ 1.52PVB ＋ 6mm（Low-E 半钢化）＋ 12A ＋ 8mm（全钢化）。玻璃幕墙面积 12000m^2，节能效果显著。见图 16。

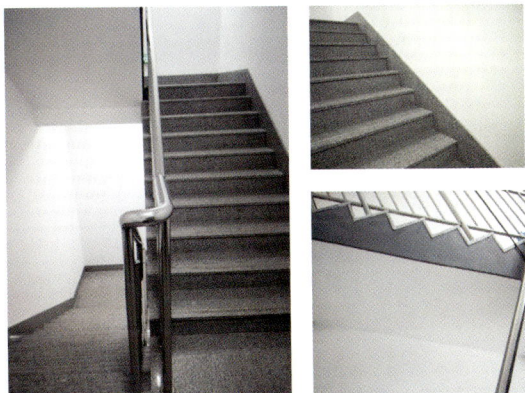

图14 亮点3

图15 亮点4

图17 亮点6

图16 亮点5

亮点6：门厅与营业厅装饰透出大气和现代气息；楼层装饰材料考究，舒适美观。见图17。

亮点7：办公室、会议室等楼地面以难燃方块地毯为主铺贴，整个地面表面平整、无磨痕、无空鼓、无色差。墙面为成品双层加百叶玻璃隔断、成品钢板隔断、轻钢龙骨隔墙、吸音板干挂饰面、烤漆钢板饰面，墙面平整不同材料间过渡自然，色泽一致，手感观感怡人。见图18。

亮点8：卫生间、开水房施工策划在先、样板引路、精心施工，洁具及地漏设置合理，不渗不漏。见图19。

亮点9：外幕墙打胶细腻，宽窄一致，顺滑美观、颜色搭配合理。见图20。

亮点10：屋面及避难层铺贴广场砖经深化设计拼缝合理，无零砖，细部处理精致，坡度正确，排水顺畅，不渗不漏。见图21。

亮点11：整个工程地面、墙面、顶棚交接处做工精细、打胶接缝严密、过渡自然，达到了整体统一，观感美观的效果。见图22。

图 18　亮点 7

图 19　亮点 8

图 20　亮点 9

图 21　亮点 10

图24 亮点13

图22 亮点11

亮点14：地下室各种管道分层安装，布局合理。组合支架，支架制作精细，质量保证，安装准确。见图25。

亮点12：地下室车库地面采用树脂环氧地坪，具有高强度、耐磨损、无接缝、质地坚实、施工方便等特点，表面平整度最大偏差值仅为4mm。见图23。

图23 亮点12

亮点13：本工程采用智能车辆管理设备（探测器、指示灯等），具有自动化、智能化控制的特点。见图24。

图25 亮点14

亮点15：所有机房、泵房、设备用房内深化设计合理，所有管道综合布置合理，分层安装，联合支架，排列有序，管道布置整齐，标识清晰、位置统一。见图26。

亮点16：架空层风管布置合理、美观。见图27。

亮点17：智能化建筑操作台，机柜安装平稳、布置合理；控制设备操作方便、安全；机架电缆线、电源引入线标志清晰、编号正确。网络设备国内先进，各系统运行良好。见图28。

亮点18：地下室顶室外绿化园林施工造型独特，钢化玻璃露天顶兼顾美观的同时增加了

图26　亮点15

图27　亮点16

图28　亮点17

地下室的采光。见图 29。

亮点 19：可拆卸式沉降观测点、防雷测试点做工细腻，美观大方。见图 30。

亮点 20：汽车坡道圆弧消防管道，以现场弧度加工弧管，精致美观。见图 31。

亮点 21：管道、桥架排布合理，安装顺直，根部封堵做法考究，环封一致。穿墙管道两端成品装饰罩修饰，经久耐用。见图 32。

亮点 22：穿墙风管、桥架等嵌防火胶泥，

先用塑料压条控制厚度及宽度，然后防火胶泥嵌实，做法独特，成品美观。见图 33。

亮点 23：水泵房、消防泵房减震台座基础做工精美、实用。见图 34。

亮点 24：地下室顶室外装饰采用了石材浮雕，每块石材上的图案接缝全部接通接齐，不仅体现了古色古香，同时也通过浮雕的表现手法表达了现代人文气息，达到了良好的装饰效果。见图 35。

图 29　亮点 18

图 30　亮点 19

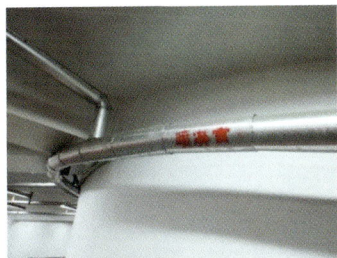

图 31　亮点 20

图 32　亮点 21

图 33　亮点 22

图 34　亮点 23

图 35　亮点 24

图 36　亮点 25

亮点 25：47m 钢结构连廊连接主楼与裙楼，地面采用 PVC 地板铺贴，平整光洁，吊顶、装饰灯具成排成线，整体美观精致。见图 36。

6　工程建设成果

6.1　质量成果

工程获 2017 年度江苏省优质工程奖"扬子杯"、2016～2017 年度第二批国家优质工程奖。

6.2　技术成果

（1）省级工法 3 项：

1）现浇混凝土结构暗装电箱的施工工法。

2）大截面镀锌钢板风管用"L"形插条作接缝处补强连接的施工工法。

3）变风量通风柜通风系统安装调试施工工法。

（2）发明专利 1 项，实用新型专利 3 项：

发明专利：一种组合式模板支架及其使用方法。

实用新型专利：

1）脚手架的上拉式悬挑承力架。

2）建筑用可折叠式支撑架装置。

3）交叉型可调后浇带支撑。

（3）获得 2014 年度江苏省建筑业新技术应用示范工程。

（4）QC 小组成果：本工程施工过程中开展的以《型钢混凝土组合结构施工技术创新》为课题的 QC 小组活动，并获得"全国工程建设优秀质量管理小组三等奖"。

（5）设计获奖情况：本工程设计获省城乡建设系统优秀勘察设计一等奖。

（6）论文发表：通过本工程施工总结撰写的《聚丙烯复合纤维与聚丙烯纤维的抗裂效果对比及应用》刊登于 2010 年第 6 期混凝土期刊；《建筑施工管理的有关概况》刊登于 2011 年第 5 期城市建设期刊。

6.3　环境和安全成果

工程施工中，严格贯彻 ISO9001、ISO14001、OHSAS18001 三个管理体系，未发生任何质量安全事故。该工程获 2011 年"江苏省建筑施工文明工地"称号。

6.4　社会和经济效益

工程竣工交付使用以来，各系统功能运转正常，未发现质量问题与隐患，符合设计要求，满足使用功能，业主对工程质量非常满意。

工程竣工交付后，南通四建集团有限公司成立了南京移动通信综合楼工程服务网络，并对业主作出承诺：对工程实行终身保修，从而得到了业主及社会的一致好评。

7 需要改进的工作

（1）设计单位可通过 BIM 出图，通过碰撞试验等方式优化工程设计，减少现场施工中发现相关问题的整改。

（2）施工单位加强过程资料的规范管理，及时收集相关技术管理工程资料，整理归档。

（3）积极做好各分包单位的统筹协调工作。创优是一项系统工程，需要从建设、设计、监理、施工以及各分包单位一起完成，目标一致，互相协作完成。需要进一步加强对分包单位的管理和协调，积极做好工程施工每一步，每一个环节，使工程质量达到整体和谐统一。

（4）积极开展技术、工艺创新，将好的施工工艺、施工做法推广应用。

苏州工业园区公交警务综合服务中心——恒腾建设科技有限公司

1 工程概况

1.1 工程基本信息

苏州工业园区公交警务综合服务中心工程位于苏州工业园区钟南街西、沈浒路北。用地面积约 14600m²，总建筑面积 43775m²，其中地下面积 15089m²，地上面积 28686m²；地下 2 层，地上建筑分为四个单元，分别为交巡警大楼、公交首末站（停车楼）、消防站、派出所，是集交通车辆管理、消防救援、交通事故处理、公交运行、社区户籍与治安管理综合于一体的现代化社会管理的为民服务中心。工程总投资约为 2.55 亿元。工程于 2014 年 7 月 31 日开工，2016 年 4 月 30 日竣工。见图 1。

图 1 工程外景

1.2 工程建设作用和意义

苏州工业园区是具有国际竞争力的高科技工业园区和现代化、国际化、信息化、创新型、生态型新城区为发展目标的城区。本工程融合交管、治安、消防、公交、法院五大功能，拥有法院、检察院、公安交警、司法局、卫计委、劳动和社会保障局、保险行业、道路援助公司等多方联动，是一种综合集约的道路交通事故处理新模式，提升道路交通事故处理效能，"一站式便民"是为民办事的重要窗口和服务群众的综合平台。

立足打造城市服务型建筑有序、稳重、亲和的精神内涵。工程多个服务功能为园区人民提供重要的生活服务和安全保障，是与城市环境有机结合的公交警务综合服务中心，创建了"现代苏州、绿色苏州、人居苏州"的优质生活环境。

1.3 主要参与单位

建设单位：苏州工业园区城市管理局
　　　　　苏州工业园区城市重建有限公司
勘察单位：苏州中岩勘察有限公司
设计单位：中衡设计集团股份有限公司
监理单位：苏州建园建设工程顾问有限责任公司
施工单位：恒腾建设科技有限公司（总包单位）
　　　　　江苏东日基础工程有限公司（参建单位）
　　　　　江苏中科智能化系统有限公司（参建单位）

2 工程设计亮点（特点、重点、难点）

2.1 稳重亲和，以人为本，融入环境，凸显功能

综合服务中心的属性及其基层服务的特点应是稳重与亲和相结合，既要体现执法机关的稳重形象，又要体现亲民为民的人民公仆形象。四个相对独立的功能，在建筑上既要建筑外型统一，又要界面划分清晰并与其内涵相符

合，因此以简约的建筑外观和高度的智能化塑造现代化、国际化、信息化为民办事的重要窗口和服务群众的综合平台。

2.2 场地有限、入住单位多，相对独立

工程具有多个功能综合服务特点。由于场地狭小、入住单位多，要求对功能的应用的便捷与使用空间的最大挖掘做出合理的布局。对各自车辆出入的流线、流量与停放各有不同特点和要求作出合理的安排。

2.3 简洁、有序、庄重的建筑风格

综合服务中心的属性及其基层服务的特点决定了本项目应为一个形象稳重有序的建筑综合体。为此，本案在将多个功能体块分开设置的同时，保证建筑界面上的统一连续，结构的清晰明了，横线蓝色线条突显了本项目的属性和特点。

2.4 绿色生态节能

充分考虑建筑节能，主体建筑均以南北向布置，建筑造型要素简约，减少玻璃幕墙面积，有效降低了光污染，自然采光通风、综合能耗计量、设备智能运行等均为节能环保是本工程"简约而不简单"的重点之一。采用设备管道绝热保温、公共场所采用人体感应灯、生活热水采用太阳能热水系统、环建筑四周设渗水区，收集雨水进入蓄水池等绿色环保措施。

2.5 强调信息化、现代化、国际化

（1）工程周界设置完善的红外线对射防范系统，大楼内部设置门禁及一卡通系统和闭路电视系统相结合为大楼提供保护。

（2）有完备的消防安保、完善的火灾自动报警、变电所烟雾报警等系统，对大楼提供全方位保护。

（3）交警楼二层法庭配置先进的庭审系统，该系统由音视频管理平台、庭审业务管理服务器、流媒体服务器、视频存储服务器组成，

保证庭审所有音视频同步传输至法院上级单位并保存。

安检门采用先进的DSP数字信号技术，交互式发射和接受，视角达180°，采用微软专用软件快速复位，准确无误。

（4）交警楼六层视频会议室配置先进的远程视频会议网呈（网真/智真）系统。应用该系统举行会议，与会者如同面对面，具有听音辨位、眼神交流、身体语言的高质量的音视频功能。该系统操作简便，通过一键触控就可以召开会议，节约人力成本。

（5）八楼交警指挥大厅拥有国内民用中首个三屏融合的触控大屏幕，配备4K高清显示系统，总面积31m²，三台投影仪就像智能交通的三只眼睛，便于发现、追踪、研判交通事件，对公共交通的实时动态管理具有非常重要的意义。

3 工程施工亮点（特点、重点、难点）

3.1 周边环境复杂，施工场地极为狭小

本基坑面积大，周边环境复杂，坑两侧为城市主干道，道路下管线密布，西侧紧邻房屋建筑，北侧临近河道，可利用的施工场地极其有限。

应对措施：采用符合施工现场使用标准的工具拼装式临时施工用房及工棚，根据工程各施工阶段要求搬迁移位。做到既满足施工要求又减少不必要的损耗，符合绿色环保施工目标。

3.2 工程桩均为Ⅰ类桩

工程采用C40钢筋混凝土预制方桩400×400，桩长21m，桩数291根。经低应变反射波法检测桩身完整性检测数量：109根，检测比例：37.5%。检测结果：Ⅰ类桩109根，占检测桩比例：100%。

3.3 填土松散且土层厚度厚，地下水丰富

本工程场区地基土层自上而下分为七个工程地质层，最上层为素填土，松散，底部混淤泥，厚度在4.5m左右；基坑开挖最深处约12m。场地承压水主要接受径流及越流补给。

应对措施：本工程基坑四周采用钻孔灌注桩支护和三轴搅拌桩止水帷幕结构，隔断了基坑开挖深度范围内地下水（潜水）与外围地下水的水力联系，基坑内采用管井降水，保证基坑支护整体安全。见图2。

图2 基坑处理

3.4 大体积混凝土施工及补偿收缩混凝土技术

地下为二层地下室。底板面积较大且超长（长154.4m，宽47.5m）且厚度为1000mm，为大面积大体积混凝土。仅底板混凝土量为6700m³，抗渗等级P10。混凝土裂缝控制是地下工程施工的关键性质量问题，施工难度较大。

应对措施：提前策划，采用补偿收缩混凝土技术最大降低混凝土收缩应力。参建各方进行专题讨论确定：地下室结构部分均采用SY-K型膨胀纤维抗裂防水剂，经配合比试验，掺量为8%；后浇带掺量为12%。

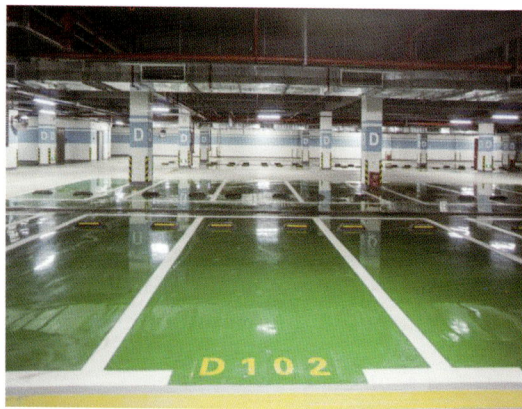

图3 地下室地面

重点控制：控制坍落度、浇筑顺序、分层浇筑时间及厚度等措施控制混凝土浇筑质量；通过计算并结合以往经验进行保温保湿覆盖养护，着重控制混凝土表面内100mm处温度与环境温度的温差在20℃内，有效防止了混凝土裂缝的产生。见图3。

3.5 大面积60厚C30细石混凝土整浇层耐磨面层施工

停车区域面积21000m²，其中停车楼一层至五层、屋面6000m²。停车楼地坪的设计做法均为60厚C30细石混凝土整浇层耐磨面层，因细石混凝土厚度较薄、面积大，且平整度及排水坡度控制难度大，易产生裂缝空鼓等质量通病，需着重考虑屋面停车场，其受气候影响的温差变形较大。见图4。

图4 细石混凝土整浇层耐磨面层

应对措施：进行施工工艺改良，采用专用铣刨机对混凝土表面毛化处理；适量掺入SM外加剂，减少用水量，改善水泥净浆及细石混凝土的工作性能，稠度均衡有效。其操作质量控制的关键之一在于细石混凝土与基层混凝土之间的净浆充匀度。通过改进，地面成形后，无空鼓裂缝，色泽均匀，经验收达到优质品质。

3.6 双向弧形汽车坡道的施工测量和施工

停车楼内设由一层至五层至屋面的双向弧形汽车坡道，两坡道相邻上下交叉。如采用一般测量方法已不能满足平面相对定位、上下相关标高的测量精度需求，测量偏差会造成结构成型质量不符合设计要求。见图5、图6。

图6 停车楼

图5 汽车坡道

对应措施：通过使用BIM建立空间模型分析难点，找出关键控制点。采用分角度分段进行细化，以点带线，由线到面地方法控制坡道的弧形尺寸与标高，确定测量操作顺序。并相应改进模板支撑成形与钢筋制安施工方法，确保弧形汽车坡道的成形质量。

3.7 多系统安装工程施工质量控制

本安装工程的特点之一：系统多、种类多、精密设备多、管线纵横交错，安装复杂、质量要求高，是难点。见图7～图9。

应对措施：为了确保机电系统的安装质量，协调好各专业的管线安装，在施工过程中我们采用了管线布置综合平衡技术。

图7 派出所指挥中心指挥屏

图 8　远程视频会议室网呈系统

图 10　光学玻璃背投幕

图 9　变电所设备

应用管线布置综合平衡技术，为每个系统的管线走向、截面尺寸、标高等安装参数逐一在施工图中标识或另画节点图避免管线碰撞，并对管道、桥架、风管密集区域设置综合支吊架，既符合管道（线）的安装空间，也满足装饰要求，更有利于今后维修与改造，成型后，一次通过验收。

3.8　12.5m×2.85m 光学玻璃背投幕的吊装、安装与调试

安装在交警楼的 8 层的光学玻璃背投幕，其整板尺寸为：1250mm×2850mm，厚度20mm。屏幕重量 1780kg。投幕带包装后的尺寸为：长 12700mm 宽 1200mm 高 3100mm，重量约 2500kg。

该投幕为进口玻璃制品，易受损，要垂直从地面到 8 层楼面，并需平移至室内，吊装、安装难度大。见图 10。

对应措施：为论证吊安装施工方案的可行性，先通过论证，后采用二台吊车通过现场模拟吊装与安装后，确保了背投幕的一次安装成功且保证了施工工期的预期目标。

3.9　均匀控制沉降量

控制建筑物在施工过程的均匀沉降对结构质量有着重要意义。本工程地面建筑高低不一，平面布置疏密不一。为控制施工过程中建筑物的均匀沉降。为此，在结构施工计划中，将此作为重要考虑因素，做到各单元建筑的施工楼层差值控制在设计层数差值之内，荷载均匀递增。

本工程设置 34 个沉降观测点，所有观测点均位于承重柱上。通过 10 期观测，监测期间所有房屋监测点沉降位移最终累计量及日均变化量均在报警值范围内；累计位移最大变形值为 -15.40mm，未超过设计报警值 20mm。最后一期沉降速度小于 0.01 mm/d。

3.10　普通用材，装饰精致

室内装饰设计秉着简约实用、摒弃奢侈豪华的原则，大量采用普通装饰材料。因此，质量控制重点着重在：平整光洁方正、棱角顺直清晰，灯饰成行成线，块料铺贴平服，线条通畅顺直，牢固经久耐用。见图 11。

3.11　屋面工程

屋面坡向正确、排水通畅、细部构造做法合理细致。见图 12。

图 11　装饰效果

图 12　屋面工程

4　工程建设目标

4.1　工程建成后要达到的目标

（1）质量目标：国家优质工程奖。

（2）环境保护及绿色建筑目标：积极推广应用绿色施工技术，主材损耗率较预算额定损耗率降低 20%，就地取材小于 500km 以内的占 95%，实现四节一环保。（图 13 为本工程的部分景观绿化）

图 13　部分景观绿化

（3）成本控制目标：做好施工过程中各项计划，精于计算，规范操作工艺，细化每个节点，量化成本控制点，做好质量和安全工作，降低施工成本。

4.2　工程建设过程中的管理目标

（1）安全文明及绿色施工：实行优质、安全、文明、低耗等绿色施工，全面履行施工合同和设计施工图提出的约定和要求。

（2）进度控制：加强合同管理，严格履行合同所约定的施工工期及相关要求，保质按期竣工。

（3）科技创新：贯彻执行住房和城乡建设部十项新技术及江苏省等相关规定，大力开展科技创新活动，提高生产力，降低能耗。

5　工程实施管理

5.1　建设、勘察、设计、监理、施工等单位开展质量策划

工程从立项伊始，确立了"创国家优质工程奖"的质量目标。由总承包单位为主创单位，与项目各方责任主体及各参建单位积极配合，由主创单位牵头完成创优策划的编制评审以及过程中的实施工作。

5.2　勘察、设计、监理、施工等单位质量控制措施

勘察、设计、监理、施工各参建单位在工程施工实施过程中，以"百年大计、质量第一"、"超前策划、样板引路、过程严控、一次成优"的质量控制思路，通过深化设计、方案评审、专家论证、技术交底、样板先行、旁站指导、实测实量、工序验收、检验试验、隐蔽验收、专题分析、QC 活动等过程控制方法与措施实行项目创优管理。

5.3　设备、材料等物资管理

总承包项目部设有多名专职材料管理员和检验实验员对用于工程的材料和设备进行全过程管理。材供部专设物资验收组，对所有进场的材料、构配件、半成品、成品、设备进行验收和报验，同时完成现场见证取样工作。

6 工程建设成果

6.1 住房和城乡建设部推广应用十项新技术的应用（表1）

住房和城乡建设部十项新技术应用 表 1

序号	新技术项目名称	应用部位	应用量
二	高性能混凝土技术		
2.5	纤维混凝土	地下室底板、外墙板、顶板	SY-K 膨胀纤维防水剂 210t
2.6	混凝土裂缝防治技术	整个工程	25650m³
三	高强钢筋的应用技术		
3.1	HRB400 级钢筋的应用技术	整个工程	4000t
3.3	大直径钢筋直螺纹机械连接技术	结构柱、梁	58100 个
六	安装工程应用技术		
6.1	管线布置综合平衡技术	机房、楼层吊顶部位	1 项
七	建筑节能和环保应用技术		
7.5	粘贴保温板外保温系统施工技术	外墙	21000m²
7.9	铝合金窗断桥技术	外墙	隔热低辐射中空玻璃 4000m²
八	防水技术		
8.7	聚氨酯防水涂料施工技术	地下室、屋面	11000m²
九	抗震、加固与改造技术		
9.7	深基坑施工监测技术	深基坑支护	1 项
十	信息化应用技术		
10.4	工程量自动计算技术	整个工程	1 项

6.2 江苏省十项新技术应用及自创工法一项（表2）

江苏省 10 项新技术应用 表 2

序号	新技术项目名称	应用部位	应用量
一	地基基础与地下空间工程技术		
1.3	地下水控制技术	基坑降水	1 项
1.6	三轴水泥土搅拌桩施工技术	基坑支护	1 项
五	建筑施工成型控制技术		
5.4	耐磨混凝土地面技术	屋面停车场	2500m²
5.5	自流平树脂地面处理技术	停车场	18500m²
九	废弃物资源化利用技术	工地木方接木应用技术	300m³

自创新技术一项：细石混凝土耐磨面层施工工法。

6.3 质量成果

2017 年度苏州市"姑苏杯"优质工程奖；2017 年度江苏省优质工程"扬子杯"奖；2017 年度工程建设项目优秀设计成果三等奖；2016 ~ 2017 年度国家优质工程奖。

6.4 社会效益和经济效益

苏州工业园区公交警务综合服务中心齐全的硬件设施和软件配置提高办事效率，方便了群众，展示了"一站式"的快捷、高效功能。通过一年多的运行，已取得了良好的社会效益和经济效益。

7 创优心得

通过推行管理标准化和系统化，实现管理流程制度化，要求项目管理人员知道有标准可循和标准要求、如何达到标准、结果是否符合标准、如何按标准持续改进；通过技术交底和现场指导使操作工人知道操作程序、操作要点、成型标准。以此达到即便使用普通材料、普通装饰设计，只要通过精心组织、精心施工也能创出精品工程。

8 后续工程中需改进的工作

在各参建单位的共同努力下，苏州工业园区公交警务综合服务中心工程的质量得到了充分保证，得到了使用单位、政府主管部门、各级行业协会的一致好评。但仍有遗憾与不足，值得认真总结。

（1）注重细节。针对常见的细节质量问题进行分类汇总分析，组织企业管理人员、操作工人学习讨论，了解其工作原理及成型后所起的作用，完善企业工法，防止重犯，保证设计、施工质量。

（2）加强与各参建单位的沟通协调，主动积极去解决工程建设过程中的出现的问题。特别需重视各专业、各工种相交节点的施工协调。

（3）进一步加强文明施工和质量管理，将企业所施工工程按照国家优质工程的目标进行管理，以本工程荣获国家优质工程奖为契机，切实提升企业管理水平。

宜兴八佰伴购物中心 ——华仁建设集团有限公司

1 工程概况

1.1 工程基本信息

宜兴八佰伴购物中心工程是一座位于宜兴市城东 M1 地块，集百货、商业、超市、餐饮、娱乐为一体的高端商贸建筑，占地面积 42600m²，总建筑面积 221154.02m²，建筑总高度 37.80m，地下三层，地上六层，框架结构。

工程于 2012 年 12 月 5 日开工，2016 年 4 月 15 日竣工。本工程土建、安装、装饰竣工结算造价 61470 万元，各项建设手续齐全。

本工程建筑风格独特，造型别致，外立面设计风格迥异，在建筑性能、能源系统优化、商场布局方面达到了健康、舒适的商业环境，使人、建筑与其环境和谐相融，体现了高新技术为先导的理念。见图 1。

1.2 主要参与单位

建设单位：宜兴华地百货有限公司

勘察单位：无锡圣源岩土工程勘测设计有限公司

设计单位：江苏省建筑设计研究院有限公司

监理单位：江苏恒鸿建设咨询有限公司

施工总承包单位：华仁建设集团有限公司

主要施工单位：中国电子系统工程第二建设有限公司、上海住总金属结构件有限公司、苏州金螳螂建筑装饰股份有限公司等。

图 1　工程外景

图3 混凝土

2 工程特点、重点、难点

2.1 深基坑施工

本工程基坑开挖面积 36000m²，开挖深度 16m，局部挖深 17.9m，采用锚喷挂网支护和水泥深层搅拌桩围护。施工前组织专家进行方案论证，过程中加强基坑边位移的监测密度，确保了深基坑施工安全。见图2。

2.2 混凝土裂缝控制

本工程地下室面积 109057m²，基础底板厚 700mm，局部基础厚度达 2200mm，施工期间的温度和收缩裂缝控制有较大的难度。施工中应用混凝土裂缝防治技术，通过优化配合比和混凝土测温控制，有效地控制了混凝土裂缝的产生，结构无裂缝。见图3。

2.3 高支模混凝土施工

主楼采用框架结构体系，开间大、梁高、柱宽，结构层空间高度变化大，施工控制要求高，共有高支模五大区域，最高达 36m 的支撑体系。施工前组织专家进行模板支撑方案论证，施工中加强模板支架的检查验收和过程控制，有效地解决了高大空间模板支撑的施工难题。见图4。

图2 深基坑施工

图4 高支模混凝土施工

2.4 预应力施工质量控制

本工程地上二至五层及屋面局部的大跨度框架梁采用有粘结预应力混凝土梁结构，共有 68 榀，其中四层结构最大预应力梁截面尺寸达 600mm×1300mm，梁跨度达 38.8m。预应力筋采用 1860 级 ϕ15.2 高强度低松弛预应力钢绞线，金属波纹管成孔，张拉端采用夹片群锚。通过后张拉有粘结预应力混凝土技术的应用，提高了结构的整体性能和刚度，同时降低了能耗，减轻了建筑物自重，确保了结构的质量。见图 5。

图 5　预应力施工质量控制

2.5　屋面防水节点控制

面积 28000m^2 的上人屋面，采用刚柔结合多层防水，工序多、要求高。施工中立足方案先行，对屋面刚性层进行有效分格，排水沟设置、泛水部位、设备基座等增加附加层进行强化，使屋面功能和观感质量得到显著提高。见图 6。

2.6　外幕墙装饰施工

外立面幕墙类型多，包括玻璃幕墙、铝塑板幕墙、石材幕墙的组合形式，施工前进行方

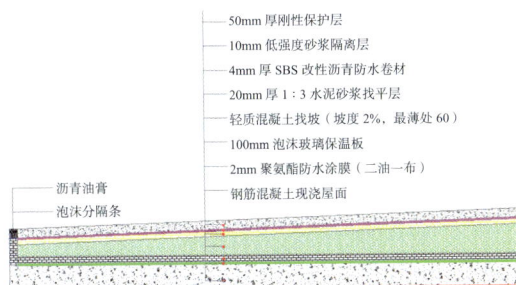

图 6　屋面防水节点控制

案设计和策划，过程控制中加强质量管理，组织质量攻关，确保了施工质量和整体效果。

2.7　多系统安装管线施工

本工程智能化程度高，水暖、空调、机电、消防、智能化安装工程功能齐全，地下室、各楼层吊顶内各种管线纵横交错，错综复杂。通过二次深化设计，采用"逆作安装排序法"，使各专业、各系统得到充分协调，整个工程质量、工程进度及安全管理均达到了业主的要求。

2.8　室内装饰施工控制

本工程室内装饰要求高，各区域装饰设计风格迥异，大厅内大空间达 36m 高。施工中通过二次深化设计，各专业紧密配合，确保了装饰施工质量和现场的安全施工。

3　工程建设目标

3.1　工程建成后需达到的目标

（1）质量目标：一次性验收合格，确保"国家优质工程奖"。

（2）设计水平目标：全国工程建设项目优秀设计奖。

3.2　工程建设过程中的管理目标

（1）安全文明及绿色施工目标

确保江苏省"省级安全文明标准化工地"。

（2）进度控制目标

工程 2012 年 12 月 5 日开工，2016 年 4 月 15 日竣工，按期交付建设单位使用。

（3）科技创新目标

本工程共应用住房城乡建设部和江苏省推广的新技术 13 大项 29 小项和自主创新技术 2 项，经江苏省组织专家验收，其技术水平达到"国内领先水平"。

（4）样板引路目标

现场成立样品间，保证所选材料的合理

性、先进性、经济性。工程中实行样板引路，对墙体砌筑、屋面施工；室内及卫生间面砖铺贴施工；外装饰幕墙打胶和室内装饰分隔先做样板。见图7。

图7 样板引路

4 工程建设管理

4.1 施工过程质量控制情况

（1）地基与基础工程

采用预制方桩与管桩承台及筏板基础，混

凝土配合比中掺加 NF-15 泵送剂和 FS-MT 抗渗剂，控制混凝土的早期收缩；外墙板涂刷聚氨酯防水层，形成双道设防。施工中加强混凝土的水灰比、坍落度控制，合理进行混凝土浇捣，及时进行混凝土养护，使地下室混凝土工程无裂缝、无渗漏。

工程共 5788 根预制方桩与管桩，其中Ⅰ类桩占工程检测桩总数的 96.9%，Ⅱ类桩为 3.1%，无Ⅲ、Ⅳ类桩出现，单桩静载、抗拔、低应变检测均满足设计要求。

地基与基础工程钢筋用量为 10727t，进场 220 批，复试 220 组，全部合格。混凝土用量 80592m³，标养试块 661 组，全部合格。

全楼共设 41 个沉降观测点，经 19 次观测，最大累计沉降量 -2.73mm、最小累计沉降量 -2.19mm、沉降差值 0.54mm，均小于规范允许值，满足设计要求；沉降速率平均值 0.0072mm/d，符合建筑物沉降稳定的标准要求。

（2）主体结构工程

主体结构钢筋用量 8725t，进场 175 批，复试 175 组，全部合格。

钢筋保护层采用塑料限位件，固定方便，位置准确。经宜兴市建筑工程检测中心对结构实体钢筋保护层厚度的检测，共抽查 72 个，检测比例和达标率均符合要求。

电渣压力焊 30400 个，试验 102 组；冷挤压套筒钢筋机械连接 130622 个，试验 134 组，全部试验合格。

混凝土同条件试块采用现场养护，专人管理，共 115 组试块；标养试块 354 组，经检测均达到设计要求。见图8。

梁、板、柱结构尺寸准确，柱梁轴线位置偏差在 4mm 以内，截面尺寸偏差控制在 -2～+3mm 以内，表面平整度偏差均在 3mm 以内。楼板厚度实测全部满足设计要求。

图8 主体结构施工

主体结构全高垂直度偏差 5.7mm，小于规范允许值，楼层最大误差 3mm，小于规范允许值，总高度偏差 18mm。

（3）建筑装饰装修工程

幕墙工程设计、制作、安装单位均由具有幕墙一级设计资质的上海住总金属结构件有限公司承担，幕墙计算书及专项审查手续齐全。整个玻璃幕墙的四性检测试验结果表明，空气渗透性能、雨水渗透性能、抗风压性能和平面变形性能均符合设计及规范要求。

玻璃幕墙、铝塑板幕墙、石材幕墙采用钢骨架，车间加工、现场装配。玻璃配置（8mm 透明 +1.9PVB+8mm 彩釉 +12A+8mm Low-E）钢化 Low-E 镀膜低辐射中空玻璃，有效地控制太阳能辐射和热辐射。

幕墙耐候胶的相容性试验 1 组，试验合格；

幕墙石材吸水率、弯曲强度（干燥）、弯曲强度（水饱和）性能试验 1 组，试验合格；化学锚栓的抗拉拔和抗剪性能检测 2 组，全部符合设计要求；（8mm 透明 +1.9PVB+8mm 彩釉 +12A+8mm Low-E）玻璃性能检测 1 组合格。

30 间卫生间防水采用聚氨酯防水涂料，经 24h 蓄水试验，全部合格，使用一年多来无渗漏。

装饰施工中各专业紧密配合，吊顶内的管线和内装吊顶施工密切协调，将烟感、喷淋头、风口、线盒、灯具的位置进行排版，做到成行成线，居中布局。见图 9。

图9 吊顶

室内地面中岛区域选用诺贝尔瓷砖、天然大理石，全部经专业软件排版、原材选色、预拼编号，铺贴平整光洁、分色清晰。室内所有的玻璃栏板，均采用安全玻璃，按规范施工。见图 10。

（4）屋面工程

28000m² 屋面防水等级为 I 级，采用刚柔结合多层防水的聚氨酯涂膜防水和聚合物改性沥青防水卷材，发泡混凝土和泡沫玻璃保温板保温，部分绿化种植屋面。屋面虹吸系统排水沟坡度准确，排水通畅。屋面坡向正确，符合设计要求。见图 11。

图 10　中岛区域

图 11　屋面工程

（5）设备安装工程

机电安装涉及专业多，安装前进行管线布置二次深化设计，所有吊顶内的电线、管线采用电脑三维模拟布线策划，各施工单位对排版图签字确认后进行施工，最大限度地满足了室内空间高度的要求和纵横向立体排列的效果。灯具、喷淋头、烟感、空调风口位置对称，成行成线。

室内给水承压管道的压力试验 41 组，全部合格；给水承压管道的强度和严密性试验 39

组，全部合格；非承压管道的灌水试验 4 组，全部合格；排污管道的通球试验 3 组，全部合格；室内排水系统及卫生器具通水试验 6 组，全部合格；卫生器具满水试验 6 组，全部合格；地漏排水试验 6 组，无渗漏。

消火栓系统试射试验 1 组，全部合格；空调新风及全热回收系统的保温采用橡塑保温，复试 2 组，全部合格；空调制冷系统的严密性和强度试验 9 组，全部合格；空调制冷系统铜管和新风系统的风管橡塑保温，复试 2 组，全部合格。排烟风管的试压 9 组，全部合格；冷凝水管道的通水试验 9 组，全部合格；风管漏光试验 9 组，全部合格。见图 12。

冷冻机房泵组、消防及喷淋泵组设备安装布置紧凑，支架牢固，运行正常；油漆色泽均匀，标识清晰完整。各类阀门挂设开闭标识状态牌，标识齐全、醒目。见图 13。

图 12　设备安装工程 1

图 13　设备安装工程 2

27 台曳引式电梯、68 台自动扶梯整机性能良好，电梯轿厢运行平稳，平层准确，舒适感良好。电梯动力与控制线路分离，信号准确。机房防静电地板美观、整洁，照明、通风良好。

图 14 设备安装工程 3

（6）建筑电气及智能化工程

大楼电气保护接地采用 TN-S 系统，安全可靠。避雷系统由接闪器 2 个系统组成，防雷接地电阻测试 10 个点，全部合格。等电位系统共设置五个端子箱，全部符合设计要求。

线路绝缘测试值、室内接地电阻测试值满足小于 1Ω 的要求。室外幕墙接地及防雷接地电阻测试值均满足要求。

建筑照明通电全负荷试运行共 9 层，全部合格。

大楼内外设置红外高清半球型摄像机、红外高清枪型摄像机、高速智能快球摄像机及监控中心，实现了室内外全方位无死角监控。对智能化各系统同时组织试运行，运行情况符合设计及规范要求。

整个安装工程水电、暖通、消防、智能化系统测试试验一次成功，电梯满载运行正常，一次通过电梯专项验收。

（7）建筑节能工程

外墙（8mm 透明 +1.9PVB+8mm 彩釉 +12A+8mm Low-E）玻璃的性能检测 1 组合格，

屋面泡沫玻璃板原材料检测 3 组合格，墙体加气混凝土原材料复试 8 组，全部合格。空调制冷系统铜管和新风系统的风管橡塑保温，复试 2 组，全部合格。公共部位的声光控制照明灯、室内的感应吸顶灯、室外的 LED 轮廓灯均符合节能要求。

（8）工程技术资料

该工程编制了总目录、分目录和卷内目录，共 14 卷、132 册。所有工程资料分类合理、编目细致、便于查找，所有的施工技术资料齐全、完整，数据真实、准确，填写及时、规范，与工程进度同步，各种资料均有可追溯性。

监理资料与工程施工进度同步，共成卷 4 册，监理规划、监理月报、监理会议纪要等相关资料齐全、完整。

5 工程建设亮点及经验

（1）地下室底板、墙板、顶板后浇带长 4972m，处理合理。梁、板、柱棱角清晰，阴阳角方正。见图 15。

图 15 亮点及经验 1

（2）地下室 68000m² 地坪采用金刚砂耐磨混凝土地面技术，耐磨、抗静电、阻燃、不起尘。框架柱设防撞处理，汽车停车位置、导向标识、指示牌规范、清晰。见图 16。

图 16　亮点及经验 2

（3）车坡道采用彩色防滑骨料和改良性树脂，美观、耐用。见图 17。

图 17　亮点及经验 3

图 18　亮点及经验 4

（4）由 14000m² 石材幕墙、15000m² 铝板幕墙、10000m² 玻璃幕墙，色泽均匀、平整，垂直度偏差 6mm，平整度偏差 1mm，接缝高低差 0.5mm。18000m 胶缝接缝均匀，线条顺直，表面平整密实，观感舒畅。见图 18。

（5）大楼内 30 间卫生间做到墙地砖、洁具、器皿、台盆、镜面、灯具居中，面砖铺贴无小于 1/2 块材，使用一年来无一渗漏。见图 19。

（6）室内 34 间电梯厅墙面 600mm×1200mm 西宫米黄大理石，阳角不锈钢包边，全部经专业软件排版，干挂平整，施工精细。见图 20。

图 19　亮点及经验 5

图 20　亮点及经验 6

图 22　亮点及经验 8

（7）室内 55000m² 石膏板吊顶平整美观，弧度线条流畅，无裂缝、变形；22000m² 铝板吊顶表面干净、色泽一致，造型顺直美观；880 m² 矿棉板吊顶表面洁净、色泽一致。见图 21。

（8）管线穿墙楼板均设置套管，内部填塞阻燃材料，明装管道穿墙两端采用防火泥封堵与不锈钢面板修饰。见图 22。

（9）高低压配电室成列配电柜排列整齐，布置合理，安装稳固；柜内相位正确，导线顺直，进出线孔保护措施到位。见图 23。

（10）管线支架安装横平竖直、牢固规范。见图 24。

图 23　亮点及经验 9

图 21　亮点及经验 7

图 24　亮点及经验 10

（11）消防控制室内设备排列整齐，布线规范，监控实时。见图25。

（12）屋面管线采用钢制踏步，做好成品保护；管线基座、支撑底部采用混凝土墩与"小馒头"作保护，分色清晰。见图26。

（13）监控中心实现商业内外全方位无死角监控。见图27。

（14）室内防火卷帘门墙面采用不锈钢装饰，防火卷帘门装饰板与吊顶板拼缝顺直美观。见图28。

（15）自动扶梯单面采用双层夹胶钢化玻璃，安全可靠美观。见图29。

（16）屋面设备排列齐整，接地可靠。见图30。

（17）消防楼梯采用不锈钢扶手，精致安全；地面采用花岗岩设置防滑凹槽，踏步尺寸一致，踢脚线顺直。见图31。

图27　亮点及经验13

图28　亮点及经验14

图25　亮点及经验11

图29　亮点及经验15

图26　亮点及经验12

图30　亮点及经验16

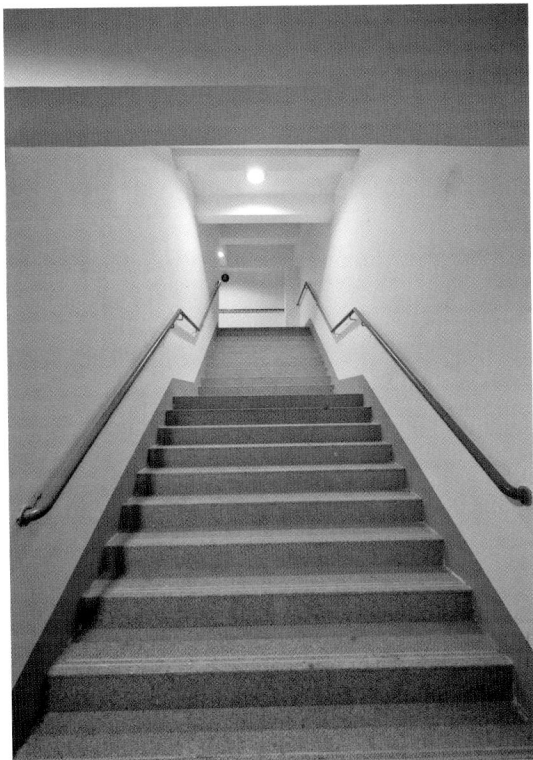

图 31　亮点及经验 17

6　工程建设成果

6.1　获奖情况

（1）设计效果

获 2017 年度全国工程建设项目优秀设计奖，评选单位：中国施工企业管理协会。

（2）质量效果

1）获 2016 年度无锡市优质结构工程，评选单位：无锡市住房和城乡建设局。

2）获 2017 年度无锡市"太湖杯"优质工程，评选单位：无锡市住房和城乡建设局、无锡市建筑行业协会。

3）获 2017 年度江苏省"扬子杯"工程，评选单位：江苏省住房和城乡建设厅和江苏省建筑行业协会。

（3）环境与安全效果

1）获 2014 年度江苏省建筑施工标准化文明示范工地，评选单位：江苏省住房和城乡建设厅。

2）获 2014 年度宜兴市建筑施工文明工地，评选单位：宜兴市住房和城乡建设局。

3）经宜兴市建筑工程质量检测中心对建筑物的环境检测，各项指标均符合民用建筑工程室内环境污染控制规范标准的技术要求。

6.2　实现的经济效益和社会效益

（1）2016 年被评为江苏省建筑业新技术应用示范工程，通过新技术的应用，节约工程造价 616 万元。

（2）《高含水率粘土的生石灰改良后分层碾压施工工法》获江苏省省级施工工法。

（3）《混凝土预应力大梁施工综合质量控制》论文获江苏省土木建筑学会论文比赛二等奖。

（4）获 2015 年全国工程建设 QC 成果一等奖，江苏省工程建设 QC 成果一等奖。

（5）本工程位于宜兴市城东新区，对营造整个城市的景观和塑造宜兴市现代化城市的良好形象起到了重要作用。在施工期间作为宜兴市质量、安全样板观摩工地，得到了各级领导和同行的高度赞誉。

7　后续工程建设需要改进的工作

我公司将继续坚持"建精品工程，创百年伟业"的管理理念，以真心缔造美好家园为己任，不忘初心，以高起点、严要求的工作作风，科学管理，精心施工，注重过程控制，重视细部处理，开拓创新，为社会和用户建造出更多的精品工程和用户满意工程。

徐州高新区科技创业服务中心——通州建总集团有限公司

1 工程概况

徐州高新区科技创业服务中心工程，由徐州高新技术产业开发区国有资产经营有限公司投资兴建，中国矿业大学（徐州）建筑设计咨询研究院有限公司设计，南京第一建设事务所有限公司监理，江苏省第二地质工程勘察院勘察，通州建总集团有限公司总承包施工，工程总建筑面积 46500m²，其中地下 6500m²，于 2013 年 6 月 24 日开工，2015 年 12 月 30 日竣工验收。获 2016～2017 年度国家优质工程奖。

本工程主楼 17 层，建筑高度 75.6m；裙房 3 层，高度 13.65m。外立面采用玻璃、石材幕墙；室内采用石膏板吊顶、乳胶漆、吸音板及面砖墙面，地砖及石材地面。采用桩筏基础，主楼框—剪结构，裙楼框架结构，ALC 砂加气保温砌块填充墙；建筑物耐火等级一级，抗震设防烈度 7 度，地下及屋面防水等级二级。

工程采用综合布线方式，把计算机网络、通信、声像、监控及消防等系统统一组合在一套标准的布线系统中；配套安装工程包括给水排水、雨水、消火栓及自动喷淋、动力照明配电、防雷与接地、火灾报警及联动控制、智能、通风空调、正压送风及防排烟等系统，是一座集办公、会议、展览和健身的现代化大楼。

2 创精品工程措施

2.1 工程创优策划

（1）本工程进场伊始，就确立了争创"国家优质工程奖"的目标，确立项目的管理目标，并制定切实可行的管理制度，对管理目标分解到人。

（2）事前高标准策划，项目部结合本工程的具体特点编制了《工程创优策划方案》，包括基础主体、装饰装修及安装工程创优亮点策划，细部亮点施工措施。

（3）根据本工程创优的工作部署和需要，分阶段组织建设单位、监理单位等相关创优责任主体及各级施工管理人员共三次观摩学习获奖工程，去感受工匠精神，学习细节，精益求精，提升自身素质。

（4）通过开展 QC 攻关活动、新技术应用、优化施工方案、奖罚等多种激励手段，落实质量管理措施。

2.2 严格建设过程管理

（1）建立创优体系，落实工作职责

成立了涵盖公司、项目、班组的三级质量保证和创优管理体系，将业主、设计、监理、劳务分包、专业分包、主要材料供应商纳入工程创优体系范围。完善项目技术质量管理制度及创优奖罚措施并严格执行，选配了高素质的项目班子和施工队伍。进行创优目标量化分解，层层签订质量责任书，保证了质量管理全过程受控。

（2）精心策划，规范工艺、谋划亮点

重视创优的前期策划，编制施工组织设计，制定创国优计划，强化施工方案和技术交底的管理，明确各工序及细部做法、验收标准等，抓住重点、难点，突出亮点。

（3）严格过程控制，确保过程精品

切实树立全员的精品理念，以工匠之心严

格施工过程控制，真正塑造精品。把"完善自检、强化交接、突出验收"作为质量控制的着手点，将作业层的"三检制"与项目部的"技术复核制"紧密结合，做到"没有自检不验收，没有验收不交接"。

坚持"样板领路"，所有分项工程，施工前必须先做样板，由相关方验收达到规定的标准后方可大面积施工。

开展QC活动，不断改进优化工艺方法，确保每道工序成为过程精品。

（4）加强绿色施工管理，创建节约环保工地

工程开工，项目部成立了以项目经理为首的绿色施工管理小组，明确规定施工过程"四节一环保"职责，制定和落实绿色施工技术措施和管理措施，实现"节地、节能、节水、节材和环境保护"施工目标，确保江苏省安全文明工地顺利通过验收。

2.3 加强技术创新和应用

（1）推广应用建筑业10项新技术

本工程重点推广应用"住房和城乡建设部十项新技术"中的8大项14子项、"江苏省十项新技术"中的3大项4子项，被评为2016年江苏省建筑业新技术应用示范工程，应用水平达到国内先进。

（2）自主创新技术解决工程重点和难点

1）主裙楼不均匀沉降控制技术

本工程裙房部分集中大空间、大跨度的展厅、报告厅为解决主裙楼不设缝可能造成的沉降不均匀，综合采用以下技术加以控制：主楼部分采用嵌岩桩、裙楼部分采用筏板，通过验算主楼、裙楼部分地震时沉降差异调整主楼布桩、筏板形心；施工时先施工裙房部分，主裙楼设置沉降后浇带释放大部分早期沉降，加强连接部分刚度；主楼部分由于竖向收紧，在收紧部位增加防屈曲支撑，调整结构的刚度。

2）建筑节能能耗监测控制技术

本工程建筑节能能耗监测控制利用智能电力监控系统前期监测到的电能数据，再结合本系统新加入的水、天然气、蒸汽等能耗数据，共同构成了建筑能耗的基础数据。根据用户现场情况，将楼宇自控系统、空调自控系统等已有系统接入到智能供配电能源管理系统中来，实现了以下功能：①监视、控制设备的运行；②及时处理各类设备报警紧急事件；③根据决策预案实现各设备的联动；④以最低的能源消耗来维持系统和设备的正常工作；⑤取得楼群最低的运作成本和最高的经济效益；⑥可通过INTERNET对交流中心进行远程管理。

3）大空间无柱、密肋梁楼盖技术

裙楼东西两侧2~3层部分采用大空间无柱技术，跨度25.2m，该项目裙楼楼梯两侧2~3层部分空间由于使用要求需要大空间，空间内的框架柱全部抽掉，仅留下房间四周的柱子，形成大空间无柱、密肋梁楼盖体系，有效增大了使用空间。

（3）注重施工技术及工艺的总结

通过总结、创新或改进形成专利和施工工法。本工程施工中对脚手架的支撑系统和安全防护通道进行优化改进，支撑系统和防护通道的安装更为简便，安全稳定性能和防护效果得以明显提高，该2项改进取得实用新型专利；本项目混凝土浇筑中采用了快速抹面技术，内墙石膏面层施工采用了机械喷涂工艺，提高了工序施工的质量和效率，改善了表面观感，总结形成了2项江苏省级工法。

2.4 质量特色与亮点

（1）钢筋加工尺寸准确，接头位置合理，连接牢固，安装整齐。见图1。

（2）主体结构几何尺寸准确，梁柱接头方正，混凝土内实外光。见图2。

（3）ALC砂加气砌块砌体工程，墙面平

整，缝隙均匀，砂浆饱满，构造柱设置美观。见图3。

（4）1.5万 m² 幕墙整体固定牢靠、横平竖直、布局合理美观、胶缝顺直饱满。见图4。

（5）报告厅、会议室用材合理，界面清晰，

装修精致，实用美观。见图5。

（6）吊顶造型新颖，层次感强，末端设备排列整齐有序。见图6。

（7）楼梯踏步大理石铺贴，踏步宽度、高度偏差均在1mm以内，做工精细。梯板滴水

图1 特色与亮点1

图2 特色与亮点2

图3 特色与亮点3

图 4　特色与亮点 4

图 5　特色与亮点 5

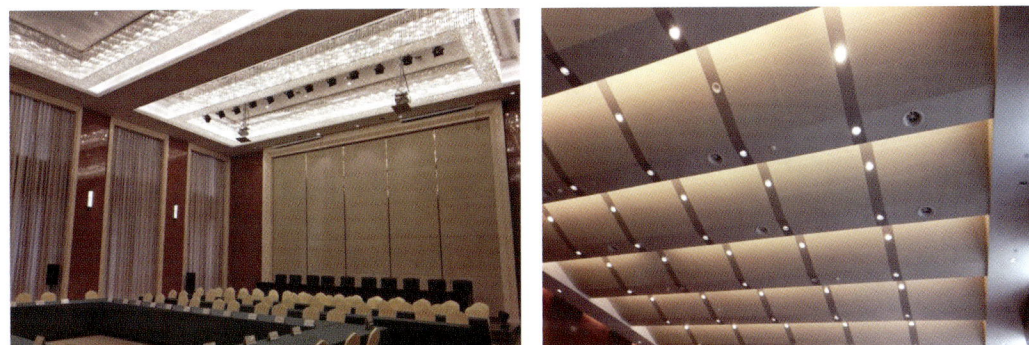

图 6　特色与亮点 6

线轮廓分明，线槽顺直宽窄一致。见图7。

（8）5600m² 车库环氧地面，表面平整，色泽均匀。见图8。

（9）给水排水管道安装规范，定位准确，坡度正确，支架精细，阀门排列整齐，过墙管道周边处理精细，标识清楚，无滴漏。见图9。

（10）空调机组安装规范，系统运行平稳，满足设计要求。见图10。

图7　特色与亮点7

图8　特色与亮点8

图9　特色与亮点9

（11）卫生洁具，位置准确，排列整齐，墙地砖对缝整齐。见图11。

（12）智能化系统4320个信息点，400多个摄像头设备先进、智能化程度高，运行至今状态稳定。见图12。

（13）配电柜排列整齐，开关插座面板端正，贴合严密。见图13。

（14）电梯运行平稳，平层准确。见图14。

图10　特色与亮点10

图11　特色与亮点11

图12　特色与亮点12

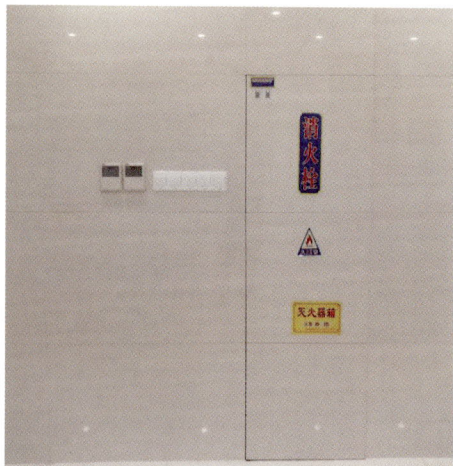

图 13　特色与亮点 13

图 14　特色与亮点 14

3　节能、环保及绿色施工

3.1　健全机构、落实职责

工程开工，项目部成立了以项目经理为首的绿色施工管理小组，将责任落实到项目相关部门和员工。

根据《全国建筑业绿色施工示范工程申报与验收指南》和《建筑工程绿色施工评价标准》，项目部明确规定施工过程"四节一环保"职责，制定和落实绿色施工技术措施和管理措施。

3.2　明确绿色施工目标

在保证质量、安全等基本要求的前提下，通过科学的管理和先进的技术，最大限度节约资源并减少施工活动所带来的负面影响，实现"节地、节能、节水、节材和环境保护"施工目标，确保创建江苏省安全文明工地。

3.3　抓好绿色施工措施的实施

（1）现场周界设置噪声测试点，专人定期测量及数据汇总。见图 15。

（2）现场自制降尘设备全方位覆盖现场所有施工道路和场地，定期定人洒水除尘，使得现场环境清新整洁。见图 16。

图 15 噪声测试

图 16 自制降尘设备

（3）施工楼层四周采用可有效过滤噪声和灰尘双层安全网严密围挡，有效减少噪声和灰尘对附近居民的影响。见图 17。

图 17 双层安全网

（4）钢筋垫块采用再生塑料定位件。短方木进行对接处理，废旧模板做栅栏、盖板、护角等。见图 18。

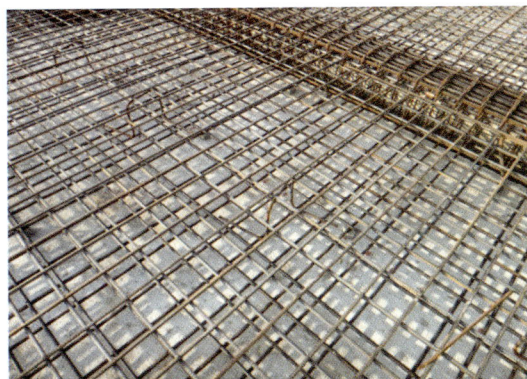
图 18 节材措施

（5）施工过程建立雨水回收系统，施工养护用水和消防用水利用回收雨水。见图 19。

图 19 节约用水措施

（6）采用集成式临时办公生活用房以减少用地。见图20。

图20　集成式临时办公生活用房

4　工程获奖和荣誉

本工程在工程质量、安全及综合管理始终处于省市先进水平，取得了一系列的荣誉。

4.1　质量效果

本工程获得2017年度江苏省优质工程"扬子杯"；获得2016～2017年度国家优质工程奖；《确保ALC加气混凝土砌块砌体质量一次成优》获得江苏省建筑行业协会QC小组2017年度优秀奖。

4.2　技术效果

（1）本工程被评为江苏省2016年新技术应用示范工程。

（2）专利：《一种工具式悬挑脚手架斜撑装置》和《一种工具式安全防护通道》获国家专利授权。

（3）工法：《内墙机械喷涂石膏饰面施工工法》、《混凝土快速抹面施工（HKM）工法》获省级工法2项。

4.3　设计获奖情况

本项目在2016年度获徐州市城乡建设系统建筑设计新建公建建筑设计一等奖，获中施企协2017年度优秀设计成果奖。

严格贯彻质量、环境和职业健康安全管理体系，荣获2013年度江苏省建筑施工文明工地称号，2014年9月，徐州市城乡建设局组织了全市建筑施工安全标准化示范工地观摩会。

4.4　社会和经济效果

工程竣工交付使用以来，各项设备运转正常，各系统功能良好，未发现质量问题与隐患，符合设计要求，满足使用功能，业主非常满意。

常州创意产业基地二期 CDE 楼——常州第一建筑工程有限公司

1 工程概况

常州创意产业基地二期 CDE 楼是兼计算机软件研发与动漫开发于一体的创意产业园标志性建筑。本工程由常州软件园发展有限公司投资、江苏筑森建筑设计有限公司和江苏汉亚建筑设计有限公司设计、江苏嘉越工程项目管理有限公司监理、常州第一建筑集团有限公司总承包施工。

本工程建筑面积约 20.98 万 m^2，地下 2 层，地上 26 层。工程造型独特、倾角多变、做工精细，立面采用横向肌理与折线条相碰撞，统一中有变化，恢弘而大气。见图 1。

图 1 工程外景

2 创优措施及实施过程

2.1 创优措施

（1）明确工程质量争创"国优"的目标，总承包单位成立了创优领导小组，认真进行创优策划，参建方选派精兵强将，落实创优责任，精心组织施工。

（2）建立了以总承包单位为核心，由设计、监理、分包单位等组成的质量保证体系，将创优目标分解并签订创优责任状，确保创优工作均处于受控状态。

（3）精心策划每道工序，通过施工方案、过程监控等环节，将质量问题消灭在萌芽状态。

（4）落实质量控制措施，从质量管理预控入手，严格按"国优"工程的质量要求，制定质量通病治理措施，坚持"三检制度"，严格把好验收关，保证工程质量一次成优。

（5）实行样板验收合格后，再展开大面积施工的方法，对工程质量实施过程控制，利用内部和外部的审核及时发现问题，持续改进，确保工程质量全过程处于受控状态。

（6）积极开展 QC 攻关活动。围绕施工现场存在的质量问题，开展 QC 攻关活动，明确施工过程的质量控制重点，对施工工艺进行了优化，有效地减少和防止不合格品的产生。

（7）全面推行 PDCA 循环的工作方法。按照计划、执行、检查、处理这样四个阶段来开展管理工作。在质量管理活动中,持续改进、不断提高工程质量。

（8）依托技术创新，打造精品工程。充分依靠技术骨干和技术能手，以之为技术创新的主体，开展技术革新活动，挖掘员工的绝技与绝招，为工程创优奠定扎实的基础。

（9）鼓励技术人员结合工程实际，对施工难点进行技术攻关，积累资料，组织总结，编写发布技术论文和施工工法。

2.2 创优实施过程

（1）基坑紧靠藻江河，土质为淤泥质粉质黏土，最深达 15.4m，基坑安全要求高，危险系数大。采用管井、轻型井点降水和微型桩复合土钉墙支护技术，成功克服了水位高、土质差、场地狭小的施工难点。

（2）地下室 2.63 万 m² 底板、245m 超长混凝土外墙板，后浇带、膨胀加强带、施工缝、变形缝数量多、变化大，如何控制混凝土结构裂缝和变形缝的有效性，确保地下室无渗漏是难点，我们采用高效混凝土减水剂聚羧酸、补偿收缩混凝土等技术，精心施工变形缝等，有效防止了混凝土开裂和渗漏等质量通病。

（3）地下室现浇空心楼盖中的薄壁箱体定位准确，抗浮措施有效，暗梁钢筋间距规范，混凝土浇筑无空洞、楼板无裂缝、无渗漏，有效增加了楼层净高，为地下的布置空间的利用创造了便利。见图 2。

图2　创优点（3）

（4）本工程造型独特，立面倾斜多变，最大角度 75°，施工定位放线是施工难点。开工前利用 BIM 技术建模，模拟轴网和倾角的控制方法，进行平面、立面双控法施工：平面采用内控法，立面采用外控法，控制斜柱、斜梁角度，并采用经纬仪复核仰角和俯角角度，确保精确受控。见图 3。

图3　创优点（4）

（5）外立面呈凹凸状折线形、最大凸出达 9.73m，最大凹进达 10.22 m，给外脚手架施工带来极大困难和挑战。公司精心策划、组织攻关，根据立面倾角方向和角度的变化，创作了错层搭接式落地脚手架，并结合多排悬挑脚手架的使用，攻克了倾斜立面脚手架施工难题。见图 4。

（6）在外倾立面楼层中，梁板内分别采用有粘结和无粘结预应力，以抵消外倾斜结构的部分自重，故此预应力工程对结构安全至关重要。项目部对预应力特殊过程成立专项管理小组，对人、机、料、法、环各环节进行督查和验收，保证了预应力分项工程施工质量。见图 5。

（7）主楼标高 31.75m 处悬挑宽 4.2m、长 36m 的混凝土结构，施工难度大。采用了悬挑型钢及上拉下撑的施工方法，成功攻克了高大模板凌空搭设的施工难题。搭设前利用 BIM

图 4　创优点（5）

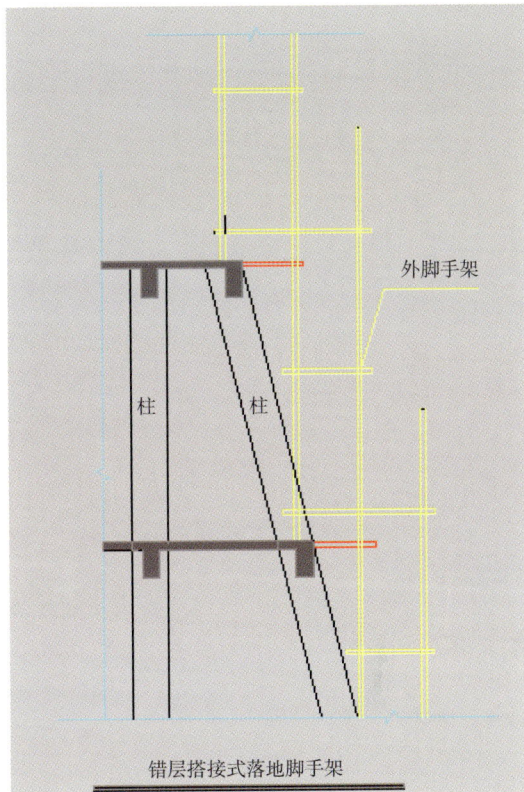

图 6　创优点（7）

图 5　创优点（6）

建模、软件验算，搭设完成后根据设计荷载进行预压，验证支撑系统安全可靠后进行混凝土浇筑，既保证了施工质量，又节约了周材，降低了成本。

（8）管线布置综合平衡施工及系统调试：本建筑系统功能多，深化设计、系统调试难度大，要在有限的空间内布置消防给水、喷淋给水、强电、弱电、通风、空调、电信、网络等系统，管线布置难度大，同时要满足装饰吊顶的高度和造型，各系统预先进行布置设计，不仅要满足规范要求，还要做到各系统间互不干扰。水电安装预埋位置准确、固定牢固、封堵严密，套管焊缝饱满，预埋节点处理符合要求。

2.3　新技术推广应用和技术创新

施工过程中，积极推广应用了住房和城乡建设部"建筑业 10 项新技术"，提高了工程的技术含量，确保了工程质量，取得了良好的经济效益和社会效果。工程被评为江苏省建筑业新技术应用示范工程，推广应用了住房和城乡建设部"建筑业 10 项新技术"中的 9 大项 20 子项、创新技术 4 项，国内领先，取得经济效益 138 万元。

3 质量特色及亮点

3.1 六大质量特色

（1）地下室 7 万 m² 墙地面无裂缝、无渗漏：地下防水的关键是混凝土防裂缝，本工程地下室结构混凝土采用补偿收缩混凝土，在混凝土中添加聚羧酸以减少混凝土收缩率，混凝土带模养护 7d 以上，以达到抗裂目的；其次底板、墙板、顶板采用后浇带和膨胀加强带相结合的方式，加强养护 14d 以上；最后认真施工地下防水层、钢板止水带、橡胶止水带、施工缝、后浇带、穿墙管道等细节部位。

（2）主体结构构件几何尺寸准确，梁柱接头方正，棱角清晰，混凝土表面平整、色泽一致。为确保工程质量达到"国优"的目标，我公司选择优质的混凝土供应商，通过"双掺"技术，控制混凝土坍落度在 14 ～ 16cm 之间。选用镜面模板，梁柱节点交接处柱模采用 U 形整板安装，墙、板交接处采用水平模板压竖向模板的方式，阴角设置方木，构件交接处棱角顺直、清晰，混凝土构件表面光洁、平整、密实、无色差、观感好。

（3）砌体工程：墙体选用新型节能材料蒸压加气混凝土砌块，几何尺寸偏差在 1mm 以内，砌体表面平整光洁，梁底采用专用斜砖和预制混凝土三角砖后塞法施工；马牙槎进退一致，构造柱施工柱内设对拉螺栓，墙体不留洞眼，柱顶设簸箕口，确保密实；墙面达到清水墙效果。见图 7。

（4）内装饰大空间、大板块、大直径以及超长走道、超长线条、超长饰面板多。150m 超长走道和 16m 高大空间整体吊顶均采用双层石膏板，板缝精心设置，缝口重点处理，合理设置分隔条，使用至今无裂缝；50m 长铝通吊顶笔直无弯曲、不变形，灯具、空调、烟感、

喷淋嵌入巧妙，间距均匀；1m×1.5m 大尺寸花岗岩楼地面铺装表面平整、缝口顺直、恢弘大气；0.5m×3.6m 超长西班牙陶瓷薄板用于会议中心前面装饰，表面平整、无变形、无断裂。见图 8。

图 7　质量特色（3）

图 8　质量特色（4）

（5）屋面 6000m² 整洁美观、无渗漏：混凝土保护层表面平整、光洁，无裂缝，分格缝设置合理，卷材盖缝宽度统一、厚度一致、油膏收边密实、顺直，上翻卷材高度符合规范要求，30×30 不锈钢压条安装牢固，平直、耐

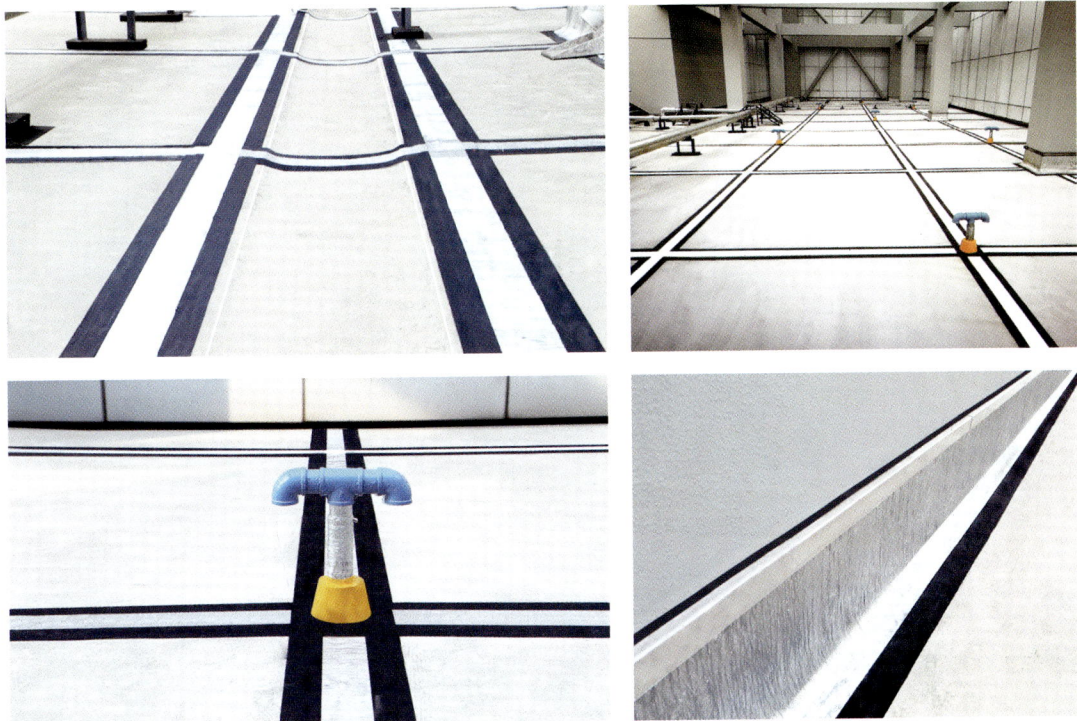

图 9　质量特色（5）

候胶封闭严密、天沟弧线流畅、顺直美观无积水，节点防水处理、排汽管做法、天沟做法等采用公司特色做法，精心设计、施工，取得了既美观又可靠的效果。见图 9。

（6）无规则树状幕墙施工巧妙：门厅区域设计用玻璃幕墙表面附着树状蜂窝铝板装饰线条的复合幕墙体系，树状线条呈无序放射状，内嵌景观照明系统。采用"钢片穿缝再生龙骨施工工法"，将不同位置伸出的钢片按照不同的造型由新的主龙骨连成一体，再根据蜂窝铝板装饰线条几何尺寸的变化安装次龙骨，为蜂窝铝板定做合身的骨架并与之紧密相连、浑然一体，既不破坏玻璃幕墙的分割模数和整体性，又完美实现了树状线条的安装，该施工工法获得江苏省级工法，并获国家发明专利。见图 10。

（7）机电安装利用"管线综合布置技术"先结合原有设计图纸的规格和走向，进行综合

图 10　质量特色（6）

考虑后再对施工图进行深化，解决了各专业管线安装标高重叠，位置冲突的问题。设备安装整齐规范，管道、桥架布置错落有序，保温做工精良，管道标识醒目。配电柜安装端正，接线牢固，分色正确。同时还积极采用国家新技术"金属矩形风管薄钢板法兰连接技术"和"薄壁金属管道新型连接方式"大大提高了风管和水管的连接质量。见图 11。

图 11 质量特色（7）

3.2 十六个细部亮点

（1）楼梯采用封闭式定型模板施工，踏步阳角采用定制阴角条倒圆角，拆模后阴阳角顺直清晰，表面平整、光洁、踏步高度一致，外观质量好。施工缝处采用抽屉式模板处理，施工缝处无夹渣现象，内实外光、不显接槎、均匀一致、观感好。

（2）安装构造柱模板前，沿马牙槎竖向挂线，粘贴双面胶带，防止漏浆，对拉螺杆沿马牙槎部位设置，避免对墙体的破坏；顶部设置簸箕口，顶部混凝土与柱身混凝土一次性浇筑。构造柱混凝土浇捣密实，棱角分明，砌体墙墙体无螺杆孔。

（3）阳台、管井等有高差部位吊模牢固可靠：采用 5 号方管加工成定型产品，施工前模板脱模剂涂刷到位，混凝土仔细振捣，控制好拆模时机，避免破坏角部混凝土，侧模拆除后原浆收光，棱角分明无破损、高低差控制准确、混凝土企口表面光洁、阴阳角顺直。卫生间防

水导墙同一次结构同步施工，防水效果好。

（4）下沉广场阶梯绿化棱角清晰，石材铺装平整无色差。

（5）不同装饰材料交接部位，采用打胶、木压条、不锈钢卡槽等进行细节处理。

（6）屋面构架、雨棚滴水线顺直通畅，深度一致，平整均匀。

（7）卫生间墙、地砖对缝铺贴，卫生洁具位置准确，排列整齐、美观，周边打胶光滑，地漏安装规范，排水通畅。

（8）楼梯地砖精心排版，对称铺贴，踢脚线出墙厚度一致、上口平直、拼缝均匀。

（9）消防箱门采用与墙面一致的装饰材料进行饰面，保持墙面整体装饰效果，遇乳胶漆墙面门四周打胶。

（10）铺装地面检查井位置方正，设置巧妙，与地面材料统一，既美观又不影响使用功能。

（11）电梯运行平稳，开关灵活，平层准确。

（12）建筑物外轮廓的楼宇亮化、空中的 LED 照明灯、渐变的白色灯火星光璀璨，时尚靓丽，极富现代气息。

（13）室外草坪中射灯成排设置，基础牢固，高度统一。

（14）安装细节处理精致美观，穿墙套管封堵严密，成型观感质量尽善尽美。

（15）绿化喷灌系统智能控制，全方位无死角，雨水回收效益可观。

4 社会效益和荣誉

4.1 社会效益

本工程在建设过程中，始终贯彻绿色施工和"四节一环保"理念。装饰工程施工精工巧施，建筑物内部细微之处巧夺天工，机电安装运用 BIM 技术优化设计不逊色于装饰，建筑

智能化等为建筑物提供了优质、便捷的保障。工程投入使用以来，使用功能正常，满足了业主使用功能的要求，充分发挥了社会作用，现年均 GDP 约 280 亿元，社会和经济效益显著，业主非常满意。

4.2 荣誉和成果

工程获国家优质工程奖、江苏省优质工程"扬子杯"奖、江苏省优秀勘察设计奖、江苏省建筑业新技术应用示范工程、江苏省文明工地等。另外，《倾斜立面脚手架施工技术工法》、《钢片穿缝再生龙骨体系蜂窝铝板幕墙施工工法》被评为省市级施工工法，同时《玻璃和蜂窝铝板双层结构幕墙及其施工方法》获国家发明专利奖。

南京理工大学图书馆——南通华新建工集团有限公司

1 工程概况

南京理工大学图书馆项目地处南京市孝陵卫街 200 号，位于学校中轴线的南段，是南京理工大学标志性建筑。总建筑面积 45796m²，占地面积 84896m²，地下一层，地上九层，建筑高度 47m。工程为框架剪力墙体系，建筑性质为一类高层，地基基础设计等级为甲级，建筑抗震设防烈度 7 度。工程基础为桩承台基础，桩基为人工挖孔灌注桩。见图 1。

工程地下一层为辅助服务用房、一至七层为图书馆阅览室、八至九层为信档中心及网络中心用房。建筑物在总体布局上做到内部空间结构与系统组织的整体性。立面为内凹弧形结构，造型新颖、独特，是南京理工大学校园最主要的标志性建筑。

图 1 工程外景

主楼外立面采用简洁的石材幕墙与玻璃幕墙变化的处理，强调出平面的凹凸及弧线造型，富有韵律，另外景观绿化和高端智能化，体现了现代风格，营造了一个清新淡雅气息。见图 2。

图 2 主楼外立面

外窗采用隔热金属型材多腔密封及较低透光 Low-E+12 空气 +6 透明玻璃。防火门的选用：分区门和设备机房门用甲级防火门，疏散楼梯门根据需要采用甲级或乙级防火门。

室内装饰：①内墙面：涂料内墙面、薄型面砖内墙面、铝复合板墙面；②楼地面：防滑玻化砖楼地面、网络地板地面，橡胶合成材料楼面等；③天棚：采用穿孔吸音复合板吸声顶棚，轻钢龙骨纸面石膏板吊顶等。

项目于 2013 年 6 月 20 日开工，2016 年 5 月 23 日正式通过竣工验收，工程总投资约 1.9 亿。由南京理工大学投资兴建，南通华新建工集团有限公司总承包施工。

2 工程管理及策划实施

2.1 明确管理目标

工程开工之初明确誓夺"国家优质工程"奖的质量目标，并将质量目标进行逐级细化分解。强化过程管控，制定切实可行的创优施工方案，推行样板引路、实测实量制度，狠抓细部质量。通过BIM的优化设计，实现了机电安装各专业间综合管线的合理布置，精细、流畅、美观，为精品工程的创建奠定了基础。

2.2 策划实施及过程控制

联合甲方、设计、监理、施工总承包及各专业分包方面共同努力，按照创优目标要求事先策划，并将目标进行分解，确立每个阶段的质量目标，并层层分解到各个岗位和施工队伍，以确保质量创优得到有效实施与监控。

2.3 质量保证措施

工程明确并分解了质量目标之后，由技术质量部和项目部进行针对性的专题研究，事先策划落实的措施，并制定详尽的创优施工方

案，在施工操作过程中严格监控。施工中推行样板引路制，重点抓优质结构、细部质量、成品保护。组织交流学习，针对地基与基础、主体结构、装饰装修、屋面工程、建筑电气、给水排水工程及消防、通风空调、电梯工程、建筑智能、建筑节能与环保等不同分部施工阶段总结好的做法同时改进；积极参与协会组织的观摩活动，进一步提高工程质量和提升整体管理水平。

2.4 质量特色与亮点

（1）建筑造型：南面大楼呈扇形布置，外立面为石材饰面复合外墙与玻璃幕墙的组合幕墙，建筑造型独特、新颖、美观。见图3。

（2）室内装饰：室内墙面平整光洁；大厅、通道花岗岩地面，表面平整、色泽一致。吊顶平整、阴阳角顺直，栏杆、护栏高度一致。见图4。

图3　建筑造型

图4　室内装饰

（3）中庭吊顶：平整、顺直；阅览室空间布置简洁大方，520m² 阶梯报告厅美观大气。见图 5。

（4）屋面细部：150×150 规格广场砖铺贴表面洁净、接缝横平顺直，屋面坡度正确、排水流畅，分隔缝设置合理，屋面细部构造合理，无渗漏。见图 6。

（5）BIM 设计：管线经 BIM 深化设计，采用综合支架安装，管线立体分层，走向顺直，

接口严密，标识清晰；冷冻水管道保温层密实，表面平整，标识清晰；喷淋头等末端设备居中布置，成排成线。见图 7。

（6）消防设施：楼层消火栓箱与装饰统一设计，成型美观，开启灵活，标识清晰。见图 8。

（7）屋面管线：屋面设备安装牢固，运行稳定；管线经深化设计，走向顺直；保温层密实，表面平整，接口严密，标识准确；防雷接地网安装牢固、顺直，引下点标识清晰。见图 9。

图 5　中庭吊顶

图 6　屋面细部

图 7　BIM 设计

图 8　消防设施

图 9　屋面管线

（8）电气设备：电气插接式母线连接牢固，标识清晰；线槽布局合理，弯曲处均采用成品弯头，美观、实用；线槽内电缆填充率符合规范要求，绑扎牢固，标牌制作规范、绑扎牢固。见图10。

（9）智能化系统：监控室设备安装牢固，盘、柜成排成线，内部接线顺直、整齐、标识清晰；烟感、温感、扬声器等末端设备居中布置，成排成线。见图11。

（10）变电设备：变（配）电间配电柜安装牢固；电气设备运行稳定；四周设等电位排，安装顺直，标识准确；悬挂式超细干粉灭火装置安装牢固，实用。见图12。

（11）通风设备：送排风管道采用薄钢板法兰连接技术，法兰口连接牢固；风管表面平整，加强筋成型美观；通风设备、风阀安装牢固，运行平稳。见图13。

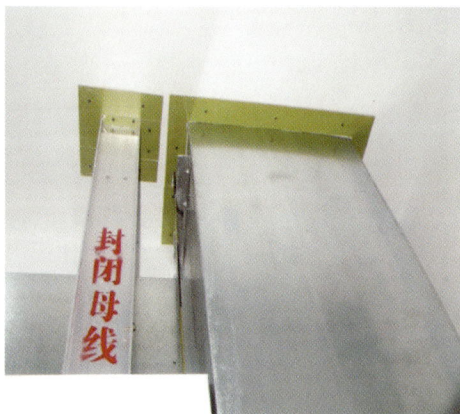

图10　电气设备

图11　智能化系统

图 12　变电设备

图 13　通风设备

3　科技创新、技术攻关

3.1　工程技术难点

（1）总承包管理难度大

工程处于校园核心区域，对交通运输、现场噪声等方面的控制要求高，东侧临近教学实验楼，南侧毗邻逸夫教学楼，西侧临近教学自习楼，北侧为文化广场，现场总承包管理难度大。

（2）施工技术难度高

超长结构设计，结构总长度为 89m×65m，大空间高大模板，其中地下一层报告厅最大开间达 17m，呈阶梯状布置，南侧门厅支模高度达 24.6m，施工难度较大。见图 14。

（3）施工技术难度高

图书馆外立面装饰由干挂石材与玻璃幕墙组成，安装节点复杂，垂直度及水平度控制精度要求高。见图 15。

（4）智能化调试复杂

先进的智能化全过程实时控制和全空气双风机变频空调系统，机房安装的综合布置，多工种交叉施工作业，综合调试较复杂。见图 16。

3.2　新技术推广应用情况

工程采用了住房和城乡建设部建筑业 10 项新技术（2010）中的 10 大项 20 小项，江苏省建筑业 10 项新技术（2011）中的 3 大项 3 小项，被评为第 20 批江苏省新技术应用示范工程。见表 1。

165

图 14　大空间高大模板支模

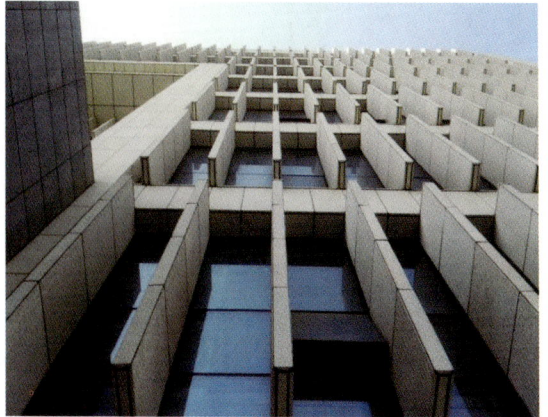

图 15　外立面安装

图 16　智能化系统

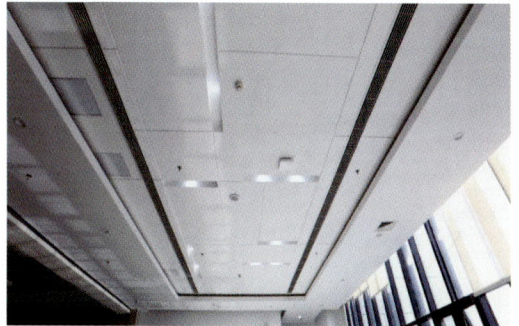

住房和城乡建设部建筑业 10 项新技术　　　　　　　　　　表 1

（一）	1	地基基础和地下空间工程技术	复合土钉墙支护技术
（二）	2	混凝土技术	轻骨料混凝土
	3		纤维混凝土
	4		混凝土裂缝控制技术
（三）	5	钢筋及预应力技术	高强钢筋应用技术
	6		大直径钢筋直螺纹连接技术
（四）	7	模板及脚手架技术	钢（铝）框胶合板模板技术
	8		早拆模板施工技术
（五）	9	机电安装工程技术	管线综合布置技术
	10		非金属复合板风管施工技术
	11		预分支电缆施工技术
（六）	12	绿色施工技术	预拌砂浆技术
	13		粘贴式外墙外保温隔热系统施工技术
	14		工业废渣及（空心）砌块应用技术
	15		铝合金窗断桥技术
	16		建筑外遮阳技术
（七）	17	防水技术	遇水膨胀止水胶施工技术
	18		聚氨酯防水涂料施工技术
（八）	19	信息化应用技术	施工现场远程监控管理技术
	20		工程量自动计算技术

新技术的推广应用,不仅提高了工程质量,缩短了工期,减轻了工人劳动强度,节约能源,而且降低材料消耗,节约 85 万,显示出科技生产力的巨大潜力。

3.3 BIM 技术应用

本工程作为集团首批 BIM 应用试点工程,在碰撞检测和现场模拟等方面进行了尝试,为 BIM 的广泛应用积累了宝贵的经验。

(1)利用 BIM 数据库信息平台,可以快速、准确提取精准的施工用料数量,本项目利用 BIM 技术进行分区域、分层提取用料量,并一次性将用料卸货至用料地点,减少二次搬运工作,降低二次搬运费用。

(2)通过建立 BIM 可视化工程三维模型,可以方便项目各专业管理人员分析论证方案,及时排除隐患,从而缩短了工期,降低了成本,提高了施工现场的生产效率。

(3)提前预知各专业图纸上的碰撞点,及早解决问题,避免施工过程中返工。

(4)二维图纸往往不能全面反映个体、各专业各系统之间的碰撞可能,同时由于二维设计的离散行为不可预见性,也将使设计人员疏漏掉一些结构与建筑、建筑与管线、管线与管线间碰撞的问题。利用 BIM 的可视化功能进行各专业的碰撞检测,将碰撞点尽早反馈给设计人员,为实际解决问题提供信息参考,在第一时间尽量减少现场的返工现象,以最实际的方式做到缩短工期、减少废料、降本增效。

4 绿色施工

为大力发展低碳经济、循环经济,建筑业的发展走低碳、环保、节能、降耗是施工企业发展的必然之路,本工程极推行绿色施工,走科技创新发展道路。本工程开工之前,制定创建住建部绿色施工示范工程的管理目标,在施工管理过程中围绕"四节一环保",始终坚持绿色施工。

本工程根据《绿色施工导则》、《建筑工程绿色施工评价标准》、《建筑工程绿色施工规范》、《住房和城乡建设部绿色施工科技示范工程管理实施细则》等规范要求,开展绿色施工要素评价、批次评价、阶段评价和单位工程绿色施工评价,按以下方式进行动态跟踪和持续改进。

施工中积极推行绿色施工,编制绿色施工专项施工方案;设置自动喷淋装置、车辆冲洗台、裸土绿化等降尘措施;周转材料大量采用工具化、定型化的设备设施,"四节一环保"成效显著。

4.1 环境保护

环境保护实施效果 表2

序号	主要指标	目标值	实际完成情况
1	建筑垃圾	每万平方米产生量小于 300kg,有毒有害废物分类率达到 100%,建筑垃圾的再利用和回收率达到 30%,对于碎石类、土石方类建筑垃圾,再利用率大于 50%	产生总量约为 956t,折合每万平方米产生量为 208t,回收或再利用总量约为 523t,再利用率和回收率达 54.7%
2	噪声控制	现场噪声排放控制在:昼间≤70dB,夜间≤55dB	昼间平均值为 61.96dB;夜间平均值为 51.78dB
3	水污染控制	pH 值在 6~9 之间	pH 平均值为 6.73
4	废气排放控制	电焊烟气的排放符合现行国家标准《大气污染物综合排放标准》GB 16297 的规定	符合要求,使用合格的电焊材料
5	扬尘控制	土方作业阶段,扬尘高度≤1.2m;结构施工、安装装饰装修阶段,扬尘高度≤0.45m	符合要求
6	光污染控制	达到国家环保部门规定无周边居民投诉	符合要求

经济效益对比表　　　　　　　　　　　　　　　　　　　　　　表3

	材料名称	预算损耗	实际损耗	节约量	材料单价	节约金额（元）
节材节约成本	钢材	104t	41t	63t	3300元	207900
	混凝土	553m³	98m³	455m³	330元	150150
	模板木方					100000
节水节约成本	水	43200m³	33859m³	9341m³	4.6元	42968
节能节约成本	电	539995度	278900度	261095度	1元	261095
	燃油	193L	0	193L	7.49L	144000
节地节约成本	永久性道路混凝土	450m³	0m³	450m³	330元	47190
	利用场地混凝土	20m³	0m³	20m³	330元	6600
	人工费					10000
合计						970048

4.2　绿色施工经济效果分析

绿色施工经济效果分析　　　　　　　　　　　　　　　　　　表4

序号	项目	目标值	实际值	
1	实施绿色施工的增加成本	30万元	143120元	一次性损耗成本为44785元
				可多次使用摊销成本为98335元（按折旧计算）
2	实施绿色施工的节约成本	90万元	970048元	节材措施节约成本为458195元
				节水措施节约成本为42968元
				节能措施节约成本为405095元
				节地措施节约成本为63790元
3	前两项之差	节约60万元，占总产值比重为0.4%	节约826928元，占总产值比重为0.59%	
4	绿色施工的社会效益		得到了上级主管部门及学校、监理单位的一致好评，有效减少了对周边环境的影响，实现了"四节一环保"	

4.3　绿色施工社会效益

绿色施工是一个系统工程，项目要达到绿色施工的各项分解目标，从投标阶段开始就要有周密的策划，设计、建设、施工方均参与，强化组织管理，策划责任到人，全员参与，才可营造一个全过程的绿色施工氛围，严格按策划进行过程控制是达到绿色施工目标的重要保证，因此策划的优与劣决定了目标的能否实现。

现场施工标准化产品安拆方便快捷，可降低劳动消耗，最重要的是标准化产品可多次周转重复利用，节约材料及减少资源的浪费，因此公司层面对各项目统一标准化实施和调配既实现了绿色施工也带来了巨大的经济和社会效益。

科技创新是助推绿色施工的重要手段，本项目通过多项科技创新带来显著的经济效益和社会效益，提高公司的社会知名度，本项目上将我公司的悬挑脚手架锚环（省级工法）运用得淋漓尽致，安全管理上得到了很大的提升；本项目上使用的是干粉砂浆，通过经验干粉砂浆属于成品砂浆，砂浆的外加剂较多，成型后可能有空鼓的隐患，本项目下一步将对砖墙抹灰的空鼓率进行进一步控制；本项目剪力墙使用的是大钢模板，为清水混凝土墙面，抹灰阶段时砖墙抹灰而混凝土墙不抹灰，下一步将对不同交界处抹灰抽缝进行控制，研制出方便快捷的抽缝工具，提高施工质量的同时减少工作量，培养出一帮有技术水准的工作能手，也是对工匠精神的一种体现。

5　综合效果及获奖情况

（1）获 2013 年度江苏省建筑施工文明工地；

（2）获 2013 年度住房和城乡建设部绿色施工科技示范工程；

（3）获 2013 年度中国建筑业 BIM 邀请赛优秀项目奖；

（4）获 2014 年度南京市建筑优质结构工程；

（5）获 2016 年度江苏省建筑业新技术应用示范工程；

（6）获 2016 年度全国优秀项目管理成果二等奖；

（7）获 2017 年度江苏省扬子杯优质工程奖；

（8）获 2017 年度全国工程建设优秀设计成果奖；

（9）获《阶梯形独立基础模板支设方法》国家专利；

（10）获《可伸缩独立支撑钢框木模组合模板》省级工法；

（11）获《南京理工大学图书馆石材幕墙质量控制》2014 年度南京工程建设优秀 QC 成果三等奖；

（12）获《提高屋面防水的施工质量》2014 年度南京工程建设优秀 QC 成果二等奖。

（13）获 2016 ~ 2017 年度第二批国家优质工程。

南京理工大学图书馆项目以丰富的建筑内涵实现建筑内部功能和外部观感的统一，展示了现代化校园的环境风貌，以"绿色低碳，节能环保"的理念将现代气息和绿色建筑完美融合，是南京理工大学建筑精品杰作，业主对工程质量及功能使用非常满意。

泰州民俗文化展示中心 ——正太集团有限公司

1 工程概况

1.1 工程简介

由正太集团有限公司承建的泰州民俗文化展示中心项目，位于泰州稻河历史文化街区南面，西临多儿巷一号（胡锦涛同志旧居），造型美观大气，中心功能设施水准达到国内先进水平，是泰州市地标建筑之一。

泰州民俗文化中心项目包含有主展览厅、附属展厅、景观工程等，总建筑面积约 2 万 m^2，桩筏基础，框架结构，地下 1 层，地上 2 层，结算造价为 1.42 亿元。

泰州民俗文化展示中心项目建成后共成功接待包括党和国家领导人在内的参观团体 1900 多批次，展馆至今已接待各级领导和中外来宾累计 44 万人次，得到各级领导和社会各界的广泛赞誉，在 2015 年下半年展馆更是全面的向广大市民和游客开放，充分发挥展馆作为爱国主义教育、思想政治教育的示范窗口和宣传科学发展观的示范窗口作用，得到了社会各界的广泛好评，带来了良好的社会效益和综合效益。

本工程设计方案由中国工程院院士何镜堂担纲，定位于打造国家绿色建筑和智能建筑的目标，充分体现科学发展的理念，在设计建设时融合了大量的现代节能环保理念和科技元素，项目设计体现了"和谐与发展"的总体设计定位，整体空间序列设计以保留建筑为重心展开布局谋篇，因时就地、自东向西分为稻河头城市广场、展示中心主体建筑群和保留建筑展示区三部分，建立整体大气、主轴统领、重点突出的总体格局，

形成主题明确、起承转合、一气呵成的建筑叙事篇章，呈现既蕴含传统气质又展示现代思维的"泰州新建筑"品相。见图 1。

本项目荣获 2012 年全国绿色建筑设计三星标识、2013 年全国绿色建筑创新二等奖及 2015 年教育部优秀建筑工程设计一等奖。

图 1　工程外景

1.2 工程建设相关单位

建设单位：泰州市稻河古街区建设有限公司

设计单位：华南理工大学建筑设计研究院何镜堂院士设计团队

勘察单位：无锡市建筑设计研究院有限责任公司

监理单位：泰州市第二监理工程有限公司

质监单位：泰州市建设工程质量监督站

承建单位：正太集团有限公司

2 工程特点、难点

2.1 工程特点

（1）二层结构高度为 12m，存在大量坡形折梁和坡形屋面，其中最长折梁长度达 27m，

梁高 2.7m，结构复杂，施工难度大。

（2）本工程运用现代建筑与古建元素相结合模式，工程设计新颖、形式复杂、结构类型多、立面丰富多样。

（3）室外及屋面采用石材＋玻璃幕墙相结合的结构形式，质量要求高、工艺复杂。

（4）地下室空间狭小，设备众多，管线纵横交叉，在保证设计及使用功能的前提下，如何确保各管路安装整齐美观是安装工程的重点。

（5）工程智能建筑集成了火灾自动报警系统、安防系统、综合布线系统、楼宇自控系统等多个子系统，智能化水平高，施工现场协调配合和管理难度大。

2.2 工程难点

（1）本工程设计新颖、外立面形状复杂，测量放线施工难度大。见图2。

图3 工程难点（2）

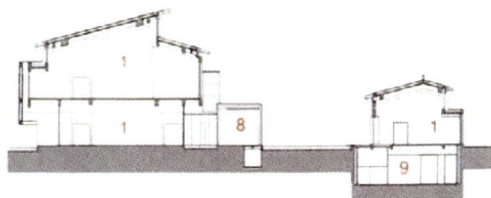

图2 工程难点（1）

图4 工程难点（3）

（2）一、二层层高高，二层展厅最大净空达 12.35m，展厅最大跨度为 24.65m×15m。单梁最大跨度27m，最大梁截面尺寸为350mm×2700mm。施工前认真编制高大模板施工方案，并经专家论证通过后实施，确保施工质量和施工安全。见图3。

（3）室外及屋面全部采用石材及玻璃幕墙，施工要求高、工艺复杂，施工前施工单位请设计人员到现场详细的进行技术指导，并通过样板先行的方式，保证施工进度和施工质量。见图4。

（4）玻璃幕墙及铝板混合幕墙与石材幕墙交接口的处理，工艺要求高，施工难度大。见图5。

（5）和谐厅钢架结构造型特异、工艺复杂。见图6。

（6）地下室空间狭小，本工程设备安装：空调水管、给水排水管道、消火栓给水管道、自动喷淋、强弱电管线及电缆桥架等，纵横交叉，采用BIM技术进行综合规划布线，确保各管线整齐美观，并符合规范要求。见图7。

（7）工程智能系统集成了火灾自动报警系统、安防系统、综合布线系统、楼宇自控系统等近17个子系统，智能化水平高，施工现场协调配合和质量控制难度大。见图8。

图 5 工程难点（4）

图 6 工程难点（5）

图 7 工程难点（6）

图 8 工程难点（7）

3 工程建设目标

3.1 质量目标

工程质量总体目标：争创国家优质工程奖。

3.2 环境保护目标

（1）环境保护

主体结构垃圾量小于 280t/ 万 m²，总量不大于 600t，利用回收率大于 50%；

噪声：昼 ≤ 70db，夜 ≤ 55db；工程用水过滤后 pH 值控制在 6 ~ 9 之间，扬尘土石方作业目测扬尘 ≤ 1.5m，结构、装饰、安装扬尘目测 ≤ 0.5m，光污染达到环保要求，无居民投诉。

（2）节材

钢材用量损耗率控制在 1% 以内；木模板周转次数垂直方向周转 15 次以上，水平模板周转 6 次以上；临设回收利用率 85% 以上，建筑材料包装物回收率 100%。

（3）节能

施工、办公及生活节能灯具使用率达到80% 以上。

（4）节水

施工现场采用商品砼、预拌砂浆。冲洗用水、车辆用水采用循环用水装置，现场办公区、生活区节水器具配置达到100%。

（5）节地

临建设施占地面积有效利用率92%，不占用、不污染、不损坏土地资源。

3.3 成本控制

加强图纸深化设计，编制合理可行的施工方案，加强关键节点工期控制，所有材料采用公开招标，合理控制工程造价，确保工程概算控制在核准投资以内，本工程概算为1.42亿元。

3.4 综合效益

作为泰州市重点民生工程，按期竣工交付给建设单位使用，使之成为泰州对于展示的窗口工程。

3.5 安全文明施工

杜绝各类事故，通过全面的策划与控制，在保证工程质量和安全的前提下，通过科学管理，确保达到江苏省建筑施工安全文明标化工地。

3.6 进度控制

工程2010年4月20日开工，2011年8月12日按期交付建设单位使用。

3.7 科技创新

工程技术含量高，本项目重点推广应用了住房和城乡建设部推广的全部10大项新技术中的27子项，江苏省推广的10项新技术中7大项新技术中的13子项，还有针对其他3项新技术进行了创新和改进。见表1～表3。

建筑业10项新技术应用 表1

序号	新技术应用	技术性质
1	深基坑支护及边坡防护技术（复合土钉墙支护技术）	应用及改进
2	混凝土裂缝防治技术（补偿收缩混凝土）	应用及改进
3	混凝土耐久性技术（应用超细活性掺和物、粉煤灰的应用）	应用及改进
4	高效钢筋与预应力技术（HRB400钢筋的应用技术）	应用及改进
5	清水混凝土模板技术	应用及改进
6	钢结构CAD设计与CAM制造技术、钢结构的防火防腐技术	应用及改进
7	管线布置综合平衡技术	应用及改进
8	建筑智能化系统调试技术（通信网络系统、建筑设备监控系统、火灾自动报警及联动系统、安全防范系统、综合布线系统、智能化系统集成）	应用及改进
9	节能型围护结构应用技术（新型墙体材料应用技术及施工技术、节能型门窗应用技术）	应用及改进
10	新型空调和采暖技术（地源热泵供暖空调技术）	应用及改进
11	新型防水材料（合成高分子防水卷材）、建筑防水涂料（聚胺酯防水涂料）、建筑密封材料	应用及改进
12	施工过程测量技术（施工控制网建立技术、施工放样技术、全站仪坐标放样技术）	应用及改进
13	特殊施工过程和控制技术（深基坑工程监测和控制）	应用及改进
14	工具类技术（管理信息化技术）	应用及改进
15	建筑企业管理信息化技术（企业的信息管理系统）	应用及改进

江苏省建筑业 10 项新技术

表 2

序号	新技术应用	技术性质
1	预应力混凝土管桩技术	应用及改进
2	全站仪坐标法放样施工技术	应用及改进
3	玻璃幕墙 (中空玻璃) 金属幕墙、石材幕墙、组合幕墙	应用及改进
4	自流平树脂地面处理技术	应用及改进
5	原浆机械抹光技术	应用及改进
6	应用砂浆外加剂静力液压压桩机械	应用及改进
7	新型混凝土输送汽车泵	应用及改进
8	企业资源计划	应用及改进

自主创新技术

表 3

序号	新技术应用	技术性质
1	耐磨 PVC 卷材楼地面施工技术	综合研发
2	光伏太阳能并网发电技术	综合研发
3	雨水回收及水循环利用技术	综合研发

4 工程创优管理

工程建设之初就确立争创"国家优质工程奖"目标，成立以公司总工为牵头人的创优领导小组，全面负责创优协调和策划。项目部将创优目标进行分解，并落实具体责任人。编制详细的《创优策划书》、《施工组织设计》以及各类《专项方案》，确立样板先行的施工指导思想，并综合机电安装、幕墙施工、精装施工等专业单位进行创优综合策划，并签订创优保证书，确保创优措施的实施。

5 绿色建筑与绿色施工

（1）绿色建筑：

展示馆全部采用自然采光布展，充分利用自然光，减少能耗；绿化庭院与展厅穿插组织，北面下沉绿化庭院与地下层连通，引入阳光和新鲜空气，有效改善展厅的小气候，减少运营成本。

设置雨水收集利用系统，通过对雨水的收集再利用，实现了展厅中心绿化灌溉和中央水庭的用水循环。

建筑屋面遮阳板和太阳能电池方阵结合，给展厅供电。

建筑玻璃幕墙采用双层中空玻璃，降低展厅空调能耗，改善局部热环境。

（2）绿色施工：

大量使用节能材料和设备：加气混凝土砌块、挤塑聚苯板保温、中空玻璃幕墙、自动控制系统、太阳能利用系统、节能灯和时控开关控制等。

（3）约 4000m^2 中空玻璃幕墙采用 Low-E 中空玻璃。见图 9。

（4）屋面安装光伏太阳能集成板。见图 10。

（5）采用地源热泵技术：2 台水冷螺杆式地源热泵机组，单机冷 / 热量为 650/560kW。

（6）南、北玻璃幕墙顶采用水幕系统，用水来自平时收集的雨水。见图 11。

图 9　Low-E 中空玻璃

图 10　光伏太阳能集成板

图 11　雨水收集

（7）合理设置采光，提高空间利用率。见图 12。

图 12　合理设置采光

（8）污水处理：经化粪池处理后排入市政污水管网。

废气处理：地下通风系统完善，中央空调布局及排风口布设合理，对环境影响小。

降噪防尘：水泵、风机、空调等设备均进行减振器降噪处理，内墙面采用高效多孔吸音板材。

6　工程建设亮点及经验

（1）建筑设计优秀：南北两个主体通过和谐厅相互联结，整个建筑与周边的景观水池、稻河、古民居、广场、绿化等共同营造出泰州市中心古民居一道亮丽的风景。见图 13。

（2）结构混凝土内实外光，梁柱节点规整，柱角拼缝严密，无漏浆。见图 14。

（3）加气混凝土砌块填充墙，按清水墙的要求选砖、统一勾缝，斜顶砖统一定制，工厂加工，内墙粉刷压入耐碱玻纤网格布，减少粉刷层开裂。见图 15。

图 13　亮点（1）

图 16　亮点（4）

图 14　亮点（2）

图 17　亮点（5）

图 15　亮点（3）

（6）外墙石材幕墙与铝单板幕墙完美结合，分格清晰流畅、大角方正挺拔，胶缝横平竖直、均匀饱满，大面平整亮洁、色泽一致。见图 18。

（4）整体耐磨 PVC 卷材地面一次成型，减噪、耐磨、防滑性能好。见图 16。

（5）石材墙面的转角处，结合幕墙龙骨系统，设置金属构架的"左右逢源"花格窗。见图 17。

图 18　亮点（6）

（7）中空玻璃幕墙安装平整、金属质感和玻璃的晶莹剔透，融为一体，整体观感简洁明快。公共走道设置玻璃长廊，并在长廊顶部设置细密的遮阳金属百叶。见图19。

（8）展馆中心中央水庭采用收集的雨水，中央水庭作为稻河的延伸，见证老泰州稻河头的繁荣景象。见图20。

（9）坡屋面采用浅灰色石材铺设，与附近古建坡屋面相互呼应。见图21。

（10）石材选用浅灰色，在色调上与传统青砖相呼应，石材百叶划分与基面石材采用共通的模数、差异的尺寸、对位的关系，形成既统一又丰富微妙的整体外墙效果。见图22。

（11）多处采用下沉式庭院，将绿色和阳光直接"搬运"至地下室。见图23。

（12）地下室及展厅吊顶饰面板上灯具、风口、烟感等设备，位置合理、排列整齐。见图24。

（13）民俗展示馆天棚美轮美奂。见图25。

（14）桥架布局合理，标识清晰；支架、吊杆设置规范，管道穿墙及楼板，处理细腻，体现精品工程特性。见图26。

（15）地下室设备布置紧凑，设备及配件安装成排、成线，整齐划一。见图27。

（16）配电柜排列整齐，柜内配线横平竖直、相色正确，电缆头制作精良，进出线孔保护措施到位，回路标识准确、齐全。见图28。

图19　亮点（7）

图20　亮点（8）

图21　亮点（9）

图22　亮点（10）

图23　亮点（11）

图24　亮点（12）

图25　亮点（13）

图26　亮点（14）

图27　亮点（15）

图28　亮点（16）

7　工程建设成果

7.1　获奖成果

（1）2010年江苏省工程建设优秀QC成果优秀奖；

（2）2015年江苏省新技术应用示范工程；

（3）2013年江苏省人居环境范例奖；

（4）2012年江苏省节能示范单位；

（5）2014年全国建筑工程装饰奖；

（6）2012年全国绿色建筑设计三星标识；

（7）2012年中国建筑学会建筑设计奖（暖

通空调）一等奖；

（8）2013 年全国绿色建筑创新二等奖；

（9）2015 年教育部优秀建筑工程设计一等奖；

（10）2015 年教育部优秀建筑智能化三等奖；

（11）2015 年教育部优秀绿色建筑三等奖；

（12）2016 年江苏省扬子杯优质工程奖；

（13）2016 ~ 2017 年度国家优质工程奖。

7.2 社会经济效益

泰州民俗文化展示中心作为泰州的地标建筑，城市宣传名片，展馆建成后共成功接待参观团体 1900 多批次，展馆至今已接待各级领导和中外来宾累计 44 万人次，得到各级领导和社会各界的广泛赞誉，带来了良好的社会效益和综合效益。

8 后续工程建设需要改进的工作

对于类似的工程创优，要注重前期的策划和图纸优化设计，组织各参建单位共同创优，并吸取好的经验和做法并运用到工程创优之中。

加强创优质量管理，建立创优领导小组，深化图纸和创优节点、亮点设计，样板先行，强化交底和过程控制。

公司抽调质量意识高、技术水平高、施工经验丰富、有创新精神的人员组成战斗力极强的施工团队，在公司统一部署、指导下开展工作。成立 QC 小组针对质量通病、施工难点开展活动。严格按照国家标准和公司标准检查、验收，使工程质量得到了全面的提高。

数据产业园综合楼（二期）——江苏扬建集团有限公司

1 工程概况

建设单位：泰州通泰投资有限公司

施工单位：江苏扬建集团有限公司总承建

工程名称：数据产业园综合楼（二期）（见图1）

工程性质：公共建筑

工程规模：工程占地面积 19183 m²，总建筑面积为 82097 m²，地下 1 层，地上 23 层。总造价约 3.80 亿元，建筑高度 124.6 m。

工程开工时间：2012 年 6 月 8 日

工程竣工时间：2015 年 5 月 30 日

工程概算及竣工决算：工程概算价款 3.80 亿元，竣工决算价 3.78 亿元。

竣工验收：一次性通过竣工验收并备案。

图 1 工程外景

2 工程作用和影响力

项目以数据中心，呼叫中心和软件开发中心功能为一体的数据产业园面向国内、外大型 IT 研发、软件和信息服务外包等企业，提供总部办公研发基地，是泰州医药高新区的标志工程。

3 工程策划

工程开工前，明确了"确保省（部）优，争创国家优质工程奖"的质量目标，并针对工程项目的特点、难点，进行了不同阶段创优的策划，制定了多项技术措施，实施样板引路，确保创优目标的实现。

（1）对工程的难点与特点进行策划，也就是要找出工程的难点和特点。从工程设计着手，深刻理解设计意图和设计要求，从中进行提炼。

（2）针对难点、特点策划，努力使这些难点和特点变成工程质量的亮点。

（3）对工程的各分部、分项工程的施工工艺标准、质量标准、技术档案等。

（4）对工程的细部、节点进行策划。这项工作必须做在前面，特别是装饰工程和安装工程中细部、节点必须策划在主体结构施工之前。如墙、地面块材的模数及做法与主体结构的模数是否吻合，外墙上门窗洞口的尺寸与外墙块材饰面的模数是否吻合，如果无法吻合是修改结构构件的尺寸还是修改装饰材料的模数。

（5）对工程质量通病的防治进行策划。如石膏板饰面易开裂的问题、填充墙与结构主体结合部易开裂的问题、新型墙体材料抹灰易开裂的问题等等。

4 过程检查和监督

（1）不定期组织工地的施工人员，学习国家规范标准、集团管理手册、程序文件、方针目标等内部标准。

（2）公司每季度对新技术应用实施情况大检查，及时收集、整理、汇总各种上报资料，督促项目部实施现行的新技术应用。

（3）项目经理是技术创新第一责任人，各管理人员负责实施、检查、监督本项目部的施工全过程的科技创新，每半月一次的新技术应用实施的绩效测量、监测工作，同时做好相关记录。

（4）按照规范要求，实施工程验收。钢筋原材、钢筋连接检验 256 份；水泥、砂（石）、砖、砌块检验 26 份；混凝土试块试验 511 份；砂浆试块试验 25 份；隐蔽工程验收 231 份；结构验收 2 份；分部（分项）工程检验批质量验收 383 份。全部合格。

（5）工程竣工后，由项目经理组织项目管理人员，结合工程特点，对绿色施工效果及采用新技术、新设备、新材料、新工艺，进行自我评价、总结。

5 施工管理创新

5.1 组织精干的创优团队

组建创精品工程的项目班子，尽可能考虑有创建过"国优奖"的项目工程师、工长。见图2。

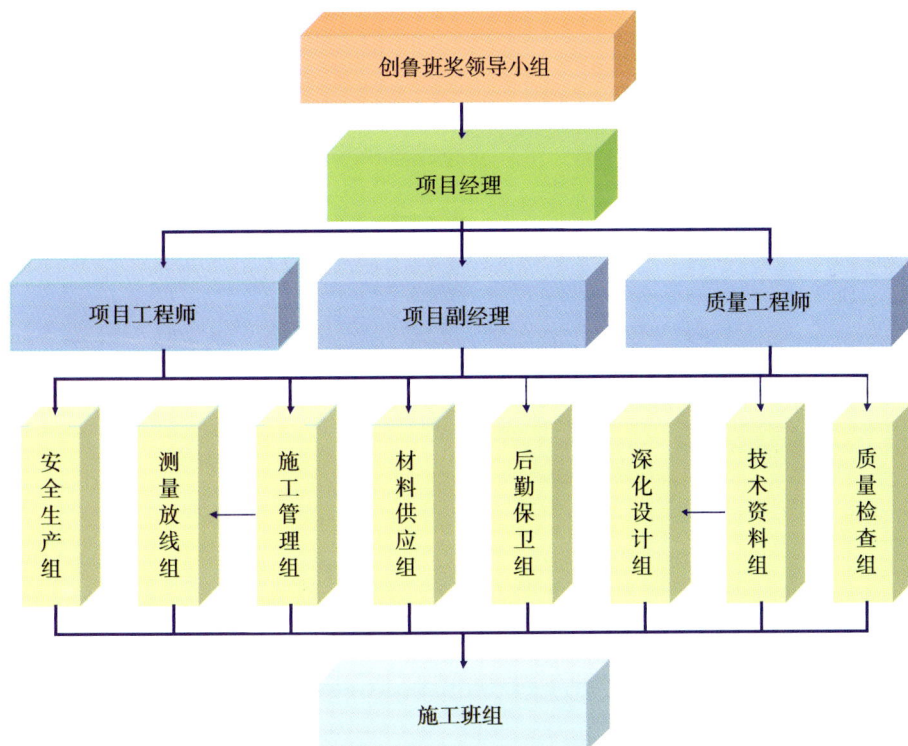

图2 团队构成

5.2　培养优秀的技术人才

（1）定期举办专业工种技能竞赛，给各专业工种的选手们创造了一个施展才华、切磋技艺的平台和机遇，为工程项目的创优打下基础。见图3。

（2）利用农民工学校，对各个专业施工节点的创优做法，进行专题交底辅导，使工程达到一次成优。

图3　技能竞赛

5.3　健全完整的创优体系

（1）在工程项目的质量管理中，通过推行材料采供、劳务承包、专业分包等方面的"合格分承包方评审"，把好施工项目的材料质量关、技术交底关、技术符合和工序质量验收关。

（2）在创优过程中，工程项目部对各个专业创优目标分解，并进行了"事前策划、过程控制、事后评价"和"样板引路"，确保工程一次性成优和创优目标的实现。见图4。

图4　样板引路

（3）总包项目部做好总包的协调与管理，做好专业工程各个分项工程的细部与节点做法的施工管理，以及专业与专业之间的接口协调，工种与工种结合点的检查验收，从而保证工程项目成为建筑精品。

5.4　建立完善的激励机制

为了系统化地加大科技、质量、环境、安全管理激励力度，激励项目班子的创优的干劲，使得项目部在抓好工程工期、成本的同时，从思想上、措施上均将工程创优、质量管理放在首位，公司设立奖励基金以奖励先进。

5.5 制定完善的监控模式

公司制定了《施工现场项目评估的评分办法》，实施月度评估、季度评比、兑现，对优胜项目部发给流动锦旗及奖金，并予以通报表扬；对排名落后者提出通报批评、给予经济处罚，从而不断地促动了各项目部的施工现场管理水平不断升级。

6 主要技术难点及技术措施

（1）工程占地面积大、平面布置复杂，占地面积19183m²，工程的测量放线应用了省级"电子图与全站仪、GPS数据无缝链接放线施工工法"，以及全站仪与电脑AutoCAD联合测量放线，解决了工程占地面积大和平面复杂等难题。

（2）地下室外墙应用了"采用钢塑抗裂格栅网浇筑混凝土墙板的施工方法"发明专利和"用于钢筋混凝土墙板结构中固定钢塑复合抗裂网的定位卡"实用新型专利、"防渗混凝土墙设置抗裂钢塑复合网施工工法"国家级工法，保证了定位准确、安装牢靠，抗裂高效，确保了超长钢筋混凝土板墙无裂缝，渗漏现象。

（3）地下室底板采用大体积混凝土整体浇筑和裂缝防治技术措施，优化大体积泵送混凝土配合比，掺适量抗裂纤维和高效外加剂，降低水泥水化热以及大体积混凝土拌合物温度和入模温度，加强施工中的温度控制，确保混凝土成型美观，无有害裂缝。

（4）主体结构施工中，应用了"建筑脚手架连墙件"、"高空悬挑结构施工平台"实用新型专利和工具式悬挑脚手架技术，解决裙房的外脚手架、安全防护等难题。

（5）主楼2~7层局部挑空部位支模高度达26.4m，局部36.4m，以及23层以上达20m的高构架，编制了经专家论证的专项施工

方案，制定了详细的监测和安全措施。

（6）50000m²外立面采用中空Low-E单片均质钢化玻璃金属组合幕墙和花岗岩石材幕墙，应用了"凹凸错动玻璃幕墙施工"省级工法，解决了错动形状间幕墙施工的难题。保证了面板幕墙施工衔接顺畅、交接合理、组合严密、连接牢靠。见图5。

图5 幕墙施工

（7）办公大楼室内顶面为复杂的轻钢龙骨石膏板造型吊顶，应用"复杂造型纸面石膏板吊顶技术"、"金属挂板吊顶安装施工工法"省级工法，有效地解决了吊顶安装造型多样化、复杂化等问题。见图6。

（8）机电安装管线种类多、管径大、交叉复杂、标高各异、安装空间有限，大量穿越消防分区的墙、楼板。通过计算机进行图纸预装配，科学、合理地安排工程施工，避免了管线碰撞，提高了管线布置效率。

图6 吊顶

7 科技创新特点

7.1 复杂地质条件下钻孔灌注桩双机成孔结合后注浆施工技术

项目部根据复杂地质条件下，不同土层选用不同的施工方法，采用一根桩用两种不同类型的桩机进行成孔施工，上部黏土层及全风化岩层由旋挖机进行施工，下部强、中风化岩层由回转式钻机进行施工。采用本项技术，保证了成孔质量，提高钻孔速度，节约了成本，同时减少了泥浆的排放，减少了环境污染。应用灌注桩后注浆新工艺，桩土整体性能显著增强，沉渣消除，提高单桩承载力提高 35%，沉降减少 30% 左右。见图 7。

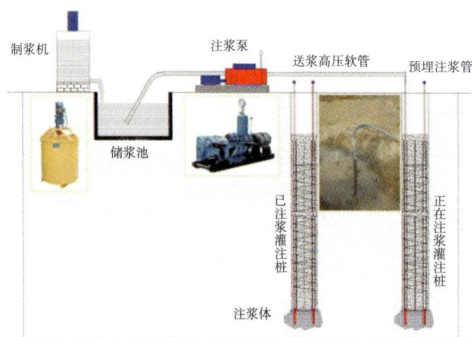

图 7　混凝土灌注桩后注浆示意图

7.2 金属挂板吊顶安装施工技术

金属挂板铝合金方管、铝板、石膏板等吊顶 57400 m²，采用"柔性安装施工技术"，便于板面平整度的调整，同时能释放在使用过程中由于温度变化产生的变形。同时采用"各专业综合布置技术"对吊顶内部复杂的强弱电系统管、槽及消防管道、骨架及混凝土裸板进行综合处理，延展空间。采用"金属挂板吊顶安装施工工法"可有效避免吊顶变形，缩短工期，减少材料损耗，节约成本。见图 8。

图 8　金属挂板吊顶安装

7.3 综合管线布置技术

综合管线布置技术是将建筑物中的通风空调风管、空调水管、给水排水及消防水管、强弱电桥架等所有占据顶部空间的大型管线进行合理布局，使之在满足使用功能的前提下，提升施工工期、质量、成本观感等方面的要求。

通过 BIM 技术确保深化设计合理性、可行性、高效性，最大限度合理协调各安装专业、机电安装与土建、结构、装修之间的问题，以满足，甲方、监理、设计等相关方的各项要求，减少返工、缩短工期、提高施工质量、提升观感、降低成本，增加安装的经济效益和社会效益。

7.4 非传统水源回收利用综合系统施工技术

施工现场采用"建筑施工现场非传统水源回收利用综合系统"，将雨水及基坑降水经排水网络充分收集，经过处理后，通过泵房内的压力水泵增压后输出到混凝土保养系统、现场喷淋系统、车辆冲洗系统、绿化灌溉系统、生活用水系统等。见图 9。

7.5 施工现场使用立体式喷淋降尘系统施工技术

使用立体式喷淋降尘系统，通过施工现场环绕式道路喷淋降尘系统、环形围栏喷淋系统、高处喷淋系统、塔吊喷淋综合布置，对现场基坑、道路、办公及生活区等进行喷淋降尘。利用本系统降尘效果明显，可有效地保护环境。技术工艺合理、技术先进，设备可循环利用、绿色环保、节约能源，非传统水源充分利用，综合效益显著。见图10。

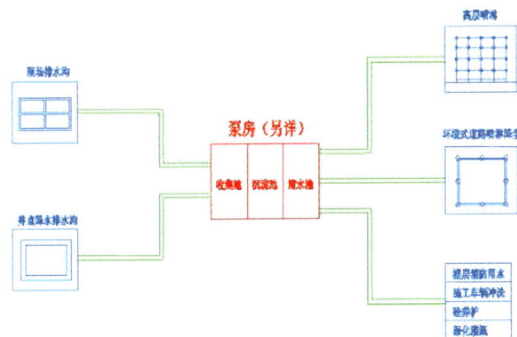

图9　施工现场非传统水源回收利用综合系统

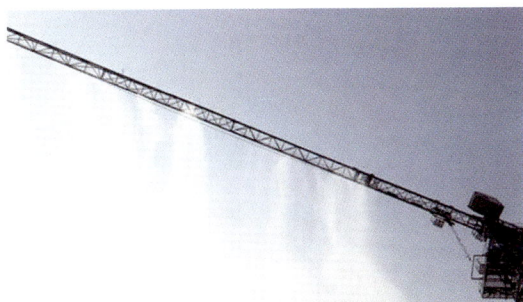

图10　立体式喷淋降尘系统

7.6　大管道闭式循环冲洗施工技术

本工程管道管径大、长度长，施工过程中，管道内难免落进杂物，残存在管道内壁的底层，而管道内壁因氧化、腐蚀而残存在管道壁面的氧化铁皮等，在管网投入运行前，必须将这些杂质清除掉，采用"大管道闭式循环冲洗技术"，能够便捷地清除掉管道内的一切杂物，既环保又节能。见图11。

7.7　新技术应用

应用住房和城乡建设部十项新技术（2010版）10大项，28小项；应用江苏省住房和城乡建设厅十项新技术（2011版）6大项，10小项。

图11　大管道闭式循环冲洗技术

8　施工技术及质量

8.1　地基与基础

（1）工程采用钻孔灌注桩基础，采用后压浆工艺，应用了"一桩双机施工工法"的发明专利，部级"复杂地质条件下钻孔灌注桩双机成孔施工工法"。桩身质量共检测173根，其中Ⅰ类桩166根，Ⅱ类桩7根，Ⅰ类桩达96%，无Ⅲ类桩，静载荷试验5根，承载力符合设计要求。

（2）工程桩基施工时，为了减少泥浆外运和环境污染，现场进行泥浆沉淀、干化处理，采用了泥浆池泥浆干化技术，通过周边轻型井点及管井降水快速固结技术以及后期的自然蒸发，得到含水率相对较小的泥土，减少了泥浆对周边环境的污染和泥浆外运量。干化泥浆约7800m³。见图12。

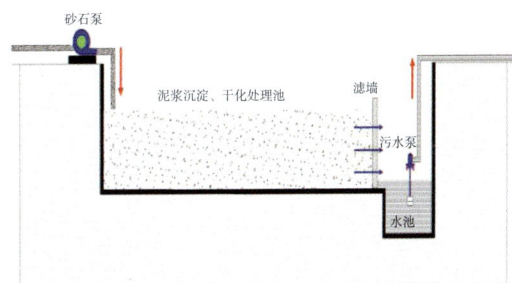

图12　泥浆沉淀，干化处理示意图

（3）本工程地下室底板厚2m，一次性浇筑混凝土7062m³，采用大体积混凝土整体浇筑和裂缝防治技术措施，优化大体积泵送混凝土配合比，降低水泥水化热，采用冷却水管道降温与控温，加强施工中的温度控制，添加抗裂纤维和高效外加剂，确保混凝土成型美观，无有害裂缝。见图13。

图13 冷凝水循环管

8.2 主体结构

（1）主体结构施工中，应用了"建筑脚手架连墙件"、"高空悬挑结构施工平台"实用新型专利和工具式悬挑脚手架技术，解决了外脚手架安装、安全防护等难题。

（2）主楼局部2～7层挑空，挑空部分支模高度达26.4m，局部36.4m，23层以上达20m的高构架，采用了经专家论证的高支模脚手架及专项措施，保证了施工安全。见图14。

（3）本工程现浇混凝土板采用塑料模板代替传统的木枋、木模板，塑料模板特点是周转次数多，表面平整，混凝土成型外观好，大大减少了木材的使用量，绿色环保。见图15。

（4）采用BDF空心板，以节约混凝土用量，减轻结构自重，降低工程造价，减少地震作用，增大建筑净高，改善楼板的隔声、隔热性能。见图16。

图14 局部挑空

图15 塑料模板

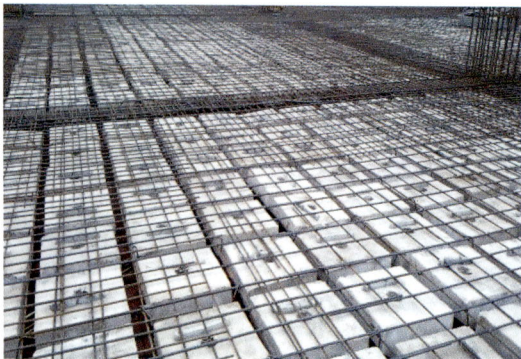

图16 BDF空心板

（5）内、外板墙采用 ALC 轻质隔墙板具有容重轻、强度高、保温隔热性好、隔声性好、耐火性、耐久性好、施工便捷等特点。提前定制，工厂化制作加工，现场安装简捷、快速，减少了施工现场的粉尘、噪声等污染，符合绿色建筑的发展理念，产生了较好的经济效益和社会效益。见图 17。

图 17　ALC 轻质隔墙板

（6）加强对混凝土进场量的控制，现场设置过磅，控制混凝土供货量。编制详细的构件预制计划，在混凝土施工阶段，利用剩余商品混凝土浇筑小型预制构件。

8.3　外装饰工程

（1）外立面采用中空 Low-E 单片均质钢化玻璃、金属组合幕墙和花岗岩石材幕墙（共52361m²），为石材、铝板、玻璃组合幕墙，其测量精度高，交叉定位多，应用了"多点控制放线施工技术"，经纬仪与电脑 AutoCAD 联合测量放线，成功解决了石材、铝板、玻璃组合幕墙横向及纵向的定位难题。

（2）外立面幕墙与主体结构连接牢固，整体性强；立面和造型平顺、挺拔，观感佳。高层建筑幕墙施工过程中使用"高层建筑防雷施工技术"，有效解决了高层建筑幕墙的防雷问题。

8.4　内装饰装修

（1）室内装饰中的地面、墙面、吊顶装饰用材与安装工程的卫生洁具、通风口、照明灯具、烟感喷淋、监控探头、广播音响等末端设备，采用电脑排版、精心策划，样板引路，很好地完成了内外装饰、水电安装等工程的交叉施工。

（2）整个办公大楼室内顶面为复杂的轻钢龙骨石膏板造型吊顶，施工中针对吊顶这方面应用了"复杂造型纸面石膏板吊顶技术"有效地解决了各部分的功能要求较高、材料品种繁多，装修质量要求高等问题，使办公大楼空间宽敞明朗且具有现代化。见图 18。

图 18　复杂造型纸面石膏板吊顶技术应用

8.5　机电设备安装

（1）本工程安装包含的系统、设备种类、管道规格众多，设备、管线布置复杂，可利用空间极其狭小，施工前应用"BIM 可视化建筑信息模型技术"，将各个专业的管道绘制于同一张图纸，创建立体模型，调整各类管道的标高及走向、综合布局、合理安排，使整个安装工程整齐有序、布局美观。在施工过程中，项目部技术人员每天进行现场交底与跟踪检查，确保技术措施的实现，减少质量通病及安全的发生。

（2）本工程管道走向纵横交错，标高各异，造成管道交叉点较多。采用"管线综合布置技术"，使水管、风管、桥架综合排布紧凑合理、成排成线，支架牢固美观，既满足使用功能，符合规范标准，又满足便于施工操作、日常维护管理等要求。

（3）采用"高压交联聚乙烯绝缘电缆热缩、冷缩接头技术"，进行良好的电缆头预处理，对冷收缩套管安装保证冷缩终端的有效距离及顶部防水密封；安装冷缩式终端头保证主绝缘光滑，并分段标识。

8.6 地源热泵

地源热泵机房采用"地源热泵系统集成技术"，自动化群控系统用于夏季供冷，冬季采暖及全年提供生活热水的自动控制功能。本系统采用西门子控制器及西门子上位机监控系统，能够实时监控现场设备的运行状态，并可以通过该监控系统进行远程操作现场设备及重要设备参数设置。见图19。

图 19　地源热泵系统集成技术

9　绿色施工

9.1　组织管理

建立绿色施工管理体系，并制定相应的管理制度与目标。项目经理为绿色施工第一责任人，负责绿色施工的组织实施及目标实现，并指定绿色施工管理人员和监督人员。

9.2　规划管理

编制绿色施工方案，并按有关规定进行审批。

（1）环境保护

1）为了减少泥浆外运和环境污染，现场进行泥浆沉淀、干化处理，并且应用灌注桩后注浆新工艺，泥浆干化 7800 m³。

2）对施工现场周边裸露封土方及时进行覆盖，现场施工道路全面硬化，在路的一侧设明沟排水，管井降水与雨水收集池 4000 长 ×3600 宽 ×2000 深，用于混凝土进行养护，以及冲洗车辆设备和浇洒现场的施工道路、绿化灌溉等。

3）采用立体式喷淋降尘系统与环绕式道路喷淋降尘系统，综合布置在环形围栏、脚手架、塔吊等部位，结合防尘水炮和洒水车，降尘效果明显。设冲车池，配套设 6000 长 ×1400 宽 ×1500 深的沉淀池和蓄水池，使冲车池和沉淀池联通。并设高压泵冲洗、清洁出场车辆轮胎，清理剩余的混凝土和杂物，防止出场遗撒。

4）施工过程中，合理安排施工顺序，增加噪声设备在白天的利用率，减少夜间设备使用。各类机械设备维护保养及时，确保设备运转平稳，降低噪声。各类加工设备用房均采用独立的封闭空间结构，有效防止噪声外泄。

（2）节材与材料资源利用

1）采用灌注桩后注浆新工艺，与传统非后注浆灌注桩相比，桩土整体性能显著增强，沉渣消除，提高单桩承载力提高 35%，沉降减少 30% 左右。

2）梁、板、柱等结构中广泛采用了 HRB400 级钢筋 7160t，与普通钢筋相比，减少了钢筋使用量、人力的投入。

3）直径超过 ϕ22 的水平钢筋，以及直径超过 ϕ28 的竖向钢筋采用了直螺纹机械连接技术。各种直径直螺纹接头用量约 18000 个，大大提高了接头的施工和钢筋骨架成型质量。

4）采用塑料模板和承插式钢管支撑系

统，增加周转次数，施工操作简单，节约成本，减轻工人劳动强度，减少钢材、木材用量。见图20。

图20 塑料模板和承插式钢管支撑系统

5）采用BDF空心板有效地减少建筑物自重，同时现场设置过磅控制，控制混凝土供货量。编制详细的构件预制计划，在混凝土施工阶段，利用剩余商品混凝土浇筑小型预制构件。

6）现场围墙采用定型成品彩钢板，装拆简便，可反复利用；现场办公和生活用房采用周转式活动房3000m²。重复使用率达90%。

（3）节水与水资源利用

1）项目设置专门的监督管理小组，配置节水器具和手动冲洗水箱，安排专人负责监督检查节水。见图21。

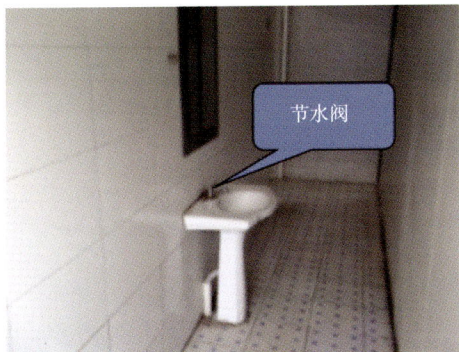

图21 节水措施1

2）该系统由水源收集排水网络、雨水与井点水收集池、压力水泵、开关控制箱、楼层消防用水管道、立体式喷淋装置、进出车辆冲洗设备及绿化灌溉喷淋装置等组成。水源收集于地下室消防水池，通过运用增压泵作为对现场基坑、道路、办公及生活区等进行喷淋降尘、冲洗。见图22。

图22 节水措施2

3）在地下室底板大体积混凝土浇筑过程中，采用预埋钢管水网，利用收集的井点降水循环使用，对混凝土内部进行降温。

（4）节能与能源利用

1）内墙体采用蒸压加气混凝土砌块砌筑3300m³，大量消化了工业废渣，减少环境污染，节约能源。

2）砂加气混凝土预制隔墙ALC隔墙板15935m²，节能环保。

3）利用场地自然条件，合理设计生产、生活及办公临时设施的朝向、间距和窗墙面积比，获得良好的日照、通风和采光。临时用房墙体、屋面使用隔热性能好的材料，减少夏天空调、冬天取暖设备的使用时间及耗能量。生活区、办公区采用太阳能热水器、低耗能空调、复印机等设备设施。

4）利用地源热泵技术建成能源站、能源站集中供应冷、热源及自动计量技术，有效的节约能源。

5）加强节电宣传，采用自动定时和手动相结合的方式用电，加强现场巡视。室内无人时关闭电脑、打印机、照明灯、空调等。办公室减少纸张浪费，纸张采用双面使用。

6）为了减少用电，节约能源，现场生活区使用太阳能热水器。

（5）节地与施工用地保护

1）工程（二期）和三期项目部办集中办公。

2）地下室352辆停车位和设备用房，节约土地约11900m²。

3）利用距离施工区500m内废弃房屋地基进行职工生活区建设。用职工宿舍统一为3.6m×6.3m的8人间，既符合规范要求，又节省资源。

4）将现场临时道路设置在拟建工程的硬化广场区，作为以后广场地基，主干道充分利用原有道路（共计利用约200m），未硬化区域种植草坪绿化，现场绿化面积占施工场地4.6%。

10 各类成果和奖项

数据产业园综合楼（二期）工程采用了多项新技术，施工质量符合国家规范和设计要求，获得的主要奖项和荣誉有：

（1）2016年度泰州市优质工程"梅兰杯"；2016年度江苏省优质工程奖"扬子杯"（水电安装类）。

（2）2015～2016年度"中国建筑工程装饰奖"（建筑幕墙类）。

（3）2013年度全国工程建设"优秀质量管理小组二等奖"；2014、2015年度江苏省工程建设优秀质量管理小组"活动成果一等奖"。

（4）江苏省建筑业"新技术应用示范工程"。

（5）江苏省二星级绿色建筑设计。

（6）中国施工企业管理协会"优秀设计成果三等奖"。

（7）全国建筑业"绿色施工示范工程"及住房和城乡建设部"绿色施工科技示范工程"。

（8）2012、2015、2016年全国建筑装饰行业"科技创新成果奖"。

（9）工程应用"电子图与全站仪、GPS数据无缝链接放线施工工法"、"建筑施工现场绿色施工降尘系统施工工法"、"凹凸错动玻璃幕墙施工工法"省级工法3项；"复杂地质条件下钻孔灌注桩双机成孔施工功法"部级工法1项；"防渗混凝土墙设置抗裂钢塑复合网施工工法"国家级工法1项。

（10）应用了"钻孔灌注桩成孔一桩双机施工方法"、"采用钢塑抗裂格栅网浇筑混凝土墙板的施工方法"等发明专利2项；应用了"用于钢筋混凝土墙板结构中固定钢塑复合抗裂网的定位卡"、"建筑脚手架连墙件"、"高空悬挑结构施工平台"用新型专利3项等。

（11）2013年度江苏省建筑施工"文明工地"；2013年度泰州市建筑施工"文明工地"称号。

（12）2016年度获得煤炭行业优质工程奖"太阳杯"。

（13）2017年度获得"国家优质工程奖"。

11 管理效果评价

严格的管理，规范的施工，实现了科技创新、质量创优、绿色创建、安全文明等方面达到了预期的目标，获得了社会各界的肯定。

（1）技术创新：落实项目管理责任制度，对管理持续改进，深化技术创新，形成"复杂地质条件下钻孔灌注桩双机成孔施工技术"、

"空心楼盖施工技术"、"金属挂板吊顶安装施工技术"、"综合管线布置技术"等作业指导书和省级以上工法。

（2）工程质量：通过事前策划、民工学校、样板引路、一次成优等一系列的创优做法，在质量创优上取得了骄人的业绩，2016年度获得煤炭行业优质工程奖"太阳杯"，2017年度获得"国家优质工程奖"。

（3）绿色施工：项目部从开工起就明确了绿色施工的管理目标，从"四节一环保"着手，在噪声、扬尘控制、污水排放、垃圾处置等作出了努力，先后获得了全国建筑业"绿色施工示范工程"和住房和城乡建设部"绿色施工科技示范工程"。

（4）安全管理：现场认真贯彻落实"安全为了生产，生产必须安全"的安全生产方针，严格落实安全生产管理制度，现场成立文明安全施工领导小组。2013年度江苏省建筑施工"文明工地"称号；2013年度泰州市建筑施工"文明工地"称号。

数据产业园综合楼（二期）工程在施工过程中，多次接受江苏省、泰州市级的各级领导、专家前往工程项目的专项检查、指导，均获得好评；由于该工程在多方面都取得了可喜的业绩，尤其是泰州市、医药高新区及数据产业园的各级领导给予了高度评价，并将数据产业园的三、四、五、六期仍然交给我集团施工总承包。本工程交付近三年来使用至今，地下室、屋面、墙面等无一处渗漏，各项功能满足设计和使用要求，使用单位非常满意！

青岛国际啤酒城改造项目二期（Ⅰ）工程 T3 办公楼
——江苏南通二建集团有限公司

1　工程简介

青岛国际啤酒城改造项目二期（Ⅰ）工程 T3 办公楼位于青岛市崂山区，地理位置为北起苗岭路，南至香港东路，东于深圳路，西至海尔路。本项目由三栋办公楼 T3、T7、T8 及相应范围内的地下车库组成，共计用地面积 20181.82m²，建筑面积为 115767m²，其中 T3 为 19 层，总高度为 77.7m，地下部分共二层，建筑面积 23151.42m²。地上部分层层高为 T3 楼为 84m，地上建筑总面积 30923.52m²。主楼周边包含能源站 1522m²。本工程开工时间为 2014 年 3 月 26 日，交付时间为 2015 年 11 月 30 日。见图 1。

本工程是青岛市重点工程项目，位于青岛市崂山区中心区域，比邻著名的石老人海滨浴场，规划范围北起至苗岭路、南至香港东路、西至海尔路、东至深圳路，占地 20181.82m²，规划容积率约 2.1，节庆广场总面积 5 万 m²。项目作为啤酒节的载体和青岛市的新地标，将以啤酒节为主题，集合节庆、休闲、娱乐、购物、商务等多种复合功能，打造具有泛区域影响力的节庆娱乐、休闲购物、金融总部商务中心，成为具有鲜明啤酒文化内涵的新一代城市

图 1　工程外景

综合体。项目在工程质量上标准要求高，各项工序严格按照创建华东地区优质工程奖的要求进行精细化施工，运用 BIM 技术和创优创新技术，不断提高和完善施工工艺。

2　创建精品工程过程

2.1　工程管理

（1）管理策划

为了实现本工程各项目标，建立以项目经理为工程第一责任人体系，确立了以创新创优、绿色施工为根本，按照安全环保、质量技术、进度组织的顺序进行项目组织，最终达到辩证统一的效果。见表 1。

项目管理目标值、责任分工和时限要求　　　　表 1

项目		目标值	责任人	完成时间
风险控制	工期	2015 年 8 月竣工	袁爱民	2015 年 11 月
	资金	确保业主投资处于合理范围	袁爱民、陈晶晶	2015 年 11 月
社会价值	安全	零事故率	袁爱民、印杰	2015 年 11 月
	质量	确保市级优质结构工程	袁爱民、倪文杰、陆永辉	2015 年 3 月
	文明施工	青岛市安全文明工地	袁爱民、印杰	2015 年 3 月
新技术		新技术应用示范工程	杜铭浩	2015 年 10 月

（2）管理创新

根据项目实际情况，充分利用各项优势资源，建立了项目管理体系，保证项目的质量、进度、安全、资金、商务、材料等管理策划详细、有效和及时到位，并建立了周例会制度，进行了跟踪考核。

（3）精装管理

针对啤酒城精装修工程组织产、学、研一体化的技术攻关小组，充分组织社会力量，在短期内做好深化方案、整体美化、检测和过程监控方法、材料计划、各专业配合计划等策划，在科技手段提高施工的机械化、信息化程度，加快进度和材料采购速度，降低劳务作业难度，从而降低成本。装修效果见图 2 ~ 图 5。

图 2　大堂装修实景图

图 3　会客厅装修成果

图 4　会客厅走道装

图 5　卫生间装饰实景

2.2　策划实施

（1）在质量管理上我们以创"华东杯"为目标，建立健全了项目质量管理体系，编制详细的项目质量验收标准和项目创"华东杯"策划书，坚决做到策划在前，样板先行，过程控制。

（2）在进度管理上我们坚持充分利用先进的项目管理软件，实施动态项目管理，由技术负责人对每天的进度进行核对并对比各总进度节点实施计划微调，保证各节点计划按时完成。

（3）在安全管理上，与业主、监理联动，建立日巡查制，周检查制，月教育考核制，对项目实施分区管理，责任到人，实行安全竞赛，加强工人安全意识教育，从根本上杜绝安全隐患。

（4）在资金管理上，实行项目计划，公司统一监督调配制度。工程开工阶段由项目按进度计划和材料及劳务进场计划编制资金需用计划，公司财务部设专人专账负责管理资金往来；工程施工阶段由项目按月提交资金计划报财务审核后由分管专人负责按计调配。

（5）在商务管理上，注重技术与商务互动，重视合同交底，做到人人心中有本账，对设计和现场变更及时签证，责任明确。

（6）样板领路制度

1）为了消除质量通病，确保工程质量，在施工操作中，本工程坚持"样板引路制度"，做到样板先行，样板引路，以点带面，全面提高，实现质量目标。

2）施工操作要注意工序的优化，工艺的改进和工序的标准化操作，通过不断探索，积累必要的管理和操作经验，提高工序的操作水平和操作质量。

3）每个分项工程或工种（特别是量大面广的分项工程）及新技术、新材料、新工艺项目的施工要在开始大面积操作前做出示范样板，包括样板墙、样板间、样板件、样板套等样板，经有关人员部门（业主、顾客、监理、质检员等）共同检查验收，认可批准后，方可按样板质量标准大面积展开施工操作。

4）样板操作，可以把标准实物化，统一操作标准化，可以明确质量目标，保证工程质量，是一个行之有效的质量保证措施。见图6～图8。

图6 二次结构、装饰工程实物样板

图7 屋面工程实物样板

图8 安装工程实物样板

2.3 重点难点

（1）管理重点：本工程属于政府重点工程、社会影响大、受关注度高而且工期较紧张、工程量大。因此集团公司集中优势力量（人力、物力、技术力量），将工程分为3个区域，平行施工，确保工期。

（2）管理难点：

1）本工程标准层层高3.9m，建筑物体量大，工艺要求复杂，工期要求严格，交叉施工难度大。

2）本工程为地下二层车库，基础较深，且位于崂山区区中心位置，现场施工操作面狭小，对工人现场施工要求很高，并且地库面积大，大体量浇筑导致混凝土裂缝难以控制。

3）青岛国际啤酒城改造项目施工区域离居民区近，因此在施工过程中需要为居民区保障良好、安全的居住环境，减少噪声污染和环境污染，做好安全保障工作，在施工过程中尽量避免居民投诉来保证工程的施工进度。

4）本工程质量目标为确保三栋单体获青岛市优质结构，确保青岛市"青岛杯"和争创"华东杯"，安全文明目标为"青岛市标准化样板工程"。

5）本工程本着节能环保,绿色施工的理念。本工程依据《绿色导则》(建质[2007]223号)、《建筑工程绿色施工评价标准》GB/T 50640、《全国建筑业绿色施工示范工程管理办法》、《全国建筑业绿色施工示范工程验收评价主要指标》(中建协[2010]15号)等文件的规定，通过建立绿色施工组织管理体系，对项目绿色施工实施动态管理，在保证质量、安全等基本要求的前提下，通过分科学管理和严密组织，最大限度地节约资源，减少施工对周边环境产生的负面影响，实现四节一环保的目标。

6）本工程在施工过程中运用了很多新技术，如复合土钉墙、混凝土裂缝控制技术、BIM应用等，这就要求项目管理施工人员发扬创新精神，对新技术花时间进行深入理解和学习、融会贯通后能在施工过程中灵活应用并能够进一步优化，做到精益求精，创新创优。

7）本工程3号楼为业主自建楼，对于外立面美化和精装要求甚高。

8）本工程安装体量巨大，施工图纸复杂，管线、通风、消防管道等安装的时候容易碰撞，交叉施工难度大，进度难以控制。

2.4 科技创新

在本工程中我公司发扬开拓进取，积极创新的精神，总结本公司多年的施工经验，组织公司骨干人员成立创新小组，积极创立多项新的施工工艺、管理体系，并形成了多项公司的施工工艺和标准，使公司得到了较大的发展。

在本工程中，积极应用住房城乡建设部10项新技术和江苏省10项新技术，见表2、表3。

住房城乡建设部10项新技术应用表　　　　　　　表2

序号	推广应用10项新技术名称	应用项目名称
1	地基基础和地下空间工程技术	1.6 复合土钉墙支护技术
		1.11 高边坡防护技术
2	混凝土技术	2.4 轻骨料混凝土
		2.5 混凝土裂缝控制技术
3	钢筋及预应力技术	3.1 高强钢筋应用技术
		3.3 大直径钢筋直螺纹连接技术
4	模板及脚手架技术	4.1 清水混凝土模板技术
		4.2 钢（铝）框胶合板模板技术
		4.3 塑料模板技术
		4.11 附着升降脚手架技术
5	机电安装工程技术	6.1 管线综合布置技术
		6.2 金属矩形风管薄钢板法兰连接技术
6	绿色施工技术	7.3 预拌砂浆技术
		7.5 粘贴保温板外保温施工技术
		7.9 铝合金窗断桥技术

续表

序号	推广应用 10 项新技术名称	应用项目名称
7	防水技术	8.1 防水卷材机械固定技术
		8.2 地下工程预铺反黏贴防水技术
		8.7 聚氨酯防水涂料施工技术
8	抗震、加固与改造技术	9.7 深基坑施工监测技术
9	信息化应用技术	10.1 虚拟仿真施工技术
		10.2 高精度自动测量
		10.4 工程量自动计算技术
		10.8 塔式起重机安全监控管理系统应用技术

江苏省 10 项新技术应用表

表 3

序号	推广应用 10 项新技术名称	应用项目名称
1	大体积混凝土裂缝控制技术	2.4 温度场实时监控技术
2	建筑工程测量新技术	3.2 全站仪坐标法放样技术
		3.3 测距仪高程传递技术
		3.4 高层建筑垂直度控制技术
3	建筑幕墙应用新技术	4.1 玻璃幕墙
		4.3 石材幕墙
4	大面积楼地面施工新技术	5.1 超长地面浇筑技术
		5.2 自流平树脂地面处理技术
5	建筑新设备应用技术	8.2.2 混凝土浇筑布料机
6	数字化施工技术	10.1 数字化施工模拟仿真技术

住房和城乡建设部新技术（部分）：

（1）高边坡防护技术：应用于本工程的围护工程中，应用数量 1600m²，应用本技术，降低了边坡混凝土施工的难度，加快了施工进度。见图 9。

工艺简单，机动灵活，适用范围广、造价低、工期短、安全可靠等特点，支护能力强，可作超前支护，并兼备支护、截水等效果。见图 10。

图 9 高边坡防护技术

（2）复合土钉墙支护技术：本工程地下车库边坡支护采用边坡钢筋土钉墙支护，具有工

图 10 复合土钉墙支护技术

（3）大直径钢筋直螺纹连接技术；本工程 φ16 以上的钢筋采用直螺纹连接，本技术的应用，有效减少了钢筋的搭接长度，大量节约钢筋并加快了进度，直接经济效益约 13 万元。见图 11。

图 11　大直径钢筋直螺纹连接技术

（4）塑料模板技术：墙板一次浇筑成型，不剔凿、不修补、不抹灰，减少建筑垃圾，有利于环保。采用的清水混凝土工艺有效地避免了抹灰开裂，空鼓脱落等质量隐患，减轻漏浆、楼板裂缝等质量通病。舍去了抹灰工艺，减少了维修成本，降低总造价，缩短了工期，得到了业主和监理的一致好评。同时，由于采用塑料模板，大大增加了模板的周转次数，减少了模板的使用量，采用塑料模板，节约模板及配模人工用量约 40 万元，经济效益可观。见图 12。

图 12　塑料模板技术

（5）附着式脚手架技术：本工程的主楼进入标准层后全部采用附着式智能脚手架，采用本脚手架，在结构施工过程中，每层脚手架的提升时间仅需约 2 ~ 3h，大大减少了脚手架的搭设时间，并且脚手架与结构之间的空隙采用脚手架自带的钢制翻板，提升完成后仅需将翻板打开即可完成与结构之间空隙的密封工作，因此增加了在施工过程中的安全性能，有效消除了在施工过程中所存在的安全隐患。见图 13。

图 13　附着式脚手架技术

（6）管线综合布置技术：依靠计算机辅助制图技术及 BIM 技术，在施工前模拟机电安装工程施工完后的管线排布情况，并对管线进行碰撞检测及漫游检测，直观地反映出设计图纸上的问题，尤其是在施工中各专业之间设备管线的位置冲突和标高重叠。根据模拟结果，结合原有设计图纸的规格和走向，进行综合考虑后再对施工图纸进行深化，而达到实际施工图纸深度。应用"管线综合布置技术"极大缓解了在机电安装工程中存在的各种专业管线安装标高重叠，位置冲突的问题，不仅可以控制各专业和分包的施工工序，减少返工，还可以控制工程的施工质量与成本。

（7）地下工程预铺反黏贴防水技术：本工程地下室垫层面采用高分子自粘胶膜防水卷材，使用量为 20000m²，施工时，将高分子自粘胶膜防水卷材面朝向垫层进行空铺，不需等待基层完全干燥，节约工期。见图 14。

图 14 地下工程预铺反黏贴防水技术

（8）虚拟仿真技术：本工程在实施中采用BIM技术，提高施工效率；在实际施工前可视化模拟，提高施工流程的可预测性、预测建筑性能、评估节省的运营成本，最大限度地减少高成本的错误；与扩展团队进行协作，得到了甲方及监理的一致认可。见图15。

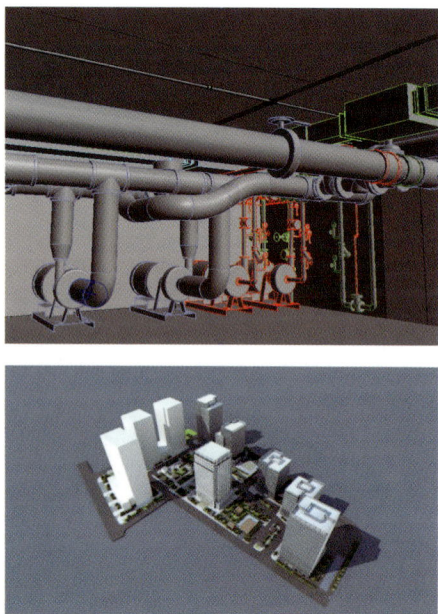

图 15 虚拟仿真技术

（9）工程量自动计算控制技术：本工程使用广联达软件对工程量及钢筋量进行计算，速度快，计算准确，可以对工程的材料使用情况有预先的了解，并据此制定限额领料制度。见图16。

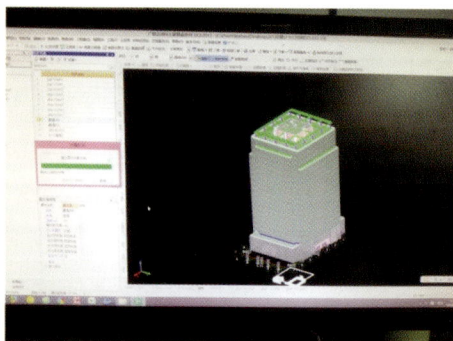

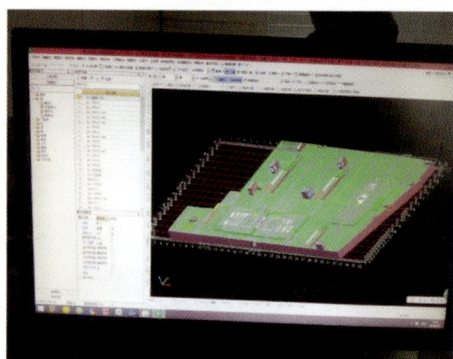

图 16 工程量自动计算控制技术

江苏省新技术（部分）：

（1）温度场实时监控技术：本工程的基础部位测温工作采用红外线测温仪进行温度测量。本仪器采用非接触红外传感技术对目标进行安全、准确、快速、可靠的测量，其精度可达到 ±2%℃，满足温度测量要求。采用红外线测温仪进行温度测量，其测温过程速度快精度高，在施工时仅需布置测温孔，后期测温工作过程中无需担心温度计的破损等情况，并能减少大量重复工作。

（2）全站仪坐标法放样技术：由于本工程基础部分定位复杂，采用传统的经纬仪进行测量定位的话精度较低且速度较慢，因此项目部采用 Leica 智能全站仪进行定位，不但提高了测量的精度，而且大大加快了施工进度，确保了施工的顺利进行。

（3）玻璃幕墙：本工程自裙房以上，外立面采用了单元体板块幕墙，其特点为所有幕墙板块均在工厂加工预制，施工现场不需要安装幕墙龙骨，单元体板块与结构之间采用连接件进行连接，玻璃采用 8+12A+6 的中空 Low-E 玻璃，节能、保温、隔热效果明显。由于幕墙与主体的连接不采用龙骨，因此，施工过程中大量减少了焊接的工程量，减少了对环境的污染及在焊接过程中产生的潜在的隐患并加快了施工进度。见图 17。

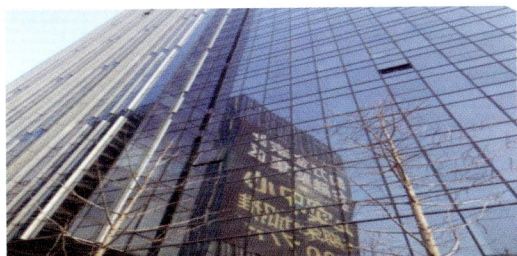

图 17　玻璃幕墙

（4）石材幕墙：本工程的 1、2 层为裙房，外立面采用石材幕墙，石材与主体采用型钢龙骨连接，节点安全牢固，外表整齐统一美观大方。采用石材幕墙，石材的加工尺寸统一，并有效地减少了后期的维修保养费用。见图 18。

图 18　石材幕墙

（5）自流平树脂地面处理技术：由于本工程在投入使用后为崂山区高档商务办公楼，使用过程中车流量较大，因此地下车库的使用频率较大，为此，在地下室地坪设计时，考虑到噪音及使用效果，在行车道采用了水泥基自流平地面，在停车位采用了环氧自流平地面。见图 19。

图 19　自流平树脂地面处理技术

3　管理成果

在项目管理过程中，我们坚持以科技创新、绿色施工为根本，按照安全环保、质量技术、进度组织、成本控制、效益收获的顺序进行项目组织，获得了良好的社会和经济效益，根据设定的目标我们确定的业绩如下：

（1）2014 年 3 月工程被评为 2016 年度"青岛市优质结构工程"。

（2）2015 年 2 月工程被评为 2016 年度"新技术应用示范工程"。

（3）2017 年 8 月获得全国管理成果一等奖。

（4）2017 年获得青岛杯优质结构工程奖。

（5）2017 年获得华东地区优质工程奖（精品类）。

中国银行股份有限公司南京江宁支行金融产品研发制作中心项目——南通四建集团有限公司

1　工程概况

本工程位于南京市江宁科学园大学城知行路 299 号，该项目由银行卡制作用房、资产清算用房、仓储库房三栋单体建筑组成。

该项目总建筑面积为 51423.85m²，工程总投资为 71580 万元。银行卡制作用房、资产清算用房地上 4 层，仓储库房地上 5 层，资产清算用房地下一层为人防及车库。三栋单体结构类型均为框架结构，主要用途为办公及附属设施用房、票据用房、车库等。大楼外装饰采用石材幕墙和玻璃幕墙相结合，棱角分明，层次有序，造型美观。内装饰做工精细，楼内配备给水排水、电气、通风空调、消防报警、智能化、电梯等系统，其中游泳池采用太阳能热水系统，绿色节能。室外工程设有假山、湖泊、休息亭等，环境静谧幽雅，宛若闲庭趣步。见图 1。

该工程于 2012 年 11 月 14 日开工，2015 年 4 月 21 日竣工验收。施工过程中未发生任何质量、安全事故。工程投入使用后，不仅确保了建设方资金业务运转、办公的需求。同时丰富了园区的功能，增添了园区的活力，社会效益良好。

建设单位：中国银行股份有限公司南京江宁支行

设计单位：江苏省建筑设计研究院有限公司

监理单位：（1）银行卡制作用房、资产清算用房由江苏建科建设监理有限公司监理

（2）仓储库房由南京工大建设监理咨询有限公司监理

图 1　工程外景

勘察单位：南京南大岩土工程技术有限公司

施工总承包单位：南通四建集团有限公司

2　创优做法与经验

2.1　工程管理

本项目施工之初就确立"扬子杯"的创优目标。为顺利完成该目标任务，项目部从组织架构、施工管理、技术攻关、科技创新、绿色施工等方面着手策划，编制"扬子杯"创优方案指导书，确立各个岗位的创优责任和目标，并由责任人签字落实。在组织架构方面，项目部精选有相关施工经验以及丰富技术能力的员工成立项目经理部，并由各部门负责人组成创优领导小组。

根据"扬子杯"评选办法规定，申报参评

"扬子杯"的工程，由市建筑业协会从获得市优工程中择优评选推荐，优先选择绿色建筑以及采用绿色施工、装配式技术、有重要技术创新的项目。为了确保该工程能够最终获得"金陵杯"、"扬子杯"等荣誉，必须确保该工程在施工过程中采用绿色施工技术，大力推广QC质量小组活动，获得市建筑施工文明示范工地、省级建筑施工标准化示范工地。为保证上述各目标的实现，针对本工程特点，将各项目标进行分解，如图3所示：

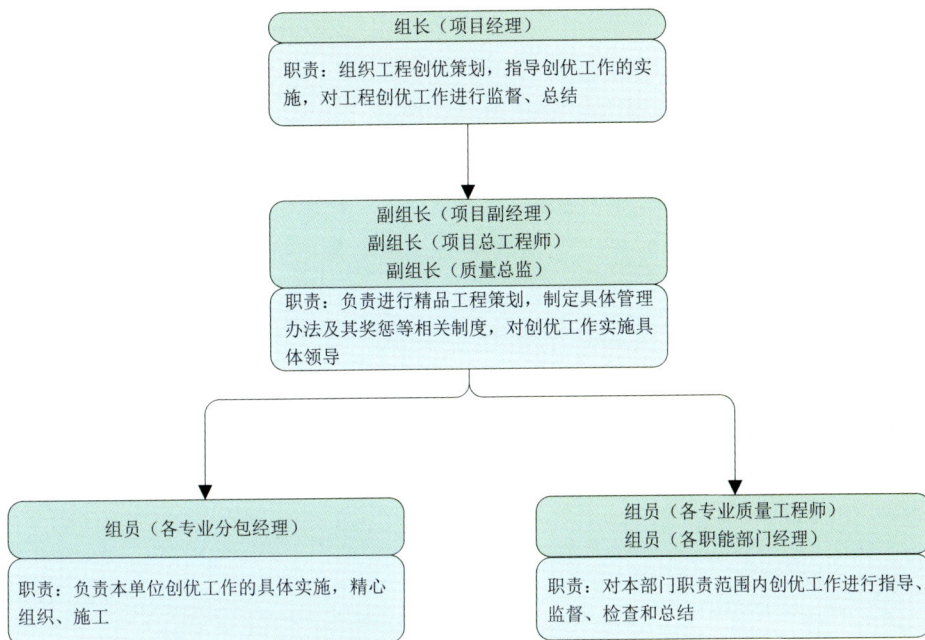

图2 创优领导小组架构及职责

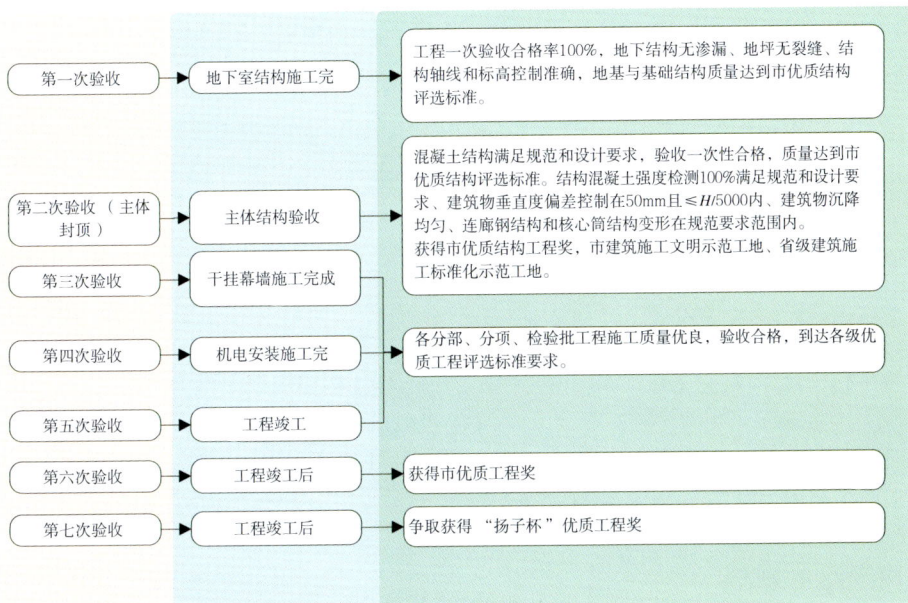

图3 目标分解

在项目施工过程管理中，为确保所有施工内容处于可控状态，项目部制定了如下关键管理方案：

（1）细分施工段，责任到人。将每栋单体建筑划分为一个施工段，配备一位施工负责人和一位质量检查员和相应的作业班组，并对该栋单体施工质量负责。

（2）设立奖励金，互相评比。项目部拿出部分资金用于奖励施工质量、安全优秀的班组及施工负责人。每个月进行一次评比，从质量控制点施工效果、材料节约情况、施工进度、安全文明施工等方面互相进行打分，对优秀个人进行奖励，并对优秀班组在付款力度及时间方面进行倾斜。

（3）定期例会，协调施工。除了监理例会、项目部例会，针对项目部施工过程中的技术难点、质量控制点等，每周召开施工协调会，对下一步施工及时提出预案，将质量缺陷扼杀在摇篮内。

（4）内外联动，共同创优。材料供应方面优选有实力的供应商，并做好材料入场检验检测工作，确保所有工程材料可靠供应。另外，本工程创优得到建设方、监理方及当地质量监督机构的大力支持。各方联手对工程施工质量进行指导监督，分享优秀施工做法，确保过程控制。

（5）工艺培训，样板引路。针对本工程创优目标，公司技术部定期邀请江苏省"扬子杯"的评审专家对优质结构、"扬子杯"的有关评审标准及申报要求进行讲课，组织项目管理人员和分包单位到公司其他获奖工程进行实地观摩学习。除了项目部管理人员的培训外，项目部还定期邀请有丰富施工经验的老质检员、监理对劳务工人进行工艺培训，确保决策层、管理层、执行层的能力都在一个水平线，上下一条心，确保过程施工质量。

在样板引路方面，各工种班组进行大面积施工前均需安排工人施工样板，包括模板支设、钢筋绑扎、混凝土浇筑、墙体砌筑、墙体粉刷、楼地面施工、机电安装、精装修施工等。所有工人考核合格后，方可进行大面积作业，并由项目部管理人员进行监控，确保施工作业水平不低于样板工程。

2.2 施工策划

一份良好的施工策划决定了施工的质量和进度好坏。为确保本工程能够在合同工期内顺利竣工，并确保质量水平达到优秀，项目部的施工策划主要如下：

（1）施工段划分

银行卡制作用房、资产清算用房、仓储库房三栋单体划分为3个施工分区，每个分区按照沉降缝划分为2个施工段。每个分区安排1支劳务班组在该分区的2个平面施工段内组织流水施工，确保各工种相互衔接、互不干扰，减少工序等待时间，加快施工进度。

（2）进度安排

银行卡制作用房、资产清算用房合同工期410日历天；仓储库房合同工期330日历天。为确保在合同工期内保质保量完成任务，项目部制定的关键进度节点如表1、表2所示：

银行卡制作用房、资产清算用房关键进度点　表1

序号	进度控制点	工期	累计工期
1	桩基及基坑支护	60	60
2	银行卡制作、资产清算用房基础结构	90	150
3	银行卡制作、资产清算用房主体结构	110	260
4	银行卡制作、资产清算用房粗装修	60	320
5	银行卡制作、资产清算用房精装修	90	410

仓储库房关键进度点　　表2

序号	进度控制点	工期	累计工期
1	桩基及土方开挖	50	50
2	仓储库房基础结构	50	100
3	仓储库房主体结构	80	180
4	仓储库房粗装修	40	220
5	仓储库房精装修	90	310
6	室外工程（提前插入施工）	60	330

（3）人机料安排

人员安排：项目部管理人员25人；劳动力最大需求710人，日均投入473人。

大型机械安排：银行卡制作用房、资产清算用房、仓储库房共计投入QTZ63塔吊4台，物料提升机3台，各类材料加工设备3套。

主要材料安排：工程材料均优选有实力的供应商保质保量供应。所有材料按照公司制度提前报备，并做好过程复核，确保材料浪费及损耗控制在0.5%以内。

2.3 施工重难点、过程控制

（1）后浇带设置

在后浇带施工前，此处垫层下凹底板底面150mm，解决了底板后浇带封闭前，后浇带内垃圾难以清理的现象。见图4。

图4　后浇带设置

（2）钢筋绑扎

框架柱钢筋在浇筑混凝土前，用PVC管保护主筋不受污染。预埋线管合理布线，并用胶带保护线盒。板面钢筋绑扎预先划线布局，板面钢筋绑扎采用满扎，避免跳一扎一。见图5。

图5　钢筋绑扎

（3）模板支设

1）混凝土结构施工前应对模板选型编制相关方案，对梁柱板模板立模方式经计算作出规定。同时安排专人对模板进行翻样，对模板质量和模板半成品加工包括模板背衬料压刨加工、混凝土柱墙板梁紧固螺栓加工，避免材料浪费，提高模板加工精确度。

2）现浇楼面高低差处采用角钢制作工具式定型模板，高差较小时在门洞口采用∟30×3角钢与钢筋焊接的措施来保证高低差处混凝土结构的边角整齐。

3）在施工上一层框架柱时，其根部的水平施工缝处多数出现混凝土胀模、漏浆、蜂窝等质量缺陷。支模时，应在下一层墙柱上口的水平施工缝下方约6～10cm预留定制螺母，框架柱应预留1～2根，剪力墙应间隔40～50cm预留，螺杆可重复利用。在下一层墙柱拆模后，对上一层墙柱支模时，模板底部可搁置在预留螺栓处，竖向木枋内楞伸至螺栓处，并加水平钢管外楞用螺栓进行紧固，确保施工缝处不跑模不漏浆。

4）楼梯梯段施工缝、后浇带等位置设置一块约200mm宽的可抽拉式活动模板，便于清除槽内垃圾。设置的位置在楼梯中间1/3处。

（4）混凝土浇筑

1）浇筑墙柱混凝土时，控制投放混凝土的高度，一般控制在50～60cm之间为宜，每次下料高度不超过振捣棒长度的1.25倍。禁止一次性将混凝土浇筑到顶再振捣的不正确做法。另外对截面较大的混凝土墙板柱，宜采用挂壁式振捣器在模板外侧进行振捣。这样

（a）

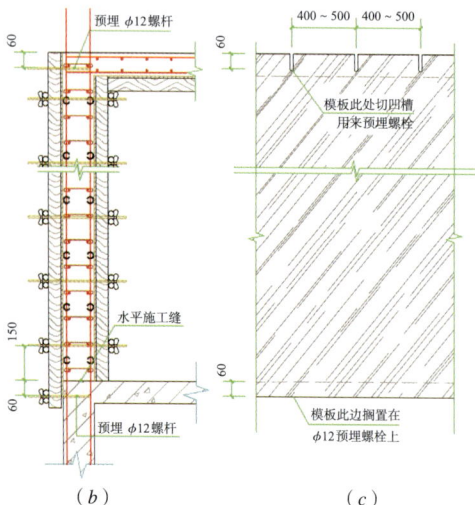

（b）　　　　　（c）

图6　模板支设

能够确保振捣密实，同时混凝土气泡便于排出，拆模后混凝土表面不会因气泡而产生洞眼等缺陷。

2）对筒体混凝土浇筑采取对称下料及振捣。

3）楼面混凝土初凝前进行二次振捣，并派专人从墙、柱、楼梯等节点开始向中间用1.5～3.0m长度的铝合金刮尺刮平。初凝后用铁抹子收平压实，再用木蟹打平。终凝前在柱和剪力墙外伸钢筋根部向外5～8cm处用铁抹子压成半光面，并控制好标高和平整度。此做法对防止模板根部漏浆有一定效果。

4）浇筑混凝土板要严格控制板厚的检测。检测可在浇筑混凝土前预埋薄壁金属管，预埋薄壁金属管（直径不小于20mm，比板厚长10mm），底部用塑料保护套，与钢筋网片点焊竖直固定。每个房间中间、四周墙根向内50cm处各设置一个，或每隔6m设置一个。

5）浇筑后浇带混凝土前，对后浇带两边的原混凝土进行凿毛，不得留有钢丝网片和模板。对钢筋踩踏变形的，要将钢筋整理好，派专人进行检查。浇筑混凝土前对两边接触面抹一层5～8厚的界面剂进行结合。

（5）砌体工程

1）构造柱处的墙体马牙槎先退后进，马牙槎边口吊线砌筑。构造柱支模时，边口贴双面泡沫胶条，厚度不小于5mm。固定模板用的对拉螺杆设置在构造柱马牙槎有凸出混凝土的模板部位，不在砌体墙上打眼。构造柱模板上口设置45°喇叭口，混凝土浇筑完毕，在初凝前在喇叭口垂直插入钢板片，可以避免拆模后二次剔凿喇叭口混凝土。

2）嵌在墙体内的配电箱应在砌筑时预留洞口，配电箱背面浇筑微膨胀细石混凝土，内配φ6@150的钢筋网片。抹灰前，背面满挂钢丝网片，防止抹灰开裂。见图7。

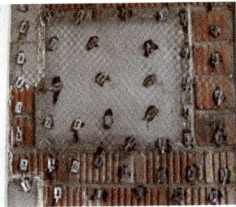

图7 砌体工程

图8 抹灰工程

（6）抹灰工程

1）混凝土面明显凹凸不平的部位先剔平，对填充墙与框架柱墙接缝处不平的先用微膨胀砂浆或细石混凝土对凹陷处进行纠平。

2）抹灰前基层表面的尘土、污垢、油渍等清除干净，并洒水润湿、制作灰饼/冲筋、洒浆。

3）严格控制各抹灰层厚度，刮糙不少于两遍，每遍厚度为7~8mm，不超过10mm，严禁一遍成活。

4）不同材料基体交接处表面的抹灰采取防止开裂的加强措施，加强网与各基体的搭接宽度不小于100mm。

5）抹灰砂浆随用随拌，拌制的砂浆在3h内用完，当气温高于30℃时在2h内使用完毕。见图8。

（7）楼地面工程

楼地面基层施工前进行凿毛、洒水清洗、制作灰饼。操作压光人员必须穿平底鞋，压光水泥砂浆楼地面，不得一遍成活，掌握时间进行第二遍压光，压光时不得洒水或洒干水泥（易产生色差和大花脸）。见图9。

（8）机电安装工程

1）在工程项目使用过程中，对冲床进行技术革新，针对通风风管所需角钢规格，调整冲孔孔洞的规格、孔洞与孔洞间的间距，可同时进行两个孔洞的冲孔作业。精度高，加快了预制施工的整体进度及施工质量，降低了人力、机械维护成本及原材料损耗。见图10。

2）在泵房内设置排水明（暗）沟,排污口、

图9 楼地面工程

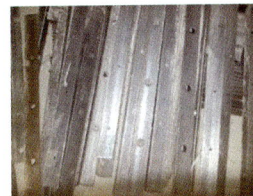

图10 机电安装工程（1）

溢流口等有水溢出部位均应做到有序排水，同时对排水明沟采用栅栏进行覆盖。旋转设备、电机外壳做好接地处理工作。见图11。

3）设备标识、介质标识、流向标识、阀门开启状态标识等设置在明显位置。见图12。

4）所有机房、泵房、设备用房内深化设

图11 机电安装工程（2）

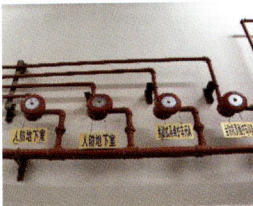

图12 机电安装工程（3）

计合理，所有管道综合布置合理，分层安装，联合支架，排列有序，管道布置整齐，标识清晰、位置统一。见图13。

图13 机电安装工程（4）

2.4 工程交付亮点

（1）整个园区环境幽雅，草木、湖泊、土丘与银行卡制作用房、资产清算用房、仓储库房相互映衬，令人心旷神怡。见图14。

（2）电梯厅、楼梯厅造型美观，阴阳角顺直流畅，面砖勾缝深浅统一。见图15。

（3）隐藏式管道井、消防栓和墙面装修一体相融，检修门内框包边处理，不放过任何一个细节。见图16。

（4）游泳池干净整洁，阴阳角过渡流畅，池壁抗渗抗裂质量可靠，墙面装修大气美观。

图14 亮点（1）

图15 亮点（2）

图16 亮点（3）

此外，泳池供水采用太阳能供水系统，绿色节能。见图17。

（5）银行卡制作洽谈室、资产清算用房多功能厅软包装修，拼缝过渡自然、上下统一。见图18。

（6）上人屋面坡度明显，排水沟顺直，无积水，透气管、风机帽曲线排列，精致美观。屋面雨水口、水簸箕、支墩独特，做工精细。见图19。

（7）室内走廊靓丽通透，面砖拼缝平顺统一，变形缝装修过渡自然。见图20。

2.5 科技创新

本项目策划阶段将科技推广及新技术应用作为本项目管理的重点，科技推广及应用效

图17 亮点（4）

图18 亮点（5）

图19 亮点（6）

图20 亮点（7）

果与本项目工期、质量、安全、成本、环保及文明施工等目标实现有密切的关系。根据《建筑业10项新技术》列举与本工程相关的、可采用的新技术，结合工程实际情况，通过"方案优化、对比分析、过程监控、效果评价"，使新技术的推广与应用在工程项目管理中利益最大化，推动各项目标的顺利实现。

2.6 绿色施工

（1）节材措施：合理布置施工总平面，施工堆料场地设计合理，布置有序，避免和减少二次搬运；施工现场实行防护设施工具化、木方齿节等。

（2）节水措施：施工现场喷洒路面、绿化浇灌采用二次沉淀后的水，设置自动冲洗台、沉淀池，循环使用水源。

（3）节地措施：临时办公和生活用房采用适合于施工平面布置动态调整的多层彩钢板房标准化装配式结构。施工现场道路按照永久道路和临时道路相结合的原则布置。

（4）节能措施：照明灯具全部采用节能灯，宿舍分区安装限流装置，避免宿舍使用大功率的电气设备。

（5）环保措施：项目部设专人负责工地扬尘治理工作，采用洒水、围挡、遮盖或喷洒覆盖剂等有效措施压尘、降尘，使施工现场扬尘减少到最低限度。

2.7 BIM技术应用

（1）BIM可视化指导：施工现场我司采用了模型加视频的方式进行可视化交底，每日晨会我项目部也将当天任务区域进行模型的展示和交底，确保施工和模型的一致性。后期进行验收时也将施工现场和模型进行对比验收。

（2）吊顶净高分析：本工程装饰造型独特，业主给予的吊顶标高苛刻，吊顶内的空间非常有限。运用BIM技术将装饰模型和土建、机电模型进行施工前的预布置，通过Revit和Fuzor软件结合合理调整计算空间分析，对机电和装饰模型进行合理的调整，尽可能满足相应的高度要求。

（3）各专业碰撞和协调：BIM项目施工现场应用最常见的问题是就是专业的碰撞和协调，在本项目应用过程中由于机电和装饰先后交叉施工的顺序，所以项目部每周五都会举行BIM交谈会，机电和装饰进行模型的对接和协调，并且通过模型的交流，最终确定碰撞改进方向和协调，确认各专业方案，然后项目部按照方案后意见进行施工。经过几个月的协调施工，不仅减少了施工返工、减少材料的浪费，更主要的是同步提前施工进度，得到了业主一致好评。

（4）部分构件构件场外预制化加工：由于本项目吊顶复杂，很多吊顶扣板的弧度较大，项目采取场外预制，现场组装的施工方法。充分利用BIM技术，在Revit模型中对这部分扣板进行分割处理并且标注尺寸，然后导出CAD图纸，结合机械化生产软件进行机械化生产，进行场外预制化加工，然后运送现场进行组装。

3 工程获奖情况

（1）2013年被江苏省住房与城乡建设厅评为省文明工地。

（2）2013年被南京建筑协会评为优质结构工程。

（3）2016年获得优秀设计奖。

（4）2017年被评为南京市建筑工程"金陵杯"优质工程奖。

（5）2017年被评为江苏省优质工程奖"扬子杯"。

江苏省电力公司运行检修研发用房——通州建总集团有限公司

1 工程简介

江苏省电力公司运行检修研发用房项目位于南京市江宁经济开发区九龙湖西侧，苏源大道以西、芳园南路以北地块。2013年12月25日开工，2016年8月22日竣工验收。见图1。

工程一期建筑面积72422m²，其中地上建筑面积54522m²，分为A区和B区两部分，地下17900m²。A区为高层主楼和辅楼，地上总建筑面积：35921m²，建筑总高度：92.95m，主楼地上19层，地下1层；辅楼地上5层，地下1层。B区为多层办公楼和厂房，地上总建筑面积18601m²，建筑总高度25.45m，办公楼地上5层，地下1层；厂房为单层厂房（局部3层），地下1层。结构形式为框剪结构，基础形式为钻孔灌注桩+承台。

本工程由江苏省电力公司筹建，东南大学建筑设计研究院设计，江城工程项目管理有限公司监理，通州建总集团有限公司承建。

本工程建成后主要负责南京、镇江地区220kV及以上输变电设备的运行和检修。该工程的成功与否直接关系到我公司的社会信誉、经济效益和"江苏省电力公司"的市场战略部署。

本工程获2017年度江苏省"扬子杯"优质工程奖。

2 精心策划 严格管理

2.1 确立创优目标，优化创优组织

本工程作为公司的重点工程，在开工之初公司领导就定下了确保南京市"金陵杯"、江苏省"扬子杯"的质量目标。质量目标的实现并不是通过喊口号就能够实现的，而目标管理应贯穿于整个创精品全过程，并对质量目标进行分解，层层围绕目标开展工作，以工作质量保证工序质量，以工序精品保证过程精品，以过程精品保证工程精品。

选派优秀的项目经理部，精心挑选施工经验丰富、技术过硬、责任心强的员工组成合理、精干、高效的项目管理团队；挑选优秀的劳务队伍负责施工；经常有目的地安排人员外出参观学习，请业内专家讲课指导。预留创优资金，专款专用。"人力、物力、财力"等充足的配置为工程提供了资源保障。

2.2 精心策划，综合布置，深化二次设计

结合工程实际从创优组织机构的建立、人员的职责分工、细化落实目标、制定方案、培训人员以及与各方的沟通协调等进行全面的策划。将创优目标细化分解到工程建设的各个阶段（基础—主体—屋面—装饰装修—安装—细

图1 工程外景

部)、各个环节，确保总体目标顺利实现。

对安装工程来讲，采用 BIM 技术进行方案优化，使用联合支、吊架，特别在地下室、走道上方、机房等各工种之间统一布置，综合使用。这样不仅可使安装风格浑然一体、走向有序、层次清楚分明，还可节约空间，使各类管线整齐有序、美观。更重要的还可避免支架的重复设置，节约材料，减少施工成本，避免重复投入。

在不影响安全、使用功能前提下，根据工程特点创造工程亮点，把常规的施工做法、普通的材料进行优化、美化、人性化的提高，把技术指导的定性化向定量化延伸，提高尺寸控制的精度和细部处理的完美度，以量化数据和具体技术图文指导控制操作层。

2.3 过程控制，通病防治，一次成优

坚持技术方案先行、施工样板引路的原则。即每道施工工序在施工之前必须有技术方案作指导，且编制的方案必须具有可操作性，能切实解决实际问题；同时，每道施工工序在施工之前必须进行样板施工，经过项目部验收通过之后方可大面积展开施工。另外，加强落实 "三检制" 的执行情况，工序之间的衔接必须有书面的验收移交记录，保证每道施工工序完成并通过验收后方可进入下道工序的施工。

施工过程中的每个环节都要遵循高标准严要求原则，每个细节都做到高起点、高标准、精细施工。特别是在屋面、地下室、公共走道等部位，加强管理，强调细节。

以完整的产品概念对各分项工程进行分析，有针对性地确定分部工程中的关键工序、部位及其质量控制点，重点在消除质量通病的基础上，提高细部质量以保证各施工工序一次成优。针对施工难点，相继成立了 "提高施工现场'TN-S'系统质量"、"提高加气混凝土砌块的整体质量"、"攻克大体积混凝土模板支撑

系统的施工难题" 和 "后张法有粘结预应力梁施工质量控制" 等 QC 攻关小组，切实解决了以上施工中的质量通病，而且项目部所选定的 QC 课题在全国 QC 成果发布中取得了优异的成绩。

2.4 工程资料收集和整理，规范有序

无论是工程竣工验收还是工程评优，都离不开查验资料，要把资料的重要性提升到和工程质量一样重要的位置。为工程的竣工验收，归档，优质工程申报和复查奠定坚实的基础。作为总包单位，施工过程中，除了收集整理好总包自己的资料，还要督促分包单位的资料也要一并收集齐全，且必须统一标准，定期检查验收，发现偏差，及时纠正。收集文字资料的同时，还应该收集音像资料，特别是新技术、新工艺应用方面、重点难点施工部位、工程亮点等均应保留照片或录像资料。

3 坚持科技创新，确保工程创优

3.1 大力推广应用建筑业十项新技术

结合本工程的设计和施工特点，项目部在施工过程中大力推广应用住房城乡建设部和江苏省建筑业十项新技术，应用 "住房城乡建设部十项新技术" 中的 9 大项 17 子项，推广应用 "江苏省十项新技术" 中的 3 大项 5 子项，工程被评为 2015 年江苏省建筑业新技术应用示范工程，应用水平达到国内先进。

3.2 践行绿色施工管理

项目部将绿色施工作为创品牌、树信誉、增效益的手段之一，从组织管理入手，健全绿色施工管理制度，做好相关岗位人员职责分工和教育培训，严格绿色施工措施在施工过程中的实施和评价的管控，项目施工在 "四节一环保" 方面取得显著成绩，获得了第五批全国建筑业绿色施工示范工程荣誉称号。

3.3 重视技术总结和研发

项目开工时，项目负责人组织技术管理人员分析工程施工的重点和难点，确定施工过程中技术攻关的重点，为工程创优提供技术保障。项目施工期间，对陶粒混凝土预制板内墙防渗漏进行了技术分析，有效解决了该类型内墙板的渗漏问题，总结形成的工法获2015年度江苏省级工法。为综合利用钢筋零料，优化解决电梯井洞门的防护，研发了一款简便实用的工具式可调宽度洞口防护门，2015年获实用新型专利授权。

4 工程特色

（1）外立面庄重典雅，线条简洁大方，装饰观感精致细腻。见图2。

（2）大厅及走廊装修造型优美、简洁明亮，墙、地石材接缝细腻、大面平整。见图3。

图2 工程特色（1）

图3 工程特色（2）

（3）车间内各类管道支架布设美观牢固，位置合理，管道层次分明，走向正确。见图4。

（4）卫生间排砖合理，墙地砖对缝，地漏套割精细美观，卫生器具与地面砖、墙砖居中对称。见图5。

（5）地下停车场环氧地面色泽均匀，平整如镜，车位分割及车辆行停标识清晰美观。见图6。

（6）应用BIM技术，综合布线，管线排布合理、准确，观感质量清晰美观，安装效率大大提高。见图7。

（7）电柜内排线整齐，接线规范，元器件动作灵敏，接地可靠。见图8。

（8）顶棚上的烟感、温感、喷淋、风口、照明等横成排、竖成行、斜成线。墙面开关线盒高度一致，板面洁净。见图9。

（9）楼梯不锈钢扶手加工安装精准，踏步

图5　工程特色（4）

图4　工程特色（3）

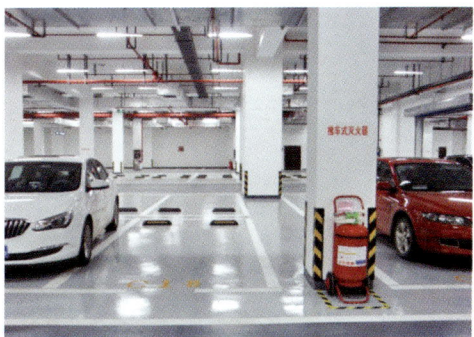

图6　工程特色（5）

图 7　工程特色（6）

图 8　工程特色（7）

图 9　工程特色（8）

砖上口阳角、防滑槽制作标准一致。见图10。

（10）电梯安装精良，平层准确。见图11。

（11）屋面铺贴广场砖，坡向正确，排水通畅，缝隙饱满、均匀，表面整洁美观。见图12。

图10　工程特色（9）

图11　工程特色（10）

图12　工程特色（11）

5 业绩与荣誉

在建设单位、设计单位、监理单位及各级主管部门的领导关心和支持下，经各参建单位的共同努力，在质量管理、安全生产等方面取得了较好的成绩，工程投入使用后，结构安全可靠，功能满足使用要求，内外装修工艺精良，观感明快、流畅、挺拔大方。设备安装工程各系统运行正常、安全可靠、各项指标均达标。

本工程获得以下业绩和荣誉：

（1）获第五批全国建筑业绿色施工示范工程；江苏省建筑业新技术应用示范工程；

（2）获2017年度江苏省"扬子杯"优质工程奖；2017年度南京市建筑工程"金陵杯"优质工程；

（3）获全国QC优秀成果2项；

（4）获2014年度第二批江苏省建筑施工标准化文明示范工地；

（5）获实用新型专利1项；省级工法1项。

6 社会效益

工程经过一年多的使用检验，各系统运行正常，办公环境舒适，环保节能，使用单位非常满意。

宿豫区文化公园（文化艺术中心）大剧院 ——江苏邳建集团有限公司

1 工程简介

宿豫区文化公园（文化艺术中心）大剧院工程由宿迁日报社运营管理，2016 年 5 月 20 日成功举行首演，正式投入运营。其位于宿迁市城区中轴线东端，宿豫文化公园内。地上部分由钢结构组成，其设计理念不仅突出了"西楚霸王"项羽根植宿迁人内心的英雄气概，还可以让人感受到古老的京杭大运河源远流长的深厚文化底蕴。

柔美的园林凸显大剧院异形建筑线条的刚性美。整个建筑以"山"、"水"、"园"为构思理念，将其规整化、几何化、抽象化与园林化有机结合，形成山体连绵起伏、绿水环绕其间、园中错落有景的人文景观。见图 1。

图 1 工程项目鸟瞰图

1.1 工程各责任主体

工程于 2012 年 2 月 18 日开工，2015 年 12 月 28 日竣工，由宿迁市翔韵文化发展服务有限公司投资兴建，浙江省建筑设计研究院设计，南京苏宁建设监理有限公司监理，由江苏邳建集团有限公司总承包。

1.2 建筑规模

总建筑面积为 $47320.23m^2$，由 1 个 1516 座歌剧厅（大剧场）、1 个 780 座音乐厅（小剧场）、1 个 $400m^2$ 的排练厅及配套设施组成。建筑层数为地上四层，地下二层（局部三层），地下采用钢骨混凝土结构，地上部分为钢结构，屋顶为网架结构，建筑高度为 38.6m，工程造价 33379 万元。

1.3 设计特点

（1）歌剧厅（大剧场）

歌剧厅按照甲级剧院标准，采用镜框式箱形舞台设计，由一个主台，两个侧台和一个后台组成，平面呈品字形排列，舞台总面积约为 $1000m^2$，可容纳 1500 多名观众观演。主舞台台口宽度 18m，高度 11.8m；主舞台台宽 33.6m，深度 24.6m，栅顶标高 27m，吊点梁上平面标高 29m；两翼侧台为宽 17m× 深 21m，高 13m。后舞台台宽 24m，台深 13m，吊点梁标高 15m。见图 2。

（2）音乐厅（小剧场）

宿豫大剧院音乐厅设计风格高雅精致，可容纳 780 名观众观演。小剧场内功能齐全，经

图 2 歌剧厅

过科学的设计，剧场试听效果完美，舞台上设有一块 60m² 大屏（11.52m×4.992m），台口宽 15m，舞台高 4m，及可伸缩 T 台装备，有很高的实用性。

小剧场设有入场大厅、贵宾室、候演室、化妆间、道具室等配套空间，是举行中小型音乐会、文艺演出、室内赛事、会议、讲座等的最佳选择地。见图 3。

图 3　音乐厅

（3）配套设施

剧场设有 11 个标准化妆间和 4 个 VIP 化妆间，拥有近 500 个独立化妆台。其中最大一间可同时容纳 60 人共同使用。

排练厅总面积为 400m²，整墙镜面设置，舒适的地板，可提供舞蹈培训、会议培训、文艺排演的专业排练场地。

高贵宽敞的大厅设置了休息区、服务台、寄存处等，可满足所有品牌布展，同时适用于各类新闻发布会、品牌交流、冷餐会等活动。

1.4　社会影响力

大剧场采用世界顶级 d&b 音响及顶级灯光照明设备，中国戏曲、西洋歌剧、室内乐、管弦乐等均可在此上演，舞台总面积约为 1000m²，1 块 60m² 的后车台，中央是 4 块各 60m² 的升降台，两侧则有 6 块各 60m² 的侧车台，它们均可根据演出需要升降旋转、快速多次切换场景。舞台还配有剧场反声罩，

可将现场演奏的音乐原声反向舞台，无需借助音响设备，让观众欣赏到原汁原味的顶级音乐会。舞台最前方是一个可升降乐池，约 60m²，按照建筑声学原理设计、装饰，既美观又符合声学要求。

一流硬件让她成为一个具备接待世界一流艺术表演团体的条件和能力，可为不同风格、不同规模的文艺演出和音乐会提供场所，可满足市民不同的文化需求。

2　精品工程的组织策划

创建精品工程必须要突出一个"精"字，要从预控、构思和创新着手，策划是前期，质量控制是中期，严格验收是后期。我公司本着"用我们的智慧和汗水向社会奉献精品"的精神，树立全员精品意识，针对工程特点、难点，分解目标，精心策划，编制方案及技术交底，加强过程控制，严格验收程序，确保施工质量一次成优。

2.1　目标管理

目标管理贯穿于整个创建精品的全过程。工程建设伊始，根据施工合同及企业创精品工程的要求，项目部确定了创"国家优质工程"的质量目标，并层层分解，围绕目标开展工作，以工作质量保证工序质量，以工序质量保证过程精品，以过程精品保证工程精品。

2.2　项目管理人员的建立

组建项目管理团队，人员选配上优先选取有创优经验、组织力强、有责任感、技术过硬的管理人员。明确各岗位的创精品职责，形成一个由总工程师统一领导，项目经理为主要责任人，技术负责人、质量负责人组织实施，各职能部门执行监督，严格实施的网络化的项目组织体系，为工程质量提供了可靠的组织保证。见图 4。

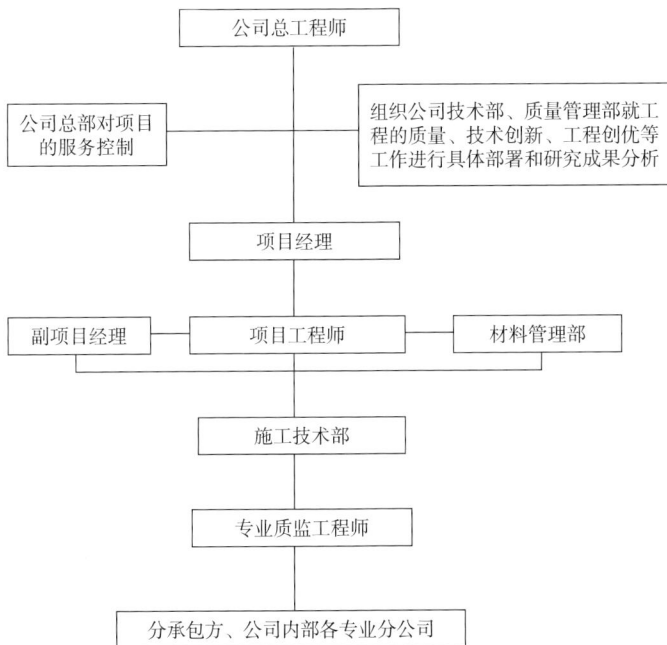

图 4　质量管理保证体系

2.3　个人业务水平及质量意识的提高

施工技术发展日新月异，有目的地安排人员外出参观学习，请业内专家讲课，提高了管理人员对工程的总体策划、难点控制的把握。

加强质量意识教育，树立"百年大计，质量为本"的思想，使每个施工人员意识到质量、效益是企业的生命，只有创造优质的工程，提高经济效益，提供优质的服务，才能提高自身的竞争力。

2.4　强化质量管理制度

坚决执行"十大管理制度"：岗位责任制、三检制、挂牌制、质量否决制、样板制、全检制、成品保护制度、奖罚制、ISO标准化制度、竞赛制。

3　精品工程过程策划

3.1　精品工程深化设计

为实现过程精品和工程精品，根据工程的施工图，依据工程策划有针对性的绘制施工时的装配图纸、加工尺寸和节点构造，直接用以指导加工和生产，通过深化设计有利于提高工程质量，为顺利施工创造条件。

3.2　将单调的、呆板的转化为丰富的、艺术的

突破常规思维创作理念，采用创新的表现手法，将单调的、呆板的产品最终转化为风格迥异的建筑艺术产品。

3.3　使简易的转化为精致的

装饰工程为节约成本，不少是普通材料，以普通材料创建精品工程在于新颖和精湛的工艺，做到精雕细刻。

3.4　施工过程质量保证

（1）加强工程材料控制：严把材料质量进场关，建立检查验收和取样送验制度，原材料及成品、半成品，均进行严格的检验和按规定要求进行取样复试，达不到质量标准的坚决不使用。

（2）质量校核点：提前明确质量验收控制点，明确验收批的划分、验收的内容、验证的

方法，明确质量标准。

（3）质量控制点：根据大量实践以及工程中容易出现的问题，公司制定了《建筑工程细部质量控制标准》，实现了细部施工工艺标准化。项目部根据本工程具体情况，并结合《建筑工程细部质量控制标准》，制定了不同阶段的针对性细部质量保证措施。

（4）隐蔽工程追溯点：精品工程要求"内坚外美"，工程的"内坚"被隐蔽不能直观地看出，则隐蔽点的质量是工程内在质量的关键，针对全部隐蔽项目编制作业指导书，则是对隐蔽工程进行检查、验收、管理、使用的依据和保证。

3.5 质量控制程序的建立

在施工前，建立总体施工质量控制程序，通过质量控制程序，做好事前预防、事中控制、事后总结，确保工程质量目标的实现。见图5。

3.6 质量展示区设置、质量标准化施工

按照公司的要求，除了实现文明工地标准化施工外，在现场设置质量展示区，对各种常见施工做法，如"墙体砌筑"、"模板安装"、"楼梯施工"等进行样板展示，做到样板引路控制，

严格按照样板的质量标准，强调工程质量的预控和过程控制。见图6。

4 设计、施工难点

（1）难点一：桁架标高28.89m，跨度33.6m，自身高度为6m，桁架间距为8.4m，自重265t，钢桁架的提升是施工难点。见图7。

（2）难点二：外侧桁架构件为悬挑形式，标高为10.89～28.89m，悬挑端长度为8.59～24.4m，悬挑桁架下部安装临时支撑是施工的难点。见图8。

（3）难点三：地下室顶板以上560根钢管柱，截面尺寸800×800、800×1400的钢管柱，其浇筑高度15m，每节钢管柱内有4道加劲隔板。高大截面、多加劲隔板的钢管柱混凝土一次浇筑是施工的难点。

（4）难点四：歌剧厅、音乐厅、大厅等多个挑空式中庭，最大挑高29m，其顶板施工质量及安全是施工的难点。见图9。

（5）难点五：外墙斜坡幕墙7946m²，施工过程中防渗水、漏水是施工的难点。见图10。

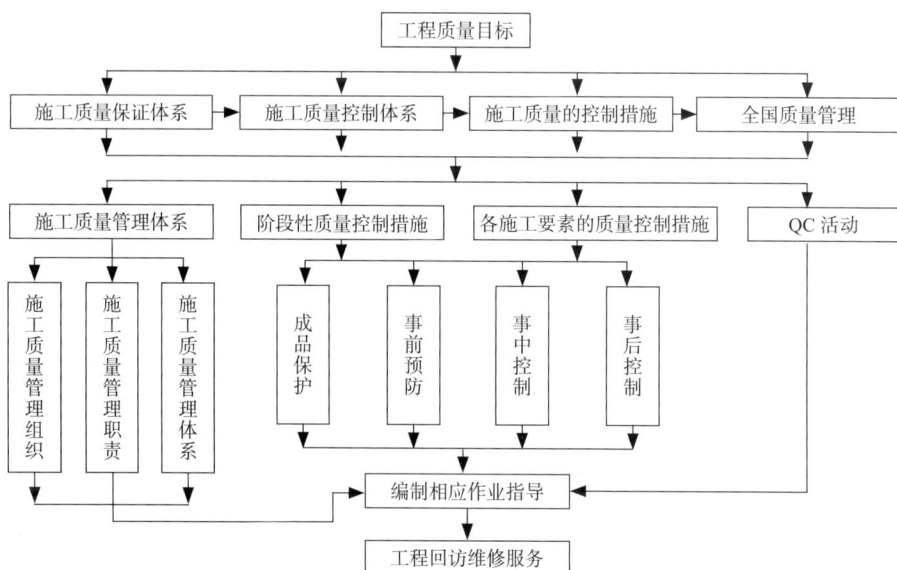

图5　质量控制程序

图 6　样品展示区

图 7　难点一 钢桁架的提升

图 8　难点二 钢桁架的临时支撑

图 9　难点四 29m 挑空式中庭

图 10　难点五 斜坡幕墙的施工

（6）难点六：工程内装饰干挂等项目工程量较多，楼地面主要为花岗岩、玻化砖，铺设面积大，内墙面为干挂石材，保证地面和墙面拼缝一致是施工的难点。

5 技术创新

5.1 新技术的应用

（1）在施工过程中，采用了住房和城乡建设部推广应用的"建筑业10项新技术"中的9大项22子项，采用江苏省推广的新技术5大项6子项，自创新技术2项，获"江苏省建筑业新技术应用示范工程"，整体达到国内领先水平。

（2）通过推广应用住房和城乡建设部和江苏省"十项新技术"，提高了工程质量，缩短工期，减轻劳动强度，节约了能源，保护环境，取得显著的社会和环境效益，并带来经济效益158.4万元。

5.2 开展QC质量小组活动，实行科技攻关，获得省级工法

（1）在钢结构提升过程中，采用"计算机控制双向激光导航"的技术，确保了钢结构提升过程的同步性及提升就位的准确性。该技术获得国家级QC成果一等奖，并获得省级工法《液压提升计算机监控激光导航精准定位施工工法》。

（2）在斜坡幕墙施工过程中，我公司研究一种新的斜坡背栓式明缝石板幕墙内置有组织排水及雨水收集施工工艺技术，高效的疏散和收集雨水，并获得省级工法《背栓干挂斜坡式石材搭接自防水幕墙施工工法》。

6 绿色施工节能减排

6.1 绿色施工

（1）工程开工前，结合工程特点，编制绿色施工方案，制定相应的管理制度和目标，按照"四节一环保"五个要素中控制项实施，并建立了相关台账，评价资料齐全。

（2）采用"多维度复合式自控压力水综合降尘施工工艺"，实现建筑工地的地面、高空、室内立体交叉，多维度全覆盖的全自动降尘体系，提高扬尘控制的效果。

（3）利用BIM技术，对施工临建布置、塔吊运行空间分析、合理优化材料、加工区的布置，将整个场地进行3D模拟、优化，现场布置合理、紧凑、实现场地动态管理。

6.2 节能减排

（1）屋面采用70mm厚岩棉板（40厚A级复合挤塑板）；外墙保温采用70厚岩棉板（150mm厚发泡陶瓷保温板）；外窗（幕墙）采用断热铝合金辐射中空玻璃幕墙；经第三方检测，室内空气质量检测合格；围护结构密实性试验符合设计要求；幕墙现场实体检测合格；分项工程全部合格；质量控制资料完整；满足设计要求。

（2）用水器具全部选用节水型，灯具采用节能型，降低了运行使用阶段的能耗。

7 工程的质量特色、亮点

7.1 地基与基础工程

钻孔灌注桩1042根，承载力检测试验结果符合设计要求，低应变测动力检测满足规范和设计要求。见图11、图12。

建筑物沉降已均匀、稳定，沉降速率符合规范要求。

7.2 主体结构工程

混凝土结构表面平整、截面尺寸正确、棱角方正。填充墙体砂浆饱满、横平竖直、清洁美观。钢结构构件安装、焊接、高强螺栓、防腐涂装等质量符合规范要求。见图13、图14。

图 11　基础工程

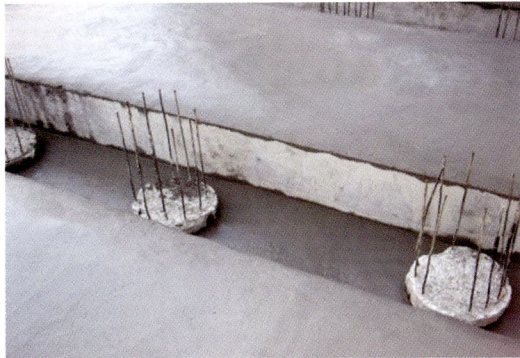

图 12　钻孔灌注桩

图 13　主体结构

图 14　砌体工程

7.3　建筑装饰工程

（1）外墙面

玻璃幕墙：安装牢固，表面平整、色系一致，缝隙平直、宽窄一致、打胶饱满顺直，各种尺寸及形状的玻璃下料控制精确。

石材幕墙：精心选材，色泽一致、颜色自然，缝隙均匀，封胶严密，固定牢固，边角顺直，线条清晰，排版美观。见图 15。

（2）内墙面

涂料饰面：阴阳角顺直，涂料涂刷均匀、无污染、无开裂现象；顶棚平整、线角通顺，无起楞不平等现象。墙砖饰面；节点牢固，缝格准确。见图 16、图 17。

吸音板墙面：安装牢固、表面平整、缝隙一致、色泽均匀。见图 18。

（3）楼地面

公共部位石材地面：排版正确美观，粘贴牢固、铺贴平整，缝隙均匀，无空鼓，平整、洁净、图案清晰美观。见图 19。

地下室地坪：水性环保型耐磨地坪，平整光洁、色泽均匀、细部美观，无空鼓裂缝。见图 20。

（4）卫生间

卫生间墙、地砖对缝整齐，卫生洁具居中对缝；经蓄水试验无渗漏。见图 21。

（5）门窗

门窗安装位置准确、牢固，开关灵活、缝隙均匀，无倒翘。合页安装平整吻合、位置正确。门窗表面洁净、平整、光滑、色泽一致，无划痕，无碰伤，无污染，无锈蚀。见图 22。

（6）吊顶

大面积吊顶、吊架密布均匀，安装牢固，接缝严密，无翘曲变形，整齐美观。通长吊顶无裂缝，且与地面造型对称、上下呼应。见图 23。

（7）楼梯踏步

踏步铺贴平整，相邻踏步尺寸一致，踢脚线厚度一致，上口平直。楼梯栏杆安装稳固，栏杆高度满足规范要求。见图24。

7.4　建筑电气工程

灯具安装规范，排列整齐。灯具安装间距合理，成排成线。开关、插座安装牢固、排布合理、精致美观。见图25。

图15　石材幕墙、玻璃幕墙

图16　涂料墙面

图17　墙砖饰面

图18　剧院的吸音墙面

图19　石材地面

图20　地下室水性环保型耐磨地坪

图21　卫生间面砖及洁具

图 22　实木门及细部

图 23　吊顶

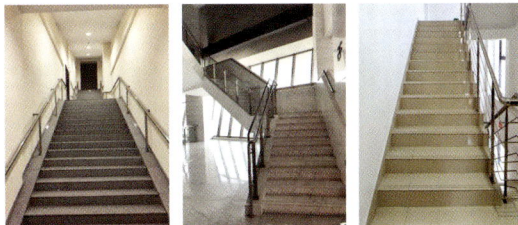

图 24　楼梯

图 25　灯具统一规划、成行成线图

图 26　配电机房

变压器、配电柜设备布置合理安装牢固、规整划一，绝缘电阻测试与耐压试验合格，防雷接地检测合格。见图26。

7.5　通风与空调

循环泵、集分水器、风机盘管、风机、保温等材料、设备均符合设计和规范要求，检测结果合格；空调系统运行平稳，温湿度满足设计和使用要求。见图27。

机械设备，标牌齐全醒目，层次清晰，整齐有序。见图28。

风管安装牢固、平稳、端面平行，风管与法兰连接牢靠、支吊架设置合理、间距均匀，部件安装方向正确。见图29。

7.6　给水排水、采暖工程

泵房内的水泵安装牢固，旋转方向正确，标牌齐全醒目，管道安装支架位置、间距合理，管卡与管道接触紧密，阀门启闭灵活、朝向合理。见图30。

公共卫生设备和配件均采用节水型产品，安装标高、位置尺寸一致，细部处理细腻，实

223

用美观。见图 31。

7.7 智能建筑工程

智能化系统运行安全可靠，信号准确；各类标识清晰，双语指示准确，为设施的有效使用提供了便利。见图 32。

7.8 电梯工程

电梯安装牢固，运行平稳，停层准确，停靠时无撞击声，松闸时无摩擦，经特种设备检测中心检测及年检合格。见图 33。

7.9 节能

各种保温、材料复试合格。外墙节能构造现场实体检验、外窗气密性检验、系统节能性能检测合格。节能专项验收合格。

图 27 循环泵、集分水器、风机盘管

图 28 机械设备

图 29 风管综合布置、法兰连接

图 30 泵房内景、标牌清晰

图31 卫生间图片

图32 智能化设施

图33 电梯

8 工程获奖与综合效益

8.1 工程获奖

在施工中，紧扣工程质量这一核心，以标准化为抓手，新技术应用为动力，科学管理、规范施工，先后获得多个奖项，具体如下：

（1）"2013年度江苏省安全文明工地"；

（2）"江苏省优秀设计"；

（3）"2016年度宿迁市项羽杯优质工程奖"；

（4）"2017年度江苏省扬子杯优质工程"；

（5）"2014年度中国钢结构金奖"；

（6）"江苏省新技术应用示范工程"；

（7）全国QC小组活动一等奖；

（8）国家发明专利1项、实用新型专利5项，省级工法5项。

8.2 工程社会效益

宿豫文化公园（宿豫文化艺术活动中心）项目主要建筑有大剧院、文化馆、图书馆、博物馆、美术馆、项羽纪念馆、非遗展示馆、文学艺术俱乐部、影视城、城市展览馆、会展中心、古玩市场等文化设施，为宿豫城区标志性建筑。项目集公共文化事业、文化娱乐产业、三产服务业设施及主题文化公园为一体，追求高品位、综合性、规模化、产业化，满足宿迁市及外来游客公共文化、娱乐休闲、旅游购物等需求。它的建成与发展有利于集聚宿豫城区人气、商气。

大剧院工程作为宿豫文化公园项目的一部分，推动了文化惠民和艺术普及，使百姓素养在熏陶中提升，让更多的市民能够走进大剧院欣赏高雅艺术。宿迁日报社在大剧院的管理团队将通过优化文化资源配置、保证演出质量、降低采购成本等一系列手段，使大规模、密集的高水平演出成为可能。

雅戈尔太阳城超高层 20 号楼住宅 ——江苏南通二建集团有限公司

1 工程概况

雅戈尔太阳城超高层 20 号楼项目地处苏州市工业园区现代大道北、北榭雨街东侧、东沙湖路南侧、星华街西，位于苏州市工业园区东沙湖板块核心区域，风景优美一览四湖。

该项目由苏州雅戈尔置业有限公司投资兴建，苏州工业园区设计研究院股份有限公司设计，苏州工业园区建设监理有限责任公司参与监理，江苏南通二建集团总承包，自 2013 年 7 月 22 日开工建设，于 2016 年 9 月 23 日竣工验收。项目总建筑面积：49998.90m²，其中地下 2 层建筑面积为 5878.37m²，基础采用桩承台筏板基础，主体为剪力墙结构，由两层地下室和一幢 52 层高 193.05m 的江苏省第一精装修高楼组成；基坑开挖深度 -10.2 ~ -13.5m，基础底板浇捣的混凝土厚度 2.5m。

本工程为江苏省第一高精装修住宅楼项目，容积率 1:15，土地资源得到了充分的利用，提高了苏州地区土地集约化的利用水平。同时体现了我国现代科学的进步，新工艺、新材料、新模式的广泛应用，从根本上改变了人与生产过程的关系，推动了社会经济的发展和转型。见图 1、图 2。

2 工程重难点分析概述

雅戈尔太阳城超高层总承包工程项目属于高端精装修住宅项目，建设方对质量和进度的要求非常高。工程建设工期要求非常紧张，施工为 1020 个日历天，工程施工工期短，施

图 1 工程外景

图 2 精装修内景

工涉及的专业类别多，施工工艺复杂，现场的总承包管理难度大，保证项目能够按期交付使用，是本项目的一大难点。因此，项目部首先梳理出该超高层项目施工总承包管理中三个重点管理内容以及部分技术难点并预先制定相关应对策略：

（1）总承包管理的综合协调能力要求高。本工程为超高层项目，涉及众多的专业分包，交叉作业、垂直作业情况多，因而，其管理及协调工作任务繁重。为此，项目部通过总结过去类似超高层项目的总承包管理经验，完善总

包管理体系，强化过程管理与协调。

（2）整体深化设计及优化难度大。本工程是超高层精装住宅，专业分包多，如何有效将各专业进行整体深化及各专业之间的优化设计协调将是一大难点。措施：结合我公司多年类似工程总承包管理经验，将调集所属各设计院资深设计专家组成设计技术专家顾问团，从合作伙伴单位调集拥有超高层深化设计经验丰富的专业设计人员组成项目深化设计部。协调建设方组织各专业分包的招标以及进场工作，对图纸进行熟悉和了解，在熟悉图纸的过程中发现问题及时向深化设计部提出，便于深化设计整合。

（3）安全生产管理协调难度大。根据本工程特点，施工作业面大、施工队伍多，交叉作业多，高空防坠难，消防管理难，因此对各分包施工现场安全生产、消防管理将是总包管理的一大难点。措施：①制定专项管理制度及奖罚措施；②总包对各专业分包安全管理执行一票否决制；③总包对大型机械设备有绝对管理控制权。

项目部对本建设项目的部分技术难点进行了一轮梳理，如表 1 所示。

超高层项目部分技术难点 表1

序号	施工重难点	难点分析	施工对策
1	深基坑工程施工	1. 本工程主楼区域最大挖深达 -13.1m，地下车库区域最大深度为 -6.95m； 2. 分层开挖过程中需同步进行围护护坡工程施工，合理安排穿插，确保安全及快速施工； 3. 地库与主楼标高不同，土方开挖顺序将影响整个工程的施工进度	1. 结合我司 20 号楼、21 号楼及其余过往超高层施工经验，对土方进行"分区分层开挖、突出主楼、中心岛式"开挖的原则进行开挖； 2. 基坑围护护坡严格按照设计工况进行，确保整体基坑的安全； 3. 加强基坑安全监测、建立预警机制，对可能出现的位移预警、水位预警、管涌的情况能及时处理，确保安全及进度
2	大体积、超高泵送混凝土施工	1. 本工程混凝土泵送高度达 191.850m，且结构混凝土强度等级高； 2. 剪力墙厚度达 600mm，混凝土标号高达 C60，塔楼地下室底板厚 2500mm，局部最后可达 3950mm，均属于大体积高强混凝土，施工质量是关键	1. 采用出口压力达 48MPa 的超高压混凝土输送泵，配置 10mm 厚、直径 150mm 的高强超耐磨输送泵管，满足大方量、超高混凝土施工的需求； 2. 优化大体积混凝土施工配合比，采用水化热较低的水泥、同时降低混凝土入模的温度，剪力墙采用自动喷雾养护技术，并进行实时监测，确保大体积混凝土施工顺利
3	超高层施工测量与监测	塔楼高达 191.850m，地上结构层数达 52 层，采用剪力墙结构体系，结构高度高。 1. 结构施工过程中，垂直度、轴线等施工控制测量难度大； 2. 塔楼自身荷载非常大，受日照、风力等影响大，施工过程中给塔楼带来明显的压缩变形，因此，施工过程中以及交付使用后的监测尤为重要	1. 项目成立专门的测量小组，确保项目控制网测量精确； 2. 编制专项的结构变形监测方案，并进行跟踪监测，及时记录并分析反馈数据，确保结构变形处于受控状态
4	多专业深化设计及管线综合	本工程机电功能齐全，系统繁多，设计标准高，深化设计工作组织、协调难度大	1. 在深化设计部的统一部署下，成立机电深化设计组，对建设方的功能需求进行细化深入； 2. 采用 BIM 技术，本工程管线协调工作建议使用 MagiCAD 软件，实现管道的三维自动生成，减少管线布置的冲突，提高工作效率； 3. 通过 CAD 软件依次开展预留预埋图、综合管线布置图、剖面及施工详图、机电末端布置图深化设计工作

续表

序号	施工重难点	难点分析	施工对策
5	超高层大型设备及管道吊装运输	塔楼设备层多，部分设备及管道外形尺寸大、重量重，设备垂直运输高度高，设备吊装的风险控制难度大；地下室设备集中，重量重，水平运输难度大	1. 成立大型设备吊装保障小组，负责大型设备吊装工作； 2. 制定详细的吊装、运输方案，保障楼层内管道运输通道的畅通； 3. 制订详细的设备就位方案和平面运输路线；复核大型设备在楼层上的运输路线范围内的楼面结构的承载能力，必要时采取加固措施，保证结构安全； 4. 协调各种机电设备的吊装及场内运输，做到井然有序，保证垂直运输、水平运输的通道畅通

3 超高层施工总承包管理的改进与优化

3.1 超高层施工总承包项目部的优化

（1）施工总承包项目部优化内容

项目能够得以有效推进，很大程度依赖于总承包项目部的自身提升以及对现场的有效管理。针对所发现的问题，项目施工总承包单位在推进过程中，不断对项目部进行了优化。主要针对以下三方面内容进行优化：

1）优化项目部的管理制度，形成高效的项目部，这对复杂项目，尤其是造价高、工期长的超高层项目尤为重要，直接关系到项目能否按节点保质保量地完成。

2）优化项目部的和谐管理。依据和谐管理理论，管理结构层次主要分为人和物，主要通过激励和规范以发挥人的能动性以及对物的有效利用，提升项目的和谐度。因而，对项目部的优化需着重发挥人、物的作用。

3）项目部文化建设。项目部的文化建设项目管理团队建设的重要组成部分，是凝聚团队力量的重要保证。对于超高层项目部的文化建设既有总承包单位南通二建的企业文化体现，更多的是该项目本身的文化。目前，项目部缺乏团队文化建设的意识，往往只是总公司企业文化的照搬照抄，并不能完全适用实际情况，也就难以形成良好的团队精神和项目氛围。

（2）施工总承包项目部优化举措

超高层项目部一方面通过完善项目部的管理制度，另一方面通过对项目部各部门、各成员采取座谈，调研等方式，了解团队的想法，加强项目成员团队归属感。提供适合项目部团队成员学习培训的机会，既使团队成员业务上有所收获，也增强了其项目团队的归属感，可谓一举两得。

其次，项目部设计了团队激励措施。主要是根据项目部以及团队成员的实际情况，激励大众，照顾小众。注重物质激励和精神激励的有机结合，以及正激励和反激励的相互补充，既有激励更有约束，使得项目部形成良好的竞争氛围。

此外，本项目的建设单位和项目施工总承包单位之间是契约合作关系，合同履约水平和服务水平是建设方对项目部评价的主要方面。为此，超高层项目部制定了定期由建设方评价的制度，通过向建设方发放调查问卷，对项目部的管理水平和服务态度进行评价，调查问卷收回后进行总结分析，对评分较低的类别进行整改落实。项目部制定的满意度调查问卷详见表2。

3.2 项目施工总承包管理体系的完善与优化

（1）项目部门分类管理的改进

超高层项目部对项目的管理组织架构进

项目部满意度调查问卷 表2

填写时间	*年*月*日		问卷回收时间		*年*月*日	
受访人	***					
评价内容			满意度			建议意见
		满意	基本满意	不满意		
1	项目部组织机构设置					
2	项目部组织分工情况					
3	工作流程设置					
4	组织协调能力					
5	相关管理制度、职能的制定					
6	土建施工质量					
7	机电设备安装质量					
8	屋面防水					
9	产品实体质量					
10	质量管理体系运行效果					
11	劳动力资源配置					
12	施工进度安排合理性和有效性					
13	现场安全文明施工及标准化工地的管理					
14	施工资料整理与移交					

行了优化，对项目部管理部门进行了重新梳理分类，具体包括以下几点：

1）在原有的组织体系内增设了总分包综合协调机构，旨在各部门、各专业分包之间进行协调工作。

2）增加信息管理中心，以实现设计、合约、材料设备等的信息化管理。

3）增设独立的考核小组。目前，项目部的考核形式往往以定性为主，不够全面具体，缺乏专业的量化，从而使得考核结果缺乏客观公正性。优化后的项目部将更加高效、全面，有助于项目管理目标的实现。见图3。

（2）提升项目信息化管理

目前，各类项目的建设过程，越来越重视项目的信息化管理，超高层项目的推进过程中，在这一方面也做了些许工作，但还远远达不到信息化管理的水平。目前，项目部需要提升项目三大目标，即进度、成本、质量的信息化水平。

施工进度控制中的信息化管理中，可以参照以往类似项目的进度管理信息，利用信息化管理的软件可以快速地对数据进行整合，可以直接输出项目的进度计划以及网络计划的时间参数。同时，项目推进过程中产生大量的数据依靠信息化管理可以大大提高分析的效率和准确性，自动分析项目进度计划的执行情况及其发展趋势，并做出合理的预测，出现问题进行及时纠偏工作。

施工成本管理中的信息化管理，可以在项目进行过程中，实时根据计划目标成本的控制要求，进行动态的管理以实现项目实际成本的有效管理。同时，信息化还可以提高成本核算

229

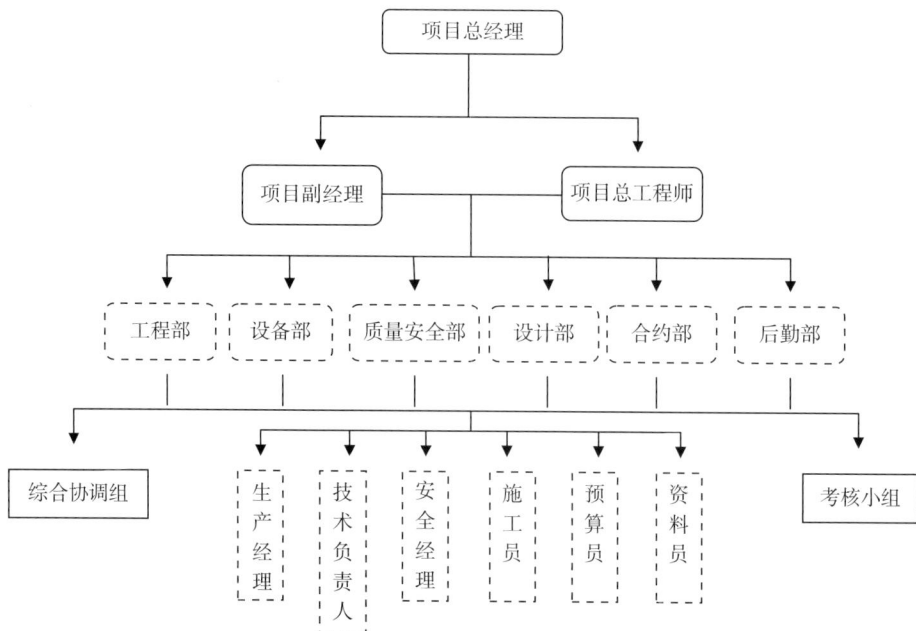

图3 超高层项目的组织架构

的效率和准确性，并可以对成本变化趋势进行预测，为偏差的纠正与预防提供量化依据。

施工质量控制中的信息化管理，可以促进施工质量控制实时管理，大大提高效率。并且能够依据施工网络计划图进行工序施工、完工时间的预测，这样就可以预留时间通知项目各参建方到场开展隐蔽工程的验收工作，减少窝工现象，控制进度。

（3）优化部门沟通协调机制

建设项目的协调沟通工作是一项繁复的工作，尤其是对于超高层这类设计专业分包较多的项目，合理高效的协调机制显得尤为重要。协调工作的重点是：总分包协调、与建设方监理方协调、施工现场协调、对外协调等。

建立不定期沟通协调制度，可以通过专题会等形式，召集项目参与各方对项目推进的过程中出现的问题进行研讨。项目部经理应加强与各级、各分包负责人的沟通交流协调工作，对于重大问题的处理与决策，应组织联席会议，集体商讨有效的解决办法。同时，应做好

各类书面文件的收、发、记录存档工作，留有书面意见，详细内容见表3。

协调机制的内容 表3

序号	协调项目	协调内容
1	各参建方的协调	总包单位应负责各专业承包人的管理与协调工作，确定他们的职责权限，牵手负责协调建设方、施工方、监理以及设计单位
2	现场的施工协调	组织各类推进协调会，针对项目推进过程中发生的各类冲突、矛盾应及时安排项目协调会议，明确主体责任
3	对外协调服务	主要是协调项目与政府有关部门，主要包括有项目有关的住建系统部门以及交通、环保和属地街道政府等机关的关系，积极争取支持

（4）项目实施的实时跟踪

项目的改进和优化的实施，需要进行实时跟踪，只有这样才能准确把握项目每个时间节点的落实情况，出现问题，及时纠正调整。以及通过控制一些关键性时间节点如底板施工完成时间，地下室出正负零以及结构封顶等重

要时间节点目标来实现对项目总体目标的把握。这对于在工期进度要求较高的超高层项目来说，至关重要。其次是做好配套计划的跟踪检查，包括施工方案编制计划、图纸供应计划以及物资设备的进出场计划。

3.3 超高层项目的风险管理与控制

（1）项目的风险识别

超高层建设项目工程体量大、建设周期较长、工艺技术也较为复杂，这就使得项目在推进过程中存在很多潜在风险。要准确高效地识别出项目中存在的风险因素，依赖于项目推进过程中的细致调查分析，还要对分析出的各种风险因素进行细化分析，去同存异，并对各个因素的影响程度进行推测。因而，风险识别的过程是一个复杂且需要运用科学方法的过程。因此，超高层项目的风险识别须依赖于科学有效的方法，目前应用比较多的主要有德尔菲法。

德尔菲法是一种比较科学的调查方法，可以避免集体讨论中的盲从而使得调查结果不准确。它有一套流程，通常是通过邮信件的方式向行业专家等征求意见，然后将初次收集得到的专家意见进行汇总整理，再匿名反馈给各位专家，如此这般，经过多轮的征求意见，可形成较为准确的一致性预测意见，从而再结合项目的特性，得到最符合实际情景的预测结论，作为项目风险识别的依据。此方法的优点是能够集中大家的智慧，充分发挥独立调查的作用，提高项目风险因素预测的准确性，但也因此常常会导致项目在调研前期花费较长的时间。

针对风险管理的缺失问题，项目部基于上述两种风险识别方法，首先制定了《超高层项目风险识别调查问卷》，并邀请项目有关的技术人员、管理人员以及专家对调查问卷中所提的项目风险因素进行细分。该调查问卷表对项

目风险分为内部风险、外部风险共7项，如表4所示，根据制定的细分标准整理，对收回的调查问卷进行了汇总，去除无效和重复的，共形成了35项风险子因素，形成了超高层项目施工风险因素清单，包含了外部风险有10项，内部风险有25项。

项目风险的应对策略 　　表4

风险类型	风险因素	解决方法
外部因素	社会风险	风险预防
	资源风险	风险减轻
	经济风险	风险减轻
内部因素	组织风险	风险预防、减轻
	人力资源风险	风险回避、减轻
	技术方案风险	风险接受
	项目管控风险	风险回避、减轻

（2）项目风险的应对策略

项目的风险因素一旦识别后，需对项目的风险进行管理与控制，目前常用的控制方法主要是从改变风险后果的性质、风险发生的概率及风险后果大小这三个方面进行，常见的风险处理策略有减轻、预防、转移、回避、自留和后备措施等，应针对不同的风险因素，采用相应的应对策略。

4 锻造精品工程管理

项目部的工程管理是铸就精品项目成败的关键。我项目部在雅戈尔超高层项目开工伊始，就明确以"筑"就精品工程为目标。利用庞大的团队力量和积攒下来的宝贵建筑经验来实现这一目标。

我项目部通过规范制度建设形成管理奖励、处罚系统，促使各级管理人员和广大的劳务人员增强核心意识、看齐意识，自觉遵守"策

划、管理、创新、精品"的四大发展理念。以
"严"和"实"的作风实施好"安全标化"行
动。通过团队会议、团队成员联合办公等形式，
对项目成员进行评估，确定成员资格和强化集
体规范化制度建设。管理考核做到公平公正，
关键是考核指标量化。项目部所有考核指标量
化，不能凭主观感觉。对项目的激励采用群体
激励，因为项目大多是集团合作的成果，激励
机制只有鼓励团队才能算是合理，另外项目激
励与项目成员的优先级联系起来。战略上优化
团队的分工布局、专业布局和空间布局。抓紧
项目合作平台建设，共同组建经营开拓、现场
管理、技术研发、核算审计等平台。落实配套
激励措施，促进优秀人员能够稳定持续充分发
挥人才资源的作用，释放人才资本的潜力，是
项目进一步发展的重要支撑。

在竣工阶段，积极配合业主单位、监理单
位进行验收竣工移交，并提前做好相关的资料
及一切准备事宜。

5 工程技术难点及新技术应用情况

5.1 深基坑支护浇筑施工

结合施工难点，提出了先浅后深的施工顺
序，保证了基坑施工的安全并节约了施工成本
和加快了施工速度，取得了良好的效果。

5.2 大型深基坑综合施工技术

基坑采用灌注桩、排桩结合一道混凝土支
撑的支护体系，工程通过坑内坡道挖土和合理
流水搭接技术，加快了基坑施工速度，避免了
基坑施工的安全风险。见图4。

5.3 外墙装饰柱吊装应用技术

本项目外立面有16根200×200装饰柱，
若采取传统支模浇筑的方法将难以保证工程
进度及质量。经项目部共同研究并征得设计同
意，采取预制吊装的施工工艺，并同时将外立

面的砌体随着爬架上升过程中施工完成，减少
爬架下行过程中的工程量，将大大提高施工总
体进度。此项专利已申报国家专利以及省级工
法。见图5。

5.4 填充墙构造柱装配式施工

本工程采用定型化装配式施工，产品质量
利于控制，构件外观质量满足清水混凝土要
求，整个模板体系可重复周转使用。避免了现

图4 大型深基坑综合施工技术

图5 外墙装饰柱吊装应用技术

有填充墙构造柱模板体系因主观因素造成的质量缺陷，消除了施工中因质量问题产生的返工，造成人工材料的浪费。同时节省了材料，施工快捷准确。此技术已获得国家专利及省级工法。见图 6。

5.5 高大空间混凝土楼盖高支模施工技术

屋面以上 169.400 ~ 191.850 标高为 6 层构架，构架总高度达 22.45m 且多为中空部位，施工难度大，安全风险高，为保证施工质量与安全，项目部采取 BIM 技术交底等一系列措施，保证混凝土成品质量好，无安全隐患。见图 7。

5.6 BIM 技术应用

本项目实行"BIM"信息化管理模式，建立建筑信息模型，利用数字技术包括 CAD、可视化、参数化、精益建造、流程、移动通信等表达建设项目几何、物理和功能信息以支持项目生命周期建设、运营、管理决策的技术、方法或者过程。根据施工图纸建立建筑、结构、机电 BIM 模型，利用 BIM 技术检测建筑与结构之间的碰撞问题、设计不合理问题，有效控制建筑和结构图纸的一致性，避免了在施工过程因建筑和结构设计冲突，造成的返工、拆改。

图 6　填充墙构造柱装配式施工

图 7　高大空间混凝土楼盖高支模施工技术

施工指导，利用 BIM 模型输出综合管线图、剖面图、单专业图、三维轴测图、图片、动画，讲解给施工分包，使分包明确掌握图纸设计意图和管线安装层次规则，避免对于图纸的误读或不理解造成返工。

指导施工，以 BIM 模型和 3D 施工图取代传统二维图纸指导现场施工，防止现场人员由于图纸的误读引起施工犯错。

5.7 超高层测量放线施工技术

本工程采用高精度的测量仪器和成熟的测量技术，布设建筑方格网，其使用方便，精度可以保证，自检也方便。周密地在施工场地上布置水准高程控制点，不仅能在很大程度上使管道铺设立面布置和建筑物施工得以顺利进行，而且能够确保超高层精确度。

5.8 超长地下室涂膜防水技术

近几年，在技术和经济的快速发展背景下，建筑行业展现出了广阔的发展前景，与此同时地下室建筑业也获得了突飞猛进的飞速发展。但从目前的实际情况来看，多数建筑物的地下室结构采取都是钢筋混凝土，如果在应用过程中长期渗水，结构中的钢筋将会遭受到腐蚀，从而将会破坏结构的整体性，因此为了确保整个建筑的结构的安全以及质量能够满足使用要求，加强地下防水施工技术探讨是十分必要的。本工程地下室采用了 JS 水泥基＋聚氨酯防水材料，确保了超长地下室无渗漏和环境无污染。

5.9 楼面一次压光和清水混凝土施工技术

本工程楼面采取一次压光和清水混凝土施工技术，达到了表观平整质量好，且增加楼层使用空间。针对 20 号楼墙柱是 C60 高强度等级混凝土。我们采用了 52.5 级水泥、高性能减水剂和优选石子粒径等措施，使混凝土外光内实，并针对梁板混凝土为 C30，采用了如图 8 处理节点确保混凝土质量。

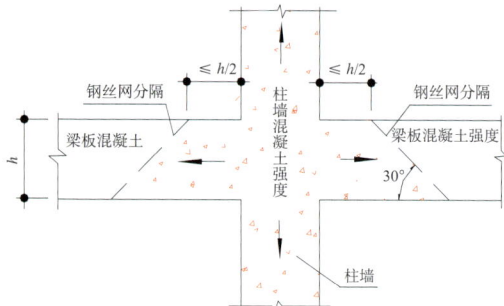

图 8 节点处理

5.10 新型人货电梯等大型机械应用技术

20 号楼采用了两台瑞典进口安利马赫施工电梯和 42 台外墙 SDJ—V 型附着升降脚手架，大大提高了机械化作业率。电梯采用人脸识别系统由专业操作人员专职操作，合理安排电梯使用。既能防止因无序使用而造成的浪费，同时也能降低因操作不当或是违规操作而造成的危险因素，减少了施工成本和降低了安全风险。见图 9。

图 9 新型人货电梯

6 工程质量情况

（1）地基与基础工程：20 号楼 152 根钻孔灌注桩，20 号楼桩直径 800mm，桩基承载力检测全部大于设计要求。

（2）主体结构工程质量情况：混凝土结构外光内实，达到清水混凝土效果，沉降稳定，结构无裂缝、无倾斜、无变形、无渗漏、安全可靠。层间垂直度最大偏差 3mm（规范

8mm），全高垂直度偏差最大值9mm（规范30mm），200组钢筋原材检测、141组钢筋连接试件检测、326组混凝土试块、639点钢筋保护层厚度检测全部一次合格。

（3）石材幕墙、单元板块玻幕墙表面平整、色泽均匀一致，拼缝横平竖直，大角挺直，线条流畅。幕墙四项性能均达到设计要求，淋水试验合格，经过雨季的考验，至今无渗漏。内开内倒断桥铝合金门窗，开启灵活，按规定全部采用Low-E中空安全玻璃，水密性、气密性检测合格。

实木复合地板、公共走道墙纸、环氧地坪等，对缝挺直、平整光洁，无色差、无污染；车库环氧地坪色泽一致，表面平整。

石膏板吊顶及乳胶漆顶棚，布局统一合理，接缝平整，色泽一致，线角平直，美观光洁。

室内门工厂化加工，用材考究，制作精细，安装牢固，五金齐全，位置正确，开启灵活；烤漆光滑，手感细腻，胶缝顺直。

室内外环境检测情况：经苏州市建筑工程质量检测中心有限责任公司对室内环境进行检测，该工程室内环境所检测项目氨、氡、甲醛、苯、TVOC均符合国家标准及规范要求。

（4）设备安装牢固，排列整齐，安装规范、运行平稳；接口严密无渗漏，仪表、阀门标高朝向一致；不同压力的系统管道试压调试一次成功；管道布置合理，立体分层，支架牢固，吊架垂直，间距均匀一致，标高精准；保温严密、亮丽，标识清楚。

（5）电梯运行平稳，制动可靠，平层准确；层门门扇平直、洁净、门缝严密一致。

（6）桥架、母线槽安装规范，连接牢固，表面平整，紧密一致；跨接正确、无遗漏，防火封堵严密。电缆排布整齐绑扎牢固，标识规范。防雷接地、设备接地、设备专用接地、设

备接地、设备专用接地、等电位接地系统安全可靠。末端设备安装牢固、居中布置，横成行竖成排，斜成线。坐标统一，标高一致。

（7）智能建筑系统技术、设备先进，运行可靠，操作方便，机柜安装规范，消防报警系统经联合调试，一次通过验收。

（8）层面避雷针与主体结构通过预埋件连接，设计为三级焊缝，拼接严密，坡口正确，焊缝饱满。防腐防火涂层均匀，厚度符合规范要求，避雷针接地电阻值符合设计要求。

7 推广应用住房和城乡建设部"十项"新技术

目前已推广应用了住房和城乡建设部十项新技术中的九大项22子项，江苏省新技术6项，已被确立为"江苏省新技术应用示范工程"目标项目，整体水平国内领先。

8 综合效果及获奖情况

目前该项目已获得"全国优秀工程项目管理成果奖"、"国家专利一项"、"江苏省级工法"和"QC成果"各一项、江苏省土木建筑学会一等奖、"江苏省新技术示范工程"、"江苏省文明工地"、"苏州市姑苏杯"、"江苏省扬子杯"等荣誉。

9 结束语

雅戈尔太阳城超高层20号楼项目作为工业园区超高层住宅工程，一直以高品质要求自己。坚持文明施工，强化现场管理，注重环境保护。展示"新管理、新工艺、新材料、新科技"的四新工地形象，努力打造苏州地标的精品工程。

XDG-2007-37 号地块 A 块 A-3 组团 3 号楼
——江苏南通二建集团有限公司

1 工程简介

无锡绿城玉兰花园 A-3 项目位于无锡市滨湖区观山路以北，立信大道以东交汇处，交通便利、环境优雅宜人，是无锡较理想的居住之地。本项目总建筑面积 115700 ㎡，包括 6 栋高层住宅以及配套，下设 1 层大型联体地下室。见图 1、图 2。

图 1　项目地理位置图

图 2　A-3 组团工程实景图

整个小区营造舒适、精致、优雅的生活环境，打造绿色、舒适、自然、低碳、智能的生态住宅区，已经成为构建和谐社会、建设节约型城市不可或缺的精髓，也是贯彻落实科学发展观的具体体现。项目建成带动周边环境的整体升级，丰富了周边居民的生活。

2 管理重点与难点

2.1 管理的重点

本项目是要通过超前策划、创新管理方式、组织协调、精细施工，在建设过程中确保工程质量、安全、文明施工和建设周期等管理目标的实现，打造成品牌项目。

2.2 管理的难点

（1）质量标准高：建设单位在施工过程中定期安排第三方进行实测实量，对实测成绩提出了较高的标准（标准是 100 分，实测达 95 分），要求我们在确保工期进度的同时保证施工质量，现场管理难度较大。

（2）技术要求高：项目为高层住宅群体，涉及高层泵送混凝土、垂直运输等新课题，同时项目应用的新技术多，本项目采用铝合金模板体系、液压式提升钢平台等诸多新技术，如何更好地利用和掌握这些新技术也是本项目的重点课题。

（3）安全文明标准高：安全生产上，如深基坑安全控制、群塔作业安全控制、外墙脚手架安全控制、大量作业人员和机械设备安全管理等，对施工现场的场容场貌、污染控制、卫生管理及环境保护等均有更高的要求。

3 创新特点

3.1 管理创新

（1）采用网格化管理形式："统筹安排、总包协调、化大为小、划块包干、权力下放、责任分担"。

（2）安全管理"两性五法"模式："实行刚性和人性化为主导，以操作流程法、思想观察法、问题解决法、安全培训法为抓手，进一步做好安全管理工作。

（3）质量管理"实时跟踪"：将分户质量验收提前至结构施工阶段进行预控，全过程跟踪验收，施工完成立即根据实测要求对每户立体空间尺寸、墙面垂直度及平整度等进行逐项验收、整改。

3.2 技术创新

（1）样板先行：本工程推行"样板先行"规范操作的做法，辅以工艺交底，以细部节点为重点，明确各工序的质量标准和操作工艺流程。

（2）方案优化：以杜绝住宅工程质量通病为目的，在实施前，开展方案优化活动。通过对传统施工工艺优化，有效防止质量通病的发生，提高了住宅工程质量，控制了成本。

（3）微创技术应用：①采用全铝合金模

图3 铝合金模板体系搭设样板

图4 钢筋绑扎样板

板体系作为模板系统；②在砌体与剪力墙结构交接处，结构阳角预留止口，作为铺设钢丝网工作面，保证交接处粉刷层无开裂现象；③厨卫间粉刷采用定型化拉纹铁抹，形成竖向纹路，凹凸分明，增强与面砖咬合；④卫生间同层排水，管道在本层套内敷设，不易堵塞，噪声小，减小渗漏水概率。见图3、图4。

4 管理措施实施

4.1 组织到位

明确管理责任，进行职责分工：针对工程特点，项目部制定了网格化的管理措施，根据施工进度、工程质量、安全生产、文明施工、过程管理等要求，对整个施工区域进行合理划分，确保每一分块区域有固定责任人，各区域施工均处于监控范围之内，避免了项目施工管理的盲点。

4.2 策划到位

（1）成立技术攻关团队，编制创优策划书

工程开工之初，项目部成立了以项目经理为组长、项目骨干成员为组员的技术攻关团队。依托集团科创平台，参照绿城施工质量标准，结合现场实际，讨论并研究本工程涉及的技术难点和需要改进的微创新技术，编制项目创优策划书，针对关键工序和特殊工序的施工技术展开质量攻关活动。

（2）加强技术交底，方式多元化，提高可操作性

1）设置样板展示区，利用样板实物使工人能更加直观的掌握施工工艺及操作要点，颠覆传统交底方式，交底可视化，更具操作性。见图5。

2）利用多媒体方式进行交底，操作视频、动画等方式增加了交底的趣味性，加深工人对交底的印象，增加了交底的趣味性。见图6。

3）交底对象由一线工人扩大到施工员、质量员、班组长等人员，在管理过程中我们深刻体会到领导在实际生产中的作用，因此加强对班组长的交底，提高他们的质量意识，是我们在本项目管理中的一个亮点。

（3）落实到位

1）技术措施及落实

①屋面工程面砖排布计划实施

利用CAD绘制屋面平面图形，通过计算面砖模数、灰缝、墙根伸缩缝宽度合计所需的距离，调整n的数量，最终确定明沟的位置和宽度，面砖排布也相应成型。见图7、图8。

图5　项目实物样板

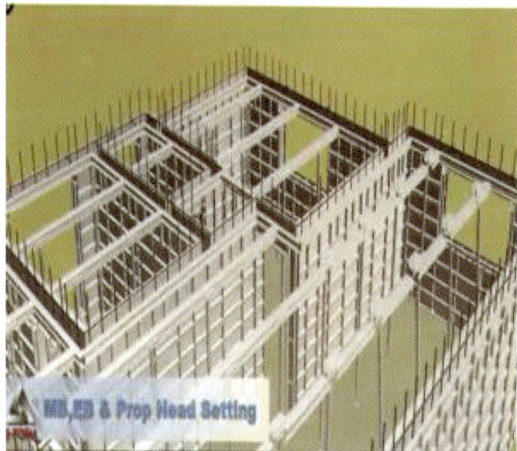

图6　动画视频样板

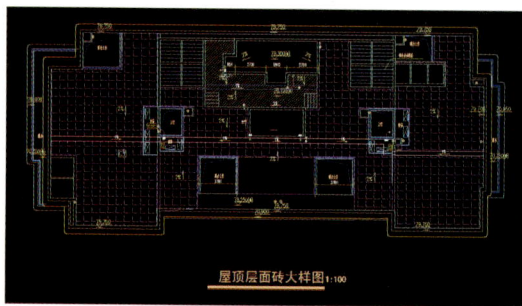

图7　屋面面砖排布图

图8　屋面面砖铺贴实物

②清水墙板免粉刷技术措施

为保证主体结构混凝土成型达到清水免粉刷标准，我们在无锡市场率先使用了铝合金模板体系。各支撑部件一体化，结构严密，装拆方便，支撑牢固可靠，混凝土外光内实，成

型平整度高，杜绝了混凝土结构胀模、跑模现象。使用过程中不使用钢管、扣件、木方等材料，在绿色施工方面起到了很好的效果，施工工效还得到了极大的提高。见图9、见图10。

图9　全铝合金模板体系应用

图10　拆模后混凝土成型实况

③蒸压加气块填充墙体预排版和切割技术

在墙体砌筑前，利用CAD软件对各户型蒸压加气块填充墙体进行预先排版，绘制墙体大样图以指导现场施工，减少非整块材的数量，杜绝材料浪费同时提升整体观感质量。加气块切割采用专用切断器替代传统手工切割，其切割面平整，工效高，经切割后，砌块表面无缺棱掉角现象、尺寸准确。见图11、图12。

④蒸压加气块砌体免开槽技术措施

加气块砌体施工时，线盒管线提前安装到位，位于线盒处的加气块预先进行切割，留置

出线盒位置。根据线管位置将砌块预先切割开槽施工砌体中强、弱电箱体部位，现场预制加工混凝土小构件，在砌筑时，与砌体同步进行砌筑。

图11　墙体砌筑排版图

图12　墙体砌筑及梁下斜砖塞缝效果

2）总承包组织协调管理措施实施

注重加强总承包的管理与协调工作，合理安排工序衔接，合理组织立体交叉作业，管理好各工种、各专业分包单位，给分包单位的施工创造良好条件。

①组织协调原则

在全面了解本工程周边复杂环境的基础

上，结合本项目安全文明施工要求高，与周边施工单位协调等因素，加强项目部内部各作业单位、各管理部门之间的协调配合，统一管理，避免出现内部管理混乱而对施工产生负面影响。积极主动与建设、监理及周边相关单位加强联系，预先或及时解决施工中可能或已经遇到的问题和矛盾；同时主动及时与上级主管部门、邻近居民建立畅通的联络和良好的关系，为工程顺利施工创造了良好的外部条件。

②组织协调措施实施

a. 建立项目部内部每周工程例会制度，所有专业班组工长及管理部门全员参加，通过会议明确每周的生产任务安排，并提出技术、质量、安全、进度、文明施工等方面的每周注意重点和事项，做到内部管理协调有序，致力于管理体系的高效来保证施工过程管理的高效。

b. 在实施过程中，项目部多次牵头召集多家分包单位进行总体协调，有建设、监理、分包单位相关负责人，处理现场存在的矛盾和问题。

c. 在施工过程中，项目部成立了专门的协调小组，如进度控制小组、信息化监控小组、上级部门和与邻近单位联络小组、场地协调和居民联络小组等。通过各协调小组对具体事务的跟踪协调，始终有专人负责，有针对性的解决矛盾，确保施工顺利进行。

d. 一小时例会制度，项目部每天坚持召开一小时工程例会，在例会中对当天的施工情况进行总结、对发现的安全问题及质量问题进行总结、讨论，制定解决措施。对现场发生的问题，还可以拍摄照片发到项目部微信群，大大提高了事件处理速度。见图13、图14。

3）安全和文明施工管理措施实施

①安全管理措施实施

a. 加强学习，强化作业人员安全意识。在项目实施过程中，项目部组织人员学习安全管理知识，增强安全管理意识。在具体工作落实的过程中，要求每个人员要时时想安全、事事抓安全、人人为安全，越是在项目后期，更要树立居安思危的思想，有效地形成了安全管理氛围，确保了项目部人员从思想上重视安全管理工作。

图13　每天一小时例会

图14　项目部微信群

b. 严格制度，完善各项安全管理措施。在具体工作落实中，每位管理人员既是制度的参与者，也是制度的落实者。管理人员做到跟班作业，杜绝作业人员盲目蛮干的行为。结合项目不同时期的施工任务，突出安全管理的重点，定期查找安全管理工作中存在的不足，分析可能发生安全隐患的原因，有针对性的完善安全管理的措施，做到小事当大事抓，没事当有事管，有效弥补了安全管理工作中存在的不足，确保了安全管理工作的末端落实工作。

c.适时创新，改进项目安全管理方法。安全管理导入"两性五法"模式："实行刚性和人性化为主导，以操作流程法、思想观察法、问题解决法、安全培训法为抓手，进一步做好安全管理工作。

设置安全早会场、平衡木体验、灭火器使用体验、综合用电体验、安全宣教展板等。普及施工现场安全知识，让职工切实感受到安全的重要性，增强职工自我防护意识，了解违章作业和违章指挥的危害性，提高应急处置能力，让现场真正做到安全文明标准化施工。在每间职工宿舍安装负载限流控制器，保障用电安全。

（4）检查到位

1）质量过程检查和监督

①严格落实"三检"制度。每个分项工程在专职质检员验收前，均由班组自检和互检验收合格，专职质检员在例行检查时，注重做好记录、汇总、纠正和改进工作。由质检员验收合格后报监理部验收，检查合格后，方才进入下道工序的施工，确保施工过程的质量管理受控。

②严格遵守 PDCA 质量管理程序，对检查过程中发现的问题，在平面图中做好标记，具体到每堵墙、每条轴线，检查完成后由责任班组签收，项目质量员进行跟踪，督促责任班组按时整改并尽快封闭，对每次发现的问题进行总结，杜绝同类问题重复发生。

③实行质量巡视。各楼号负责人和质检员每天对作业现场施工质量进行巡视检查，加强过程控制，保证现场发现的问题能及时落实并整改到位。过程检查中及时进行影像资料留存，做到检查验收的真实性和可追溯性。见图15、图16。

图 15　项目实测实量

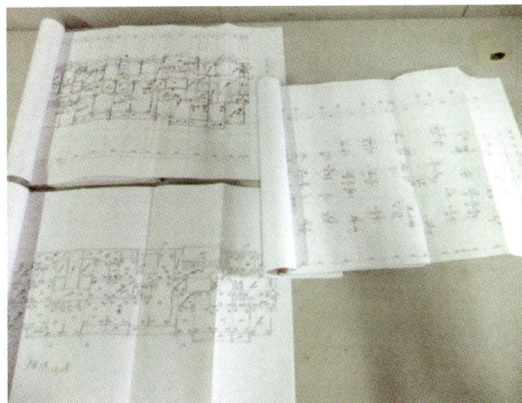

图 16　实测实量记录

2）安全文明施工的检查和监督

①根据各个阶段的施工内容及安全管理的专业不同，把安全及保卫、扬尘治理、环境保护、安全防护、用电安全、机械作业等安全管理工作分解到每位管理人员并签订终端岗位责任书，由专人进行检查。

②在日常安全检查过程中，重拳出击，查隐患；真刀真枪，搞管理；指名道姓，说责任。对现场检查发现安全隐患立即制止，陈述利害关系，克服作业人员麻痹思想和侥幸心理，使作业人员提高安全意识的重要性。将发现的安全隐患形成书面整改通知并附图片，发放给分包班组负责人，及时落实整改。

③建立机械台账，台账中注明机械类型、使用期限、安拆单位、保养时间等各类信息并实时更新，项目安全员通过机械台账的建立能很快了解项目机械的状况并制定针对性措施，确保机械的安全运行。

④建立工人实名制台账，工人进出工地统一刷卡，定期组织工人安全知识培训，通过现场 LED 显示屏向工人普及安全知识，让工人时刻把安全挂在心头。

5 项目管理效果评价

5.1 社会效益

通过我们项目部全员精心组织、超前策划、创新管理，本工程通过各项验收，如期完成竣工验收，经集团公司组织的回访，建设和监理单位满意率为 100%。在项目施工过程中，许多兄弟单位组织前来我项目观摩学习管理经验，树立了良好的口碑。本项目获得各项奖项如下：

（1）3 号—5 号楼获得 2015 年度市"优质结构"。

（2）3 号—5 号楼获得 2017 年度"无锡市优质工程"。

（3）获评 2014 年度江苏省安全文明标准化示范工地。

（4）获评 2017 年度江苏省 QC 优秀成果奖

5.2 经济效益

创新工作成为施工管理过程的有力支撑，通过创新管理、QC 小组攻关、技术革新、严格过程成本控制，取得了相应的经济效益，累计减少成本投入近 360 万元，成本降低率为 1.8%，达到了降本增效的目的。

6 体会

管理是企业发展永恒的主题，我们秉承集团"建一项工程，立一处丰碑"的质量理念，传承工匠精神，精雕细琢，一次成优，提升管理质量。

通过管理创新，本项目实现了既定的管理目标，并且为集团公司在无锡市场赢得了较好的声誉，塑造了优质品牌形象，提升了集团品牌价值，同时激励着项目部员工创新的驱动力，自觉形成一种责任感与使命感，我们将继续在项目管理的道路上不断创新、阔步前行。

南通华润橡树湾四 −2 期项目 58 号楼——江苏南通二建集团有限公司

1 工程简介

南通华润橡树湾工程位于南通市经济开发区核心地位，是集行政、商务、研发、商业、生活等为一体的大型功能性项目。华润橡树湾占地面积约 19 万 m²，建筑面积约 44 万 m²。见图 1。

图 1 南通橡树湾实景图

南通华润橡树湾项目四 -2 项目位于南通市宏兴路南侧、天长路西侧，建筑类别高层一类，四 -2 期工程包括 53 号楼、55 号楼、58 号楼、59 号楼 33 层住宅楼和人防地下车库。南侧邻近星湖 101 街区综合商业体，一站式购物休闲近在咫尺。北侧靠近能达商务区能达商务区是集行政办公、金融商贸、商业服务、文化休闲、科教研发、高尚居住等功能为一体的城市核心区，以加快现代服务业集聚发展为主导，坚持高起点规划、高水平建设、高效能管理，是江苏省省级现代服务业集聚区。

南通华润橡树湾，不仅仅是满足居住的生活需要，也是人们寻找心理认同和彰显个人品位的空间。依托南通开发区优越的自然环境，

遵照前瞻性的住区规划理念，营造高品质的居住空间，创造舒适的环境氛围，从建筑到景观，精心打造，让不同需求的住户都可以在这里找到心灵的归宿。

2 创建华润橡树湾四 −2 期精品工程

2.1 总体策划与设想

南通华润橡树湾四 -2 期项目基于工程定位、档次与重要性，江苏南通二建有限公司将本工程列为近两年内部项目施工管理的重点项目。项目部不仅要完成工程各项目标，创"南通市优质结构工程"、"紫琅杯工程"、"扬子杯"，争创"詹天佑"，而且还担负了树立企业品牌、技术创新、人才使用培养的重任。

通过目标分解以及工程特点、施工关键问题的分析，项目施工技术管理将遵循以下思路进行：

（1）工程将以住房和城乡建设部十项新技术为依托。对于重点、难点部位技术，将开展课题攻关。此外，施工采用新技术、工程使用材料应考虑具有适当的超前性，并且节能、环保，综合水平应具有先进以上水平。

（2）施工技术管理采用信息化、电子化、智能化的模式。即摒弃以往施工过分依赖经验、个人感觉的管理手段，通过广泛采用计算机、自控仪器、传感器等电子设备，智能地、客观地反映工程内部情况，提供可靠信息指导采取相应的施工措施。

（3）工程实施中，将对以下重点技术确定课题，进行专项攻关控制：

1）基坑围护、降水施工技术；

2）超长、超大地下室抗渗混凝土结构施工技术；

3）信息化、电子化、智能化施工技术。

2.2 工程难点重点把握

（1）工程特点

1）社会影响大。本工程为南通市开发区大型项目、精品工程，位于江苏省南通市经济技术开发区东邻天长路北接宏兴路，为华润在南通地区在重大项目，社会各界时刻关心工程的进展和质量状况。

2）定位档次高、体态大。本工程为南通市的高品质住宅区，工程建筑面积达到 12.5 万 m^2，质量目标必须定位在高起点上，必须创精品工程。同样基于工程地理位置的特殊性，施工过程中的安全生产和标准化、环保施工也必须达到一流。

3）施工进度紧。业主方对工期的要求很严，各相关节点都有具体的时间要求。在规定工期内完成如此大规模的精品工程建设，除投入充足的满足施工要求的机械、材料、劳动力这三大硬件外，需要充分利用各专业立体交叉的施工特点，合理而周密地进行施工部署，同时必须提高施工中的科技含量，在保证质量、安全的前提下加快进度。

4）业主要求高。鉴于工程的特点与背景，用户与业主对本工程技术、进度、质量等各项指标要求较高。

（2）施工关键

1）复杂体型施工测量控制。

2）地下室施工阶段基坑围护控制，降水质量控制，围护监测。

3）地下防水质量综合控制，后浇带施工措施。

4）大体积混凝土的裂缝控制。

5）混凝土结构质量控制：梁柱节点施工技术措施，混凝土保护层和楼板厚度控制，现浇楼板防裂措施，泵送商品混凝土专项控制措施。

6）屋面、卫生间的防水控制，尤其是细部节点，保证防水的耐久性。见图 2。

图 2 南通橡树湾屋面实景图

7）大体态工程场地总平面安排与施工措施。

8）安装等众多专业分包项目的质量、安全、进度目标协调及总承包管理、协调、配合。见图 3。

9）工期进度网络控制，各专业工种间的搭接协调工作。

10）环境保护与职业健康安全体系控制。环保、文明施工和扬尘控制措施。

11）住宅工程的质量通病防治。

12）复杂气候工程施工的特殊性以及一些特殊要求。

图4　厚混凝土垫块

图3　南通橡树湾地下车库通风及消防系统

图5　模板下口横向钢筋衬垫

2.3　科技创新

（1）制作厚混凝土垫块，可以避免垫块由于强度不足，造成垫块被踩坏，又能确保上层钢筋保护层，在混凝土浇筑时控制楼板厚度。见图4。

（2）结构施工过程中，外墙模板下口搁置在螺杆上容易导致模板损坏而降低施工质量，支模时在外墙模板下边缘使用横向钢筋作为衬垫，确保模板不被损坏而提高施工质量。见图5。

（3）设计楼板面层钢筋为支座负筋，为确保上层钢筋的上保护层，根据板厚焊制三脚马凳，马凳焊制多道横向挑筋，可灵活使用于不同板厚处。见图6。

（4）卫生间同层排水降板区使用防渗漏吊模垫块，确保卫生间楼板不发生渗漏现象。见图7。

图6　三脚马凳

（5）为提高工程质量，减少施工湿作业，并节约成本，针对本工程二结构门洞加强框策划使用预制门框柱，构造柱策划使用免支模预制混凝土壳。见图8。

（6）注重绿色施工，推行四节一环保措施。我项目经过不断的总结改进推行模板下废板捂脚防漏工艺。一方面实现了对废旧的再次利用，另一方面，节约了水泥砂浆和减少拆模后产生的垃圾。见图9。

2.4 绿色施工

（1）现场文明管理。

按照企业IC形象识别系统要求，高标准完成办公区、施工区、生活区等临建施工，充

图7 防渗漏吊模垫块

图8 免支模预制混凝土壳

图9 废模板下脚捂脚工艺

分展示企业形象。同时对项目管理人员、民工、外来人员等分类结合，在植被绿化、硬化道路、生活设施等与院内原有的景观交融，使工地如同花园。项目部充分重视施工中产生的扬尘、噪声，采取建造隔音棚、定期洒水等措施。现场砌筑及抹灰砂浆采用预拌砂浆，有效减少了现场扬尘污染，提高了施工质量。见图10。

（2）劳务管理措施

总承包在管理、协调中工作量大、资源占用大。项目部在劳务管理方面，探索推行了以下有效措施。

1）劳务分包单位进场后及时收集劳务作业人员花名册、身份证复印件、劳务作业人员岗位技能证书复印件以及劳务作业人员劳动合同。

2）每周按时收集《劳务作业人员变更情

图10 企业IC形象

况周报表（进场情况、离场情况）》，在电脑上每日随时修正，做到不推诿扯皮，每月按时收集劳务分包单位的《劳务作业考勤表》、《工资发放表》，保证每月按时全额支付劳务人员工资，并在公告栏上公示工资发放情况。

3）每月进行三次劳务分包方检查，并认真填写《劳务分包方检查记录表》，发现问题及时整改，整改完成后进行复查。

4）对所有新进场劳务作业人员进行劳务作业人员普法教育并进行普法考试，每周召开三次《施工项目劳务及用工管理阅读工作例会》，并形成会议纪要。

5）项目部推行无纸化办公，建立了信息化平台，由专职劳动力管理员每月按时向集团上报《劳务费结算、支付和工资支付情况统计表》、《使用外部施工队伍统计表》等相关劳务管理资料，做到公司劳务管理与项目劳务管理同步化，节约了资源。

项目部其他的关键内容，我们也进行了关键点的设置，在施工过程中，我们加强过程检查和监督，坚持每周办公例会，对本周工程施工情况进行总结，找出问题、分析问题、解决问题，部署下周工作重点，对工程进行全面的阶段会诊总结，及时找出问题，循序改进，确保了管理目标的实现。

（3）绿色施工管理

项目经理是创建全国绿色施工示范工程的第一责任人。项目经理主要目的就是负责在绿色施工中组织一些具体目标，指派专门的施工管理人员和监督人员。对于创建全国绿色施工示范工程中的具体工作人员一定要经过仔细的审核，负责人员一般是负责绿色建筑施工的具体计划实施，同时如果发现了施工过程中存在的问题要及时改正。通过 PDCA 不断地去完善绿色施工管理体系，推动绿色施工的稳定可持续发展，在施工过程中，对于材料的控

制要非常严格，严禁材料乱用现象的发生。在施工过程中用水方面，严格控制用水计量，从点滴小事做起。施工材料一定要杜绝非绿色环保的原材料，提倡利用可再生绿色环保材料。在施工策划、项目研发、现场施工和竣工验收的过程，对于工程质量要进行严格地把控。绿色施工方案的主要内容要对每一个工作人员进行工作细分，对方案的每一个实施步骤都要进行及时的跟踪观测。在项目开展过程中要积极设立宣传栏，推动人们更好地去认识绿色施工的具体内容，同时还要制定一些可实施的专项方案。见图 11。

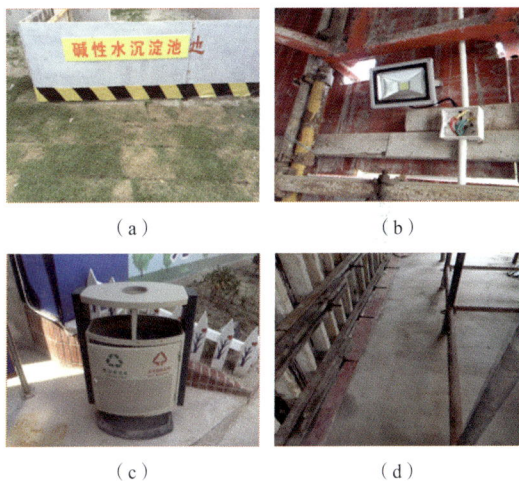

（a）

（b）

（c）

（d）

图 11

（a）碱性水沉淀池；（b）LED 电灯；（c）垃圾分类；（d）废模板揣脚

（4）绿色施工措施细化

在建筑的过程中一定要节约材料资源，在保证建筑质量和安全同时，还要减少资源的浪费，推动绿色施工的长远发展。在消耗材料进行管理的同时，制定一系列的管制措施，从材料采购开始一直到建筑竣工为止，都要进行仔细的审核以及验收。在绿色建筑施工的过程中将每一个细节都做到最精细化，首先在工程建立初期就要制定较为完善的制度，所谓没有规矩不成方圆，在施工项目确立之前要建立较为严格的规章制度。对于建筑施工中的具体工作

人员一定要经过仔细的审核，负责人员一般是绿色建筑施工的具体计划实施，同时还可以对建筑施工进行绿色宣传。为了有效地去推动绿色建筑的稳定发展。无论是利用过的政策还是业主的要求，在施工过程中一定要注重周围的外部环境，充分考察建筑原材料的市场需求。在材料的挑选初期，建筑原材料的采购员要注意材料的环保程度，将承包控制在一定的范围之内，选择对环境绿色环保、可重复利用的原材料。见图 12、图 13。

（5）节水与水资源利用

在施工之前工程项目对每一个步骤所用水进行一个节水指标，按照节水指标的具体要求来执行，并且节水指标的数据要用合同的形式进行明确地指出，这样可以推动节水更好地进行。在施工的过程中如果是阴雨天气，一定要对雨水进行回收利用，建筑施工之前应该先设置雨水收集系统，以便于收集一些雨水用于地下室消防水池，再利用后可以进行循环水的再次使用。在施工过程中首先要考虑一些消耗较低的施工技术，避免出现一些施工设备会消耗大量的功率，致使整个建筑达不到计划施工要求，及时设定建筑设备维修部门，当设备发生故障时，要快速进行维护和保养。绿色施工的真正含义就是在一定程度上减少能源的浪费，对水资源进行合理的利用，在施工现场设置雨水收集系统，将阴雨天的雨水资源进行再利用。在绿色建筑施工方面，提高技术的利用效率，这样在一定程度上也可以减少对于能源的消耗。

图 12　施工现场绿化

图 13　施工现场喷淋系统

3　获得的各类成果

在项目管理过程中，我们坚持以科技创新、绿色施工为根本，按照安全环保、质量技术、进度组织、成本控制、效益收获的顺序进行项目组织，获得了良好的社会和经济效益，根据设定的目标我们确定的业绩如下：

（1）2014 年 12 月华润橡树湾四期 -2 项目被中国建筑业协会评为第四批全国建筑业绿色施工示范工程。

（2）2015 年 1 月 20 日华润橡树湾四 -2 期在 2014 年华润置地江苏大区四季度第三方检查中，成绩优异，荣获第三名。

（3）2015 年 1 月 20 日华润橡树湾四 -2 期在 2014 年华润置地江苏大区四季度 EHS 检查中，成绩优异，荣获第三名。

（4）2015 年 2 月华润橡树湾四 -2 期工地被南通市城乡建设局评为 2014 年度第二批南

通市市级文明工地（市级标准化文明示范工地、平安工地）

（5）2015 年 2 月华润橡树湾四 -2 期工地被江苏省住房和城乡建设厅评为 2014 年度第二批江苏省建筑施工标准化文明示范工地。

（6）2015 年 3 月 27 日华润橡树湾四 -2 期工地 QC 成果《减少现浇混凝土剪力墙"烂根"现象》在 2015 年南通市工程建设 QC 小组活动成果发布会上荣获三等奖。

（7）2015 年 4 月华润橡树湾减少《现浇混凝土剪力墙"烂根"现象》被评为 2015 年度江苏省工程建设优秀质量管理小组活动成果优秀奖。

（8）2015 年 8 月 19 日华润橡树湾二期 53 号楼工程被评为 2015 年度"南通市优质结构"。

（9）2015 年 8 月 19 日华润橡树湾二期 55 号楼工程被评为 2015 年度"南通市优质结构"。

（10）2016 年 1 月 8 日华润橡树湾四 -2 期工地获得江苏省住房和城乡建设厅《预制构造柱免支模 U 形混凝土壳施工工法》。

（11）2016 年 2 月 2 日华润橡树湾二期 58 号楼工程被评为 2015 年度"南通市优质结构"。

（12）2016 年 2 月 2 日华润橡树湾二期 59 号楼工程被评为 2015 年度"南通市优质结构"。

（13）2016 年 4 月 1 日华润橡树湾四 -2 期工地 QC 成果《提高创全国建筑业绿色示范工程得分率》在 2016 年南通市工程建设 QC 小组活动成果发布会上荣获一等奖。

（14）2017 年 11 月橡树湾四期项目被中国土木工程学会住宅工程知道工作委员会评为 2017 年中国土木工程詹天佑住宅小区金奖单项奖（优秀工程质量奖）。

溧阳市人民医院新院——江苏五星建设集团有限公司

1 项目基本情况

江苏省溧阳市位于苏浙皖三省交界地区，溧阳市人民医院新院项目坐落于溧阳市城区西部，周边路网发达，交通方便（图1、表1）。

医院总体规划专业科室配置齐全，门诊接诊量达3500人次/日；22间手术室，能承接各类手术最少66台/日，并预留5间发展空间；住院楼36个护理单元，1200张病床，可接待住院人数最多1200人，病房空间大，具备增

图1 工程位置及外景

工程概况　　　　　　　　　　　　　　　　　　　　　　　表1

用地面积（m²）	建筑面积（m²）			层数	高度（m）
	总面积	地下	地上		
102033	194219.33	42671.27	住院楼　　　　87881.00	22	89.1
			门诊医技综合楼　58202.00	4	17.7
			配套附属单体　　4215.06	1~4	—

各分部概况略

	一层	二层	三层	四层	五层以上
住院楼	出入院、药库、中心供应、高压氧舱、洗衣、营养食堂	配置中心、病理科、住院药房、教学中心	ICU、血透	手术中心	各专业护理单元（标准病房）
门诊医技楼	挂号收费、药房、急诊急救、普外科、儿科、骨科、影像	理疗、中医、内科、门诊输液、腔镜中心、功能检查	结核病、检验、碎石中心、防保科	会诊、体检、眼科、耳鼻喉科等	—
地下室	设备机房、污废收集和人防（平时车库、仓库）及其他用房				
综合楼	主要布置行政后勤管理、档案、职工食堂等				

250

加床位的充足空间。

该项目是溧阳市政府近年最大的重点建设工程和最大的财政性民生工程。江苏省人民医院对项目进行多次考察，认为工程建设质量和软硬件水平已达到行业较高水平。2016 年 9 月 20 日，江苏省人民医院与溧阳市政府签订了院府合作协议，合作成立江苏省人民医院溧阳分院，与省人民医院"同质化管理"。这一举措，是省市各界尤其是医疗行业对本项目各方面建设成果的极大认可，提高了溧阳市医疗行业的技术水准，以及人民群众的医疗和保健条件，提升了人民群众的就医环境质量，并向三省交界的临近浙皖县市辐射，让更多的人受益于此项目的建成。

2 工程施工情况

2.1 工程管理

（1）建立项目管理体系

建立了覆盖所有施工相关方和施工管理各环节的组织管理体系，并将此体系作为质量管理体系，工程管理凸显质量控制。项目管理体系在公司领导下组织建立，挑选公司内经验丰富、技术水平高、质量管理能力强的精干专业人员组成专业职能健全、岗位齐全的项目管理部，由项目经理组织项目管理和实施（图 2）。

（2）建立创优保证体系

建立由业主（代建）、监理、施工、设计单位组成的联合创优小组。在此基础上，结合工程规模和特点，我们组建一支由经验丰富的项目经理担纲、涵盖工程各专业的创优实施团队；成立施工深化设计小组，对工程质量精心策划，做到质量事前控制；成立了创优专项检查小组，检查创优方案与计划的实施情况，实行过程考核，确保工程创优工作有效推进。

2.2 项目策划

公司在充分研究项目特点难点基础上，结合投标承诺和企业发展诉求，确立了：

（1）确保"江苏省扬子杯"、争创"国家优质工程奖"的质量目标；并制定了创优实施计划，对创优目标进行层层分解。公司与各分包单位签订了《质量管理协议》，项目部与各

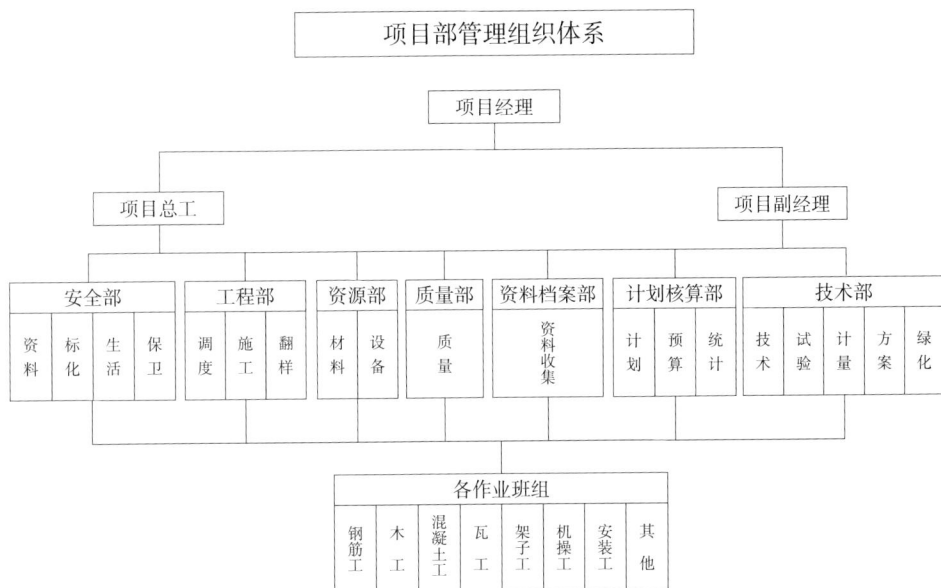

图 2 项目部管理组织体系

分包专业负责人均签订了《质量管理目标责任状》，统一目标，明确责任。

（2）创建"全国绿色施工示范工程"的绿色施工目标，在施工过程中贯彻"四节一环保"宗旨，实现绿色施工。

（3）积极开展QC小组活动，解决公司以往施工项目通过回访发现的质量通病问题；进行技术创新，解决存在的上述问题，并形成至少一项专有的新的施工技术和施工方法，提高质量水平，降低工程成本，缩短工期。

（4）根据确定的质量目标，对工程施工进行策划。制定专项的《创优培训与学习计划》、《检验批划分计划》、《工程试验与检验计划》、《材料取样与封样计划》、《样板引路实施计划》、《关键工序与特殊部位质量监控与验收计划》、《创优工程资料编制与管理计划》、《工程质量亮点策划与实施计划》等。

2.3 过程控制

公司和项目部落实过程控制制度：《方案先行》、《技术交底制度》、《样板验收制度》、《工序"三检"制度》、《施工挂牌制度》、《实测实量制度》、《成品保护制度》、《关键工序与特殊部位验收制度（隐蔽验收制度）》、《定期质量检查与质量例会制度》、《质量奖罚制度》等。

根据经审批的《样板方案》，在各施工阶段，开展工序质量实物样板施工展示。装饰施工之前，在住院楼22层半层面积（一个护理单元）做了一个样板段，基本囊括了装饰、安装专业的主要施工内容，质监、业主、设计、监理、代建等各方进行样板评定并确认，作为施工标准。

分阶段按工种、专业组织编制施工方案、技术交底，编制《质量通病防治措施》，加强过程控制，杜绝质量通病。实测实量做到100%，并对检查结果进行统计分析，制定对策加以改进，检查结果与月度工程款结算挂钩。

具体工程质量过程控制情况：

（1）工程技术资料

施工技术资料与工程进度同步，可追溯，齐全完整，数据真实准确，填写规范。

（2）工程质量控制

项目共10个分部工程，84个子分部，225个分项，3279个检验批，验收一次性合格，观感质量好，一次性成优。

1）地基与基础工程

基础部分共留置试块390组，其中抗渗试块81组，标养试块309组，评定合格。135个观测点，最后一次观测结论显示沉降趋于稳定，满足设计要求。

2）主体结构工程

主体混凝土内实外光、色泽均匀，截面尺寸准确，节点方正，棱角挺括顺直。共留置试块819组，标养702组、同条件117组，评定合格。钢筋保护层实体梁板抽查602点，均符合规范要求（图3）。

3）屋面工程

原材料验收及复试合格使用，找坡正确，防水严密，排水顺畅，无积水；地砖缝格均匀，伸缩缝布置合理，与管井及墙面石材缝格对应；女儿墙阴角斜铺地砖拼角顺直；设备基础、支座布置与地砖排版协调（图4）。

4）装饰装修工程

外墙幕墙美观，防火、防雷施工符合设计和规范要求，无渗漏，分格合理，胶缝顺直均匀，面板平整无污损，色彩协调，浑然一体（图5）。

楼梯踏步高宽一致，排砖合理，踏步与平台砖缝对齐；卫生间墙地顶对缝，洁具五金与墙地砖协调对中对称（图6）。

地面拼缝、吊顶造型与墙柱面对应对缝，过渡顺滑，缝格对中对称，缝格与扶手立柱对齐；墙地面花岗石、大理石、地墙砖不同规格尺寸和颜色精心搭配排版，墙砖缝与窗台对齐；不锈钢立柱栏板下坎花岗石、地漏处地砖套割精确、施工精细（图7）。

手术室六个面圆弧连接，墙顶面转角30°圆滑顺畅；墙顶面与设备接缝密封，胶缝顺直均匀，界限清晰（图8）。

5）给水排水工程

管道布置合理、排列整齐、接口严密、安装牢固，压力试验符合设计和规范；卫生器具及配件与墙地砖同步策划布置，整齐划一；生活给水符合国家生活饮用水标准；消防工程经水压、试射试验合格，报警设备安装正确，动作灵敏可靠，报警准确及时；系统输水流畅，无渗漏（图9）。

6）建筑电气

电柜安装正确，回路编号齐全，绝缘测试合格；母线槽、电缆敷设有序整齐，标识清晰；桥架安装横平竖直牢固，跨接规范；灯具与吊顶统一排版居中对称布置；接地及防雷装置标识明显，电阻符合设计和规范要求（图10）。

图3　主体结构工程

图4　屋面工程

图5　装饰装修工程

图6　卫生间装饰

图7　吊顶装饰

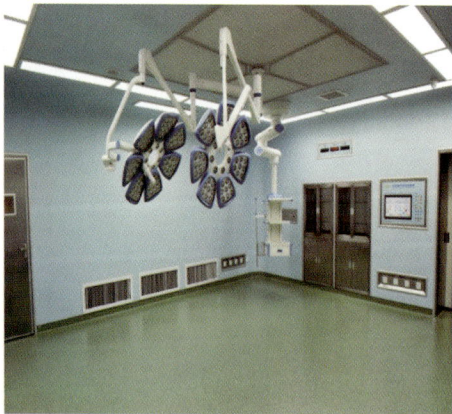

图 8　手术室装饰

图 9　给水排水工程

图 10　电柜安装

7）通风与空调工程

风管采用工厂和现场集中预制相结合，测试合格；水管及阀门、仪表安装连接严密，水压试验合格；支、吊架位置准确；防火风及排烟阀等关闭严密，动作可靠；设备安装正确，运行平稳；试运行结果符合设计和规范要求，监测设备与系统检测元件及执行机构沟通正常，动作准确（图 11）。

8）电梯

32 台垂直电梯、6 台自动扶梯运行平稳，停层准确，信号清晰、控制灵敏，操纵灵活，一次通过电梯专项验收。

9）智能建筑

安防系统、建筑设备监控系统、病房呼叫系统等 18 个子系统验收一次合格率 100%，安全和功能核查符合设计要求，一次性通过验收（图 12）。

图 11　通风与空调工程

图 12　智能建筑

10）建筑节能

保温材料安装牢固，幕墙各项性能试验合格，节能设备运转正常，经第三方检测，各能效测评达到设计要求，节能验收合格。

2.4 工程难重点把握

（1）施工部署难点

1）难点分析

项目体量大，地下室面积大（约200m×200m），施工平面布置难度大，97.19%的工程量集中于此，组织难度大。如按一般部署自下而上整体施工，则临时场地多且分散，垂直运输设备多且效率低，需对地下室顶板结构加固或堆载限制，材料设备利用率低，管理难度大，施工成本高（图13）。

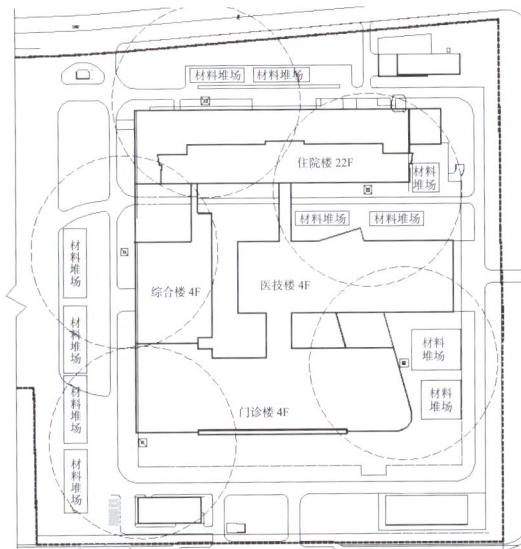

图 13　施工部署难点

2）对策措施

抓住项目重点——住院楼及地下室施工，优化后浇带布置，将该区域分成三施工区、四阶段组织施工：

第一阶段：住院楼（一区）施工至四层时，开挖综合楼、急诊楼基坑。

第二阶段：一区结构施工完成，综合楼、急诊楼（二区）施工至结构封顶（图14）。

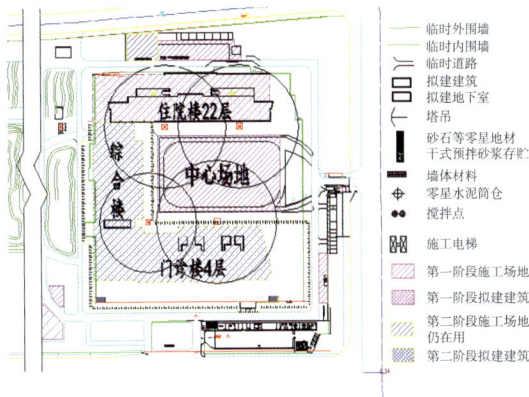

图 14　第二阶段施工

第三阶段：一区进入装饰安装阶段，二区完成结构，进入装饰安装准备阶段；医技楼（三区）开始施工至完成主体结构。

第四阶段：全面进入装饰安装阶段以及附属工程。

此施工部署方案，减少了垂直运输设备和料场，提高了设备利用率，便于材料加工管理，降低了成本；施工均衡快速，保证进度目标，节约了工期，现场简洁有序。

（2）入岩钻孔灌注桩施工难点

1）难点分析

住院楼基础设计 ϕ800 泥浆护壁钻孔灌注桩，入中风化岩不小于500mm。一般钻孔灌注桩施工速度慢，尤其是入岩施工难度大、速度慢，判岩和控制入岩深度难度大，泥浆两次污染。

2）对策措施

经各方协调论证，调整成孔工艺，采用旋挖桩机干钻成孔，较其他成孔方式施工快速，质量易控制；根据钻机转速变化和提取的岩土实样，勘探单位、监理、代建及施工等各方初判入中风化岩后，再钻入 500mm，确保入岩控制符合设计要求，保证工程质量。

此项优化加快了施工速度，节约工期 53d，合计节约费用 33.75 万元。沉降观测结果显示住院楼平均沉降量只有 -28.97mm，最大沉降量 -31.75mm，沉降差异 5.25mm，符合国家规范标准。

（3）机电专业管线设备综合布置难点

1）难点分析

机电设备专业门类多、专业性强、系统复杂、设备种类多、数量多、各专业施工交叉多；医院空间对高度有所要求，设备用房面积有限。

2）对策措施

项目运用 BIM 技术对管线和设备综合布置施工深化，合理组织安排管线制作、管线设备安装，并进行碰撞检查，避免现场安装发生交叉冲突、标高矛盾而返工。

采取此措施后，基本未发生返工现象，管线布置规范有序，满足吊顶高度和施工及维护要求。空调水泵、制冷机房设备管线布置合理、有序、紧凑，整齐美观，满足操作使用要求（图 15）。

2.5 创新突破及技术创新

（1）地下室大面积耐磨地坪施工创新

通过开展 QC 小组活动，群策群力，运用 PDCA 循环，创新出"柱周楼地面混凝土面层双缝合一免切缝施工技术"将其与激光整平施工技术相结合，人机施工结合，解决了在地下室框架结构柱网间距 6 ~ 8.1m 的空间内激光整平机械施工效率低的问题，提高施工效率；同时将柱周楼地面菱形区域二次施工，施工缝作为伸缩缝，双缝合一，免切缝，防止了柱周地面产生开裂的质量问题。

该技术采用后，耐磨混凝土地坪施工质量有很大提高，基本消除了柱周地面开裂现象，平整度偏差在 ±2.5mm 内，节约成本 12.34 万元，工期提前 10d，并得到业主和监理以及主管部门认可，取得了很好的经济和社会效益（图 16）。

（2）外窗顶底与结构的干挂构造空隙企口预成型技术

项目施工采用"外窗顶底与结构的干挂构造空隙企口预成型技术"，在主体结构施工阶段，外边梁底模按窗框位置至梁内边降低 4cm，形成外高内低的梁企口。窗台梁浇筑时，按统一计算的窗台和窗底标高一次成型浇筑成外低内高的企口，企口高度正好抵消干挂幕墙构造厚度。

采用本技术，无须窗顶底填塞施工，直接发泡剂密封即可，降低施工难度，避免了"幕

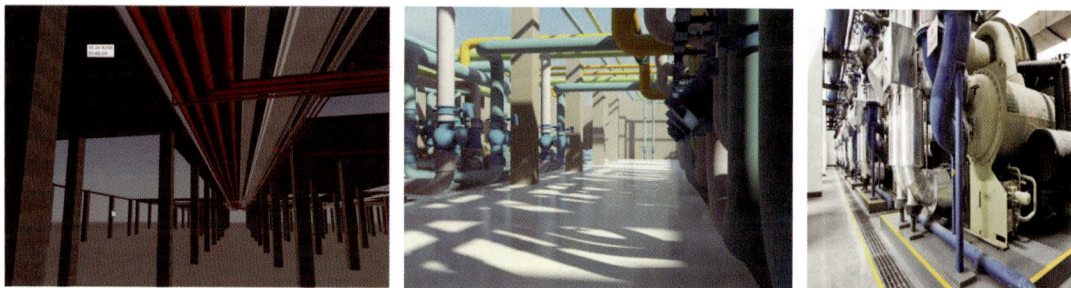

图 15　机电专业管线设备综合布置

墙吃窗框"，保证外立面效果，门窗安装施工质量和安全性节约成本9.039万元（图17）。

（3）新技术应用

应用建筑业10项新技术中9大项，23个子项（表2）。

图16　地下室大面积耐磨地坪

图17　外窗顶底与结构的干挂构造空隙企口预成型

新技术应用　　　　　　　　　　　　　表2

序号	十项新技术项目名称	
1	1 地基基础和地下空间工程技术	1.1 灌注桩后注浆技术
2	2 混凝土技术	2.6 混凝土裂缝控制技术
3	3 钢筋及预应力技术	3.1 高强钢筋应用技术
4		3.3 大直径钢筋直螺纹连接技术
5	5 钢结构技术	5.1 深化设计技术
6		5.5 钢与混凝土组合结构技术
7	6 机电安装工程技术	6.1 管线综合布置技术
8		6.2 金属矩形风管薄钢板法兰连接技术
9		6.3 变风量空调系统技术
10		6.4 非金属复合板风管施工技术
11		6.5 大管道闭式循环冲洗技术
12		6.7 管道工厂化预制技术
13	7 绿色施工技术	7.3 预拌砂浆技术
14		7.5 粘贴式外墙外保温隔热系统施工技术
15		7.8 工业废渣及（空心）砌块应用技术
16		7.9 铝合金窗断桥技术
17		7.10 太阳能与建筑一体化应用技术
18		7.12 建筑外遮阳技术
19	8 防水技术	8.7 聚氨酯防水涂料施工技术
20	9 抗震加固与检测技术	9.7 深基坑施工检测技术
21	10 信息化应用技术	10.1 虚拟仿真施工技术
22		10.4 工程量自动计算技术
23		10.9 塔式起重机安全监控管理系统应用技术

2.6 绿色施工特色

（1）因地制宜进行施工部署

优化施工部署，将项目主体区域分成三个区、四个阶段施工（具体见前述施工难点章节）。

以医技楼基地作为中心场地，节地；材料集中堆放、加工，避免二次翻运，场地拆除材料直接在现场循环利用，节约材料费40.5万元，建筑垃圾减量6750t，环保；缩短材料吊运距离，每台塔吊兼顾2～3个工作面，提高设备利用率和工效，节能。

（2）永临结合

在施工准备阶段，永久道路、停车场混凝土路基先行施工作为临时道路面和施工设备材料临时堆场，总面积7135m²；先行施工雨水和污水主管网1230m、污水处理池（容量1400m³），作为施工阶段的临时排水管网和雨水收集管网雨水收集池；围墙基础和柱墩、钢围栏按永久设计施工，总长1841m，合计节约152.402万元。

（3）调整灌注桩基施工工艺（见前述施工难点章节）：不需要制备泥浆，消除了泥浆量4720t，节水1.02万t，综合节电约8万kW•h，减少桩基施工设备投入费用4.4万元，合计节约费用33.75万元。

（4）太阳能热水供应系统

生活区设太阳能热水系统，设置太阳能集热水器40组，2只6t保温水箱，日供应热水12t，合计节约费用18.57万元（图18）。

（5）LED灯及其他节能灯具483套，节约46.35万元。

（6）雨水收集利用

利用前述永临结合的雨水收集存储系统，至污水处理站开始安装总计收集利用雨水2.64万t，节约费用3.85万元（图19）。

图18 太阳能热水供应系统

图19 雨水收集利用

3 获奖情况

3.1 质量成果

项目被评为2014年常州市优质结构工程、2016年获常州市"金龙杯"奖、2017年获江苏省"扬子杯"奖。

3.2 科技成果

获全国及省、市工程建设QC小组活动成果"一等奖"，成果收录在《2016年全国工程建设优秀QC小组活动成果交流会成果选编》。

江苏省省级工法和实用新型专利各一项。

在期刊发表两篇论文，一篇获2015年度江苏省土木建筑学会优秀论文"一等奖"。

3.3 环境与安全成果

2014年获"第四批全国建筑业绿色施工示范工程"授牌，2016年12月通过验收。2014年获"江苏省建筑施工标准化文明示范工地"。

海澜财富中心 ——江苏省苏中建设集团股份有限公司

海澜财富中心工程是海澜集团转型发展百亿投入的八个重点项目之首，是海澜集团加快企业转型升级，大力发展三产服务业的重要举措，对于企业加快实现规模化、集约化、高端化发展，打造千亿级企业集团具有重要意义。

海澜财富中心塔楼方整、外形简约而又雅致，立面设计采用均衡的构图方式质朴而时尚，该风格既有细腻、经典的一面，同时又体现了简约、气派。外立面使用深色石材、浅灰色玻璃及黑色铝合金型板单元式整体幕墙，体现了具有时代气息的现代风格（图1）。

图1 项目外观

本工程是达到甲级标准的高品质商务办公楼，兼具办公、会议等功能，健全了城市的机能，是一个"创新、创意、创业"符合可持续发展要求的"三创载体"综合配套服务项目，成为"盈智城"乃至江阴市的新标志性建筑。

1 工程概况

海澜财富中心工程由江阴市海澜投资控股有限公司投资建设，江苏省苏中建设集团股份有限公司施工总承包。项目位于江阴长江大桥的东南侧，工程总建筑面积约22.5万 m^2，地下3层，地上55层，建筑高度254.55m。

工程于2011年3月5日开工，2015年5月20日竣工。

地下1层为车库、电气及暖通设备机房；地下2、3层为车库及水设备机房。

塔楼1层为办公楼大厅，2层为商务会议中心；3～53层为避难及办公层，54、55层为健身区；避难层设置避难区及部分设备用房，屋顶为设备机房，顶部设置直升机停机坪。

工程采用桩筏基础，钢管混凝土框架—钢筋混凝土核心筒结构，核心筒外楼板为钢筋桁架楼承板现浇混凝土板（图2）。

地下室底板及顶板防水为2mm厚自粘性橡胶沥青防水卷材，外墙防水采用聚氨酯防水涂料，屋面采用自粘性橡胶沥青防水卷材及聚氨酯防水涂料。

本工程外立面为单元式玻璃、石材的组合幕墙系统。

图2 工程结构

内装饰主要包括铝板、石膏板吊顶、石材、涂料、面砖装饰墙面，石材、地砖、地板及耐磨地面。

本工程设给水排水、消防、通风空调、智能建筑、建筑电气等系统。

2 工程施工难点

难点1：施工场地狭小，除建筑占地面积外，没有大面积空余的施工场地，施工平面布置极其困难，现场无法形成环通道路，施工组织管理难度大。遵循以人为本、因地制宜、动态调整的原则进行现场施工平面部署，有效保证了施工生产（图3）。

难点2：地下车库基坑开挖深度达14m，塔楼部位开挖深度17m，局部最大开挖深度约23m。采用灌注桩+斜向旋喷搅拌加劲桩作为支护结构，三轴搅拌桩作为止水帷幕，有效避免了设置内支撑造成的土方开挖速度慢的弊端，加快了工程进度的同时又确保了基坑安全（图4）。

图3 施工场地狭小

图4 开挖深度大

难点3：塔楼基础底板厚度4m，局部厚度9.8m，一次性混凝土浇筑量达12500m³。采取"斜面分层"混凝土浇筑方法，底板混凝土浇筑仅耗时68h提前完成。取消混凝土内部降温措施和膨胀剂，实施混凝土表面保温覆盖，有效控制了混凝土内外温差。在优化方案、缩短工期、降低成本的同时，保证了施工质量，经济和社会效益显著。

难点4：塔楼基础底板厚度4m，局部厚度9.8m，上层钢筋网片重量达450kg/m²，上下层钢筋采用普通钢筋支撑难以保证体系的稳定性。传统的钢筋焊接马凳支撑由于焊接量较大，不仅影响施工进度，而且成本较高。我们采用钢管扣件排架作为上部钢筋网的钢筋支撑，钢管管腔内提前灌注C45细石混凝土，解决了底板钢筋支撑体系稳定性问题，又满足施工安全和防渗漏要求。

图5 钢筋网片重量大

难点5：该工程核心筒结构55层，框架剪力墙结构，采用普通木模施工，周转次数多，材料损耗大，达不到节能降耗的目的。项目部将传统支模工艺与液压爬模工艺进行有机融汇和整合，结合核心筒的结构形式和特点，采用外爬内支的施工技术，即核心筒外墙外侧及电梯井采用液压爬模，外墙内侧和内隔墙、水平结构采用传统拼装木模工艺相结合的支模施工工艺。有效地解决了木模板损耗大的问题，同时又起到了外立面防护，保证了施工的安全性，确保了水平结构的同步施工，又节约了材料（图6）。

难点6：钢结构总重量约1万t，钢管柱最

图6　普通木模施工

图7　外爬内支施工技术

大分段重量达10t，吊装难度大。综合考虑构件重量和塔机性能，优化塔吊型号和位置，采取双机抬吊和单机安装相结合的方法，进行吊装。吊装就位后，立即进行钢管柱对称施焊，提高了施工速度和安装效率，保证了安装质量（图8）。

难点7：钢管柱最大分段高度达12.6m，内灌C60高强混凝土，最高浇筑高度254.3m，混凝土浇筑难度大。项目部结合本工程的层高、钢管柱节点构造、钢管柱的布置情况以及相关规范要求进行综合评价、对比，采取自密实混凝土高位抛落加节点部位辅助性振捣的施工方法，施工过程中经过江苏省建筑工程质

图8　吊装难度大

量检测中心跟踪检测，混凝土质量符合要求（图9）。

难点8：本工程主体结构高度254.3m，混凝土泵送难度大。项目部优选输送泵设备及布置，加强泵管的固定，合理确定布料机位置，确定了一次直接泵送到顶的泵送施工方法。确保了混凝土浇筑质量，加快施工进度。另外，依托混凝土泵自带的水洗功能，直接通过高压水泵将管道内的残余混凝土送至浇筑层，并清洗泵管，减少了材料浪费，节约了成本（图10）。

难点9：塔楼建筑面积13.5万 m²，单层面积2500m²，材料需求量大且本工程采用主体施工与精装饰工程分段同步施工，材料运输量大。通过综合布置室内、室外高速施工电梯，分阶段充分利用永久电梯运能，合理安排电梯使用时间，有计划地使用塔吊、辅助性活动小吊车，科学实施工序穿插，圆满完成了材料运输任务，确保了各节点工期的实现（图11）。

难点10：机电安装和精装修工程量大，特别是智能化工程、空调通风工程、消防等系统工程等工程量大而复杂，管线排布复杂，预留洞、预埋件多。项目部积极运用BIM技术，通过碰撞检查、3D漫游、管线综合布置、深化设计等手段进行策划和控制，减少了施工过程中的返工现象，确保一次性设计、施工到位，提高施工质量和美观性（图12）。

图10 混凝土泵送难度大

图9 混凝土浇筑难度大

图11 材料运输量大

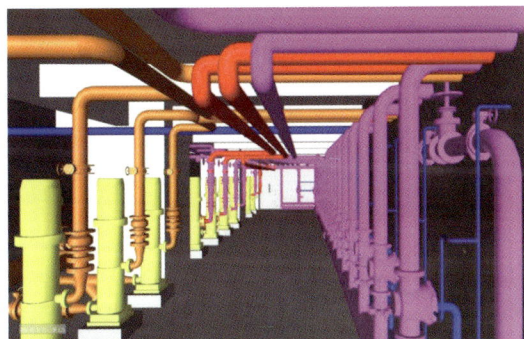

图 12　管线排布复杂

3　新技术应用及技术创新

本工程推广应用了住房和城乡建设部建筑业 10 项新技术中的 10 大项，22 小项；江苏省建筑业 10 项新技术中的 5 大项，7 小项，并通过了江苏省建筑业新技术应用示范工程的验收。另外，获得发明专利 1 项，实用新型专利 3 项。

4　工程施工质量管理

工程伊始就确定了创"扬子杯"的质量管理目标，成立了以项目经理为首的扬子杯创优领导小组，建立质量保证体系。针对工程特点，项目部对创优进行策划，并编制创优策划实施细则，严格落实工人岗前培训交底，完善质量管理制度，积极开展 QC 小组活动，全面实施样板引路制、施工挂牌制、过程三检制等制度，

实现了过程精品，施工质量一次成优，圆满实现了质量管理目标。

5　工程质量情况

5.1　地基与基础工程

基础沉降均匀，结构无裂缝，地面无沉陷；塔楼设置 24 个沉降观测点，观测周期内最后 100d 沉降速率为 0.006mm/d，沉降稳定（图 13）。

图 13　地基与基础工程

5.2　主体结构工程

混凝土结构表面平整密实，梁板墙柱等结构尺寸准确、强度等级符合设计要求。钢筋原材料、滚压直螺纹接头、焊接接头试验 100% 合格，钢筋保护层进行实体检测 100% 符合设计要求（图 14）。

图 14　混凝土结构表面

钢结构施工过程中按照规范要求对一级、二级焊缝进行了超声波探伤，所检焊缝100%合格；工程耐火等级为一级，采用室内厚型钢结构防火涂料。

5.3 装饰装修工程

单元式整体幕墙面积44610m²、石材幕墙面积2508m²、玻璃幕墙面积3487m²，位置安装准确、牢固，表面色泽一致，胶缝饱满。经检测，幕墙四项性能均达到或超过设计要求（图15）。

图 15　单元式整体幕墙

卫生间等具有防水要求的房间防水均选用聚氨酯涂膜防水涂料进行防水施工，施工完毕后经二次蓄水试验不渗漏，从竣工以后经过多年使用也无渗漏。卫生间的墙面面砖排砖合理、美观，套割精细，粘贴牢固，无空鼓，缝隙均匀（图16）。

内墙乳胶漆涂料色泽均匀，阴阳角顺直、平整美观（图17）。

大堂、候梯厅石材面积7180m²，排版美观、表面洁净平整、无磨痕、色泽一致、接缝均匀、周边顺直、衔接正确，板块无裂纹、掉脚、缺棱现象（图18）。

纸面石膏板吊顶面积3460m²、铝合金板吊顶面积96800m²，板面平整、接缝顺直。板隔上的灯具、风口、喷淋头、烟感器等均位于

图 16　卫生间墙面面砖

图 17　阴阳角

板隔中央，达到了对称、协调、美观的效果（图19）。

5.4 屋面工程

屋面防水采用3mm厚SBS改性沥青防水卷材、2mm厚911聚氨酯防水涂料，屋面无渗漏现象。

5.5 设备安装工程

设备布置合理，安装规范，运行平稳，管道排布有序、美观，标志清晰，支架垂直牢固，间距均匀一致，防腐保温规范，设备管线接口严密，无渗漏，系统运行稳定可靠（图20）。

图 18 大堂、候梯厅

图 20 设备安装工程

图 19 纸面石膏板吊顶

5.6 建筑电气及智能建筑工程

变压器配电柜安装垂直，柜间缝隙均匀，柜内配线分色正确，接地可靠（图 21）。

桥架线槽安装顺直、连接牢固，跨接正确，防火封堵严密，电缆排布整齐、标志规范（图 22）。

防雷接地测试点标志做工考究，实用美观，开关插座端正，标高一致，末端装置安装牢固居中，横成行竖成排斜成线，智能建筑系统运行可靠，操作方便，机柜安装规范。

5.7 电梯工程

电梯启动运行、停止平稳，制动可靠，平层准确，层门门扇平直洁净，门缝严密一致（图 23）。

5.8 建筑节能工程

绿色节能设计选用节能型砌块、灯具、洁具、管材、低损耗变压器等材料、设备，做到了节能、环保（图 24）。

图 21　变压器配电柜

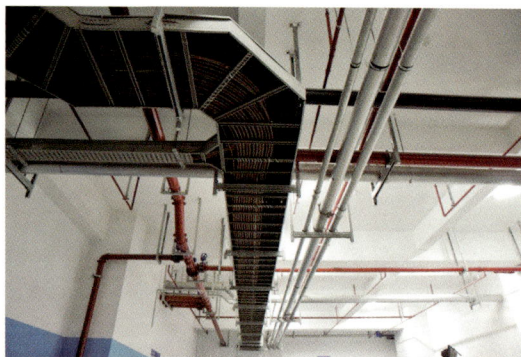

图 22　桥架线槽

图 23　电梯工程

图 24　建筑节能工程

6　工程技术资料情况

　　施工技术资料按工程资料管理规程要求，随工程进度同步形成工程技术资料，所有技术资料齐全、完整、有效，数据真实准确，填写规范及时，篇目细致，有可追溯性。

7　工程主要质量亮点

　　亮点 1：地下室环氧地面整洁、平整、明亮，无裂缝（图 25）。

　　亮点 2：大面积石材楼地面铺贴牢固、平整，图案拼贴美观大方（图 26）。

图 25　地下室环氧地面

图 26　石材楼地面

亮点 3：面砖排布合理，墙地面及顶棚缝口对齐、对称（图 27）。

亮点 4：石膏板吊顶，粗粮细作，整齐、美观（图 28）。

亮点 5：屋面工程美观、细腻，排水坡向正确，排水流畅，使用至今无渗漏（图 29）。

亮点 6：幕墙节点处理合理，线条明晰、流畅；胶缝饱满、顺直，十字接头平顺光滑、深浅一致；阳角挺拔顺直（图 30）。

亮点 7：灯具、风口、喷淋等末端装置的布置，成排、成线，居中、美观（图 31）。

图 27　面砖排布

图 28　石膏板吊顶

图 29　屋面工程

图 30　幕墙节点

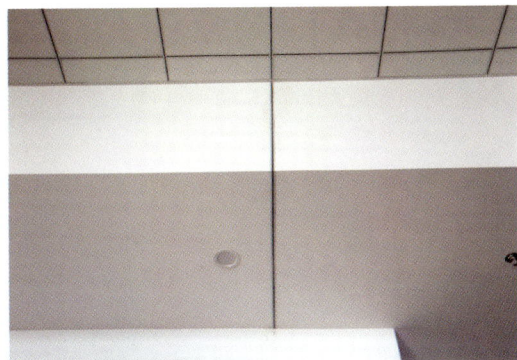

图 31　灯具、风口、喷淋等末端装置

亮点 8：空调机房管道统一布置，支架设计规范，层次清晰、有序（图32）。

亮点 9：制冷机房经过精心策划、统一布置；设备排列整齐；部件标高、朝向一致；管道立体分层，清晰、有序。同型号多台设备基础标高一致，排列整齐。管道多层布置，共用支架，层次清晰、有序（图33）。

亮点 10：消防系统安装合理，固定牢靠，管道走向正确合理（图34）。

亮点 11：变配电室内的高低压配电柜安装排列整齐，接地良好，盘面平整，标高一致（图35）。

亮点 12：线槽安装横平竖直，吊杆支架成排成行；电缆排布整齐，绑扎牢固（图36）。

亮点 13：智能化系统功能齐全、先进合理、安装正确、排布美观、运行正常（图37）。

图33　制冷机房

图32　空调机房管道

图34　消防系统

图35　变配电室内的高低压配电柜

图37　智能化系统

8　节能环保管理措施

本工程施工过程中采取了"四节一环保"措施，做到了节能、环保。

8.1　节能措施

（1）节电措施

1）使用节能灯。

2）选择节能施工机械，加强机械管理，禁止空载运行。

（2）节水措施

1）定期对水资源消耗统计评估，及时调整。

2）建立水收集、水循环系统，合理使用雨水等水资源。

3）加强节水宣传，养成节约用水的习惯。

（3）节材措施

1）钢材：采用直螺纹连接技术，减少钢

图36　线槽、吊杆安装

筋损耗。

2）木材：短木方进行接长再次使用，节约大量木方（图38）。

3）混凝土节约

控制模板支模尺寸；利用混凝土余料制作小型构件。

（4）节地措施

采用新型墙体，节约黏土资源。

（5）综合利用措施

宿舍采用集装箱板房，可重复使用。基坑围挡、茶水亭、门卫、钢筋棚（图39）、安全通道等采用定型化、工具化设施。

图38　节材措施

图39　钢筋加工棚

8.2　环保措施

（1）建筑垃圾控制

1）施工道路设置在规划道路位置，减少道路混凝土拆除垃圾。

2）设置封闭式垃圾容器，分类管理。

（2）扬尘控制

1）施工现场出口设置冲洗车辆设备，道路定时洒水。

2）施工现场裸土进行覆盖和绿化，防止扬尘（图40）。

图40　扬尘控制

（3）污染控制

1）光污染控制：避免或减少施工过程中的光污染：夜间室外照明加设灯罩；电焊作业采取遮挡措施。

2）水污染控制：施工进出口设置沉淀池；食堂设置隔油池；厕所设置化粪池。

（4）噪声与振动控制

1）执行国家标准实时监测与控制。

2）使用低噪声、低振动的机具，采取隔声与隔振措施，避免施工噪声和振动。

9　工程综合效果及获奖情况

本工程设计新颖，外形美观，装饰精细，功能完善，资料齐全。经过两年的使用结构安全稳定，各系统运行良好，实现了功能性、系统性、先进性、文化性和经济性的和谐统一，使用单位非常满意。

本工程先后获得无锡"太湖杯"优质工程奖、江苏省"扬子杯"优质工程奖、江苏省建筑业"新技术应用示范工程"。形成江苏省省级工法 5 项、全国工程建设优秀 QC 小组活动成果 3 项、上海市、江苏省工程建设优秀 QC 小组活动成果 9 项、江苏省土木建筑学会优秀论文 3 篇、国家发明专利 1 项、实用新型专利 3 项。获 2017 年度工程建设项目优秀设计成果二等奖、2016 年度全国建设工程项目管理成果一等奖 1 项。

2013 年 4 月 15 日，全省建筑业项目管理现场观摩会在海澜财富中心项目进行。与会人员实地观摩项目后对施工工艺、施工水平予以高度评价。

海澜财富中心工程发扬苏中建设"励精图治、追求卓越"的企业精神，敢于创新、勇于开拓、高标准策划、精细化施工，高质量完成建造任务，圆满实现了施工目标。

南通滨江洲际酒店 4 号楼——南通鑫金建设集团有限公司

1 工程概况

南通滨江洲际酒店 4 号楼工程在崇川区跃龙南路 508 号，酒店位于狼山风景区，拥有 347 间奢华客房及俯瞰长江江景的全景套房，南通风景一览无余。每间客房均在 45m² 以上，房间都配备了先进的数字娱乐系统，48 寸大屏幕液晶电视，独立的花洒淋浴和浴缸设施，卫生间干湿分离，贴合人体工程学的办公区域以及高速的有线无线网络。5 间风格各异的餐厅及酒吧、设施齐备的健身房、室内游泳池、SPA 会馆，让人健身休闲、放松身心、精神焕发。1600m² 以及 900m² 的独立无柱式豪华宴会厅，为婚礼新人提供独特奢华婚礼定制服务。13 间大小不一的多功能会议室，满足会议策划者各种需求（图 1）。

本工程由南通滨江投资有限公司投资建设，北京中建恒基工程设计有限公司、南通市规划设计院有限公司、和兴玻璃铝业（上海）有限公司、深圳市洪涛装饰股份有限公司、上海康业建筑装饰工程有限公司、信息产业电子第十一设计研究院科技工程股份有限公司设计，江苏省地质工程勘察院勘察，南通市建设监理有限责任公司、南通市东大建设监理有限公司监理，南通鑫金建设集团有限公司总承包施工。参建单位有：南通安装集团股份有限公司、温州市亚飞铝窗有限公司、上海康业建筑装饰工程有限公司、深圳市建艺装饰集团股份有限公司、中国江苏国际经济技术合作集团有限公司、南通市百信建设工程有限公司、江苏现代环境建设集团有限公司。

本工程建筑总面积 78582m²，框架结构，地下 1 层、地上 11 层，高度 52m。地下 1 层为停车（人防）及后勤和设备房；1 层为车库、宴会、会议及中餐；2 层为餐厅、会议室、大堂等；3 层为酒店泳池、健身、办公及餐厅；4 ~ 11 层为酒店客房。本工程于 2013 年 9 月 9 日开工，2013 年 12 月 19 日基础验收，2014 年 5 月 26 日主体结构验收，2016 年 9 月 30 日竣工验收。

图 1 工程外观

2 目标管理

业主要求本工程质量确保江苏省"扬子杯"，争创国优，打造南通精品酒店。公司组建立了以项目经理冯新林为首的项目创优领导小组。将"国优奖"作为项目目标，用最高质量要求去检验建造过程。本工程采用智能系统、新风系统、雨水回收系统以及众多的节能环保材料，打造出一座科技、现代、智能精品酒店建筑。

3 施工特色、亮点

（1）基础采用挤扩支盘灌注桩，Ⅰ类桩达 99.7 %，Ⅱ类桩达 0.3%；静载检测单桩承载力满足设计要求，桩身质量符合要求。

（2）钢筋绑扎及连接规范，尺寸准确、观感优良。模板采用木胶合板，安装位置、轴线、标高、垂直度均符合设计要求和标准，构件尺寸准确。混凝土结构内坚外美，棱角分明、柱梁节点清晰、尺寸方正。砌体排版合理、灰缝饱满、表面美观。安装空心弹性密封条二次结构模板施工获省级工法（图 2 ~ 图 8）。

图 2　基础钢筋

图 3　主体钢筋

图 4　主体混凝土结构

图 5　主体砌体

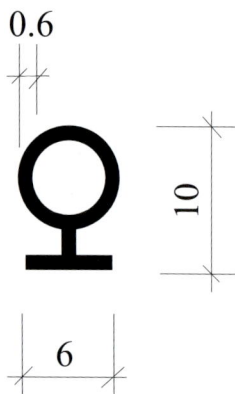

图 6　空心弹性密封条横截面　图 7　安装好的空心弹性密封条模板剖面图

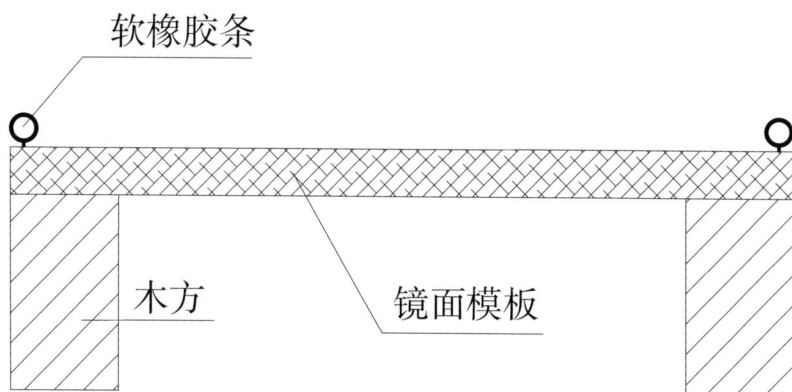

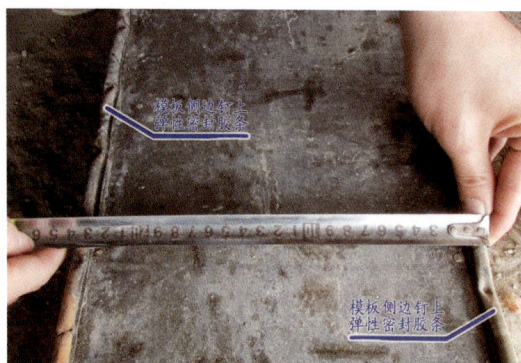

图 8　现场安装图

（3）宴会大厅顶为钢结构桁架，牢固、结实、耐久。屋架有跨度 31m、24m，高度约 13m，由 H 型钢和连接板线组成的桁架以及竖向、横向支撑，模块式钢结构框架组装、吊装。焊缝密实，防腐、防火喷涂色调一致、均匀美观（图 9）。

（4）屋面排水通畅无积水、渗漏、起鼓现象，各种突出屋面结构及基座排列整齐美观，屋面构架安装牢固，防腐到位（图 10）。

（5）石材幕墙安装牢固，排列整齐，缝隙均匀，色泽一致。玻璃幕墙安装规范、封胶整齐、饱满、严密无渗漏，高效节能（图 11）。

（6）大理石拼缝严密，花纹对齐。耐磨地面平整，无裂缝。石材地面分色清晰，简洁大方。天地面上下对应，浑然一体。吊顶线角分

明，平整美观。地胶与基层粘结牢固、表面平整，阴阳角线条顺直（图 12）。

（7）给水排水管道坡度正确。密集管道综合支架合理布置、安装牢固，管道立体分层，分色清晰美观，标高位置准确（图 13）。

（8）桥架、线管、电缆排布整齐，标识清晰。箱柜内配线整齐、接线正确、电缆头制作精良。各类开关盒安装整齐划一（图 14）。

（9）通风空调设备安装牢固，支架设置合理，运行平稳。管道金属保护壳制作精良，管道标识清晰（图 15）。

（10）电梯整洁有序，设备安装规范，运转安全可靠（图 16）。

（11）智能控制点位精确，系统信息清晰通畅，涉及的各系统运行有效。门禁系统刷卡进入，操作简单，增加安全防范（图 17）。

（12）屋面光伏发电，外墙保温岩棉板。屋面采用 55mm 厚 XPS 挤塑保温板。幕墙采用铝合金型材，双超白均质玻璃。组合式热回收新风机组。选用节能光源。客房采用节能控制总开关，酒店公共区域采用集中或集散的多功能或单一功能的智能化控制系统，实现节能控制（图 18）。

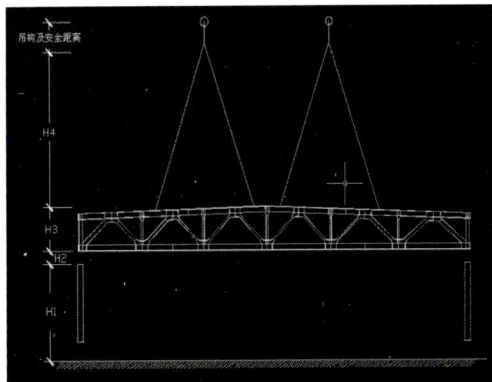

图 9　钢结构桁架

图 10　屋面排水

图 11　石材、玻璃幕墙

图 12　大理石拼缝

图 13　给水排水管道

图 14　桥架、线管、电缆排布

图 15 通风空调设备

图 16 电梯

图 17 智能控制点和门禁

图 18 屋面光伏发电

4 "四节一环保"的应用

节能:优先选用节能、高效、环保的施工机械,节约施工现场、生活区、办公区的用电,充分利用可再生资源(图19～图23)。

节地:尽可能利用场内现有设施或空地,多绿化,节约和保护土地资源(图24～图26)。

图19 进口喷浆泵现场机械喷浆

图20 混凝土自动整平机

图21 高压水枪

图22 木方接木重复使用

图23 楼梯间 LED 节能灯带

图 24 现场沥青、混凝土路面，种植绿化营造出公园式工地

图 25 停车场

图 26 彩钢板围挡

节水：现场临时给水排水管理设计。水回收利用，节水设备。雨水回收利用（图 27、图 28）。

节材：临时设施采用定型组件、工具式防护设施重复利用（图 29 ～图 32）。

环保：控制扬尘、噪声、光污染、垃圾等措施，达到环保要求（图 33、图 34）。

图 27　节水冲水箱

图 28　冲洗车辆使用循环水

图 29　高强防滑钢笆

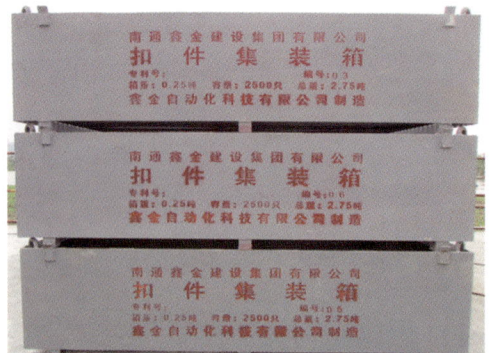

图 30　扣件集装箱

图 31　楼梯安全防护栏杆

图 32　临边安全防护栏杆

图 33　洒水车定时对场地洒水降尘

图 34　搅拌机棚、防护棚封闭防扬尘

5 四新技术的应用

本工程主要采用了灌注桩后注浆、混凝土裂缝控制、高强钢筋、大直径钢筋直螺纹连接、清水混凝土模板施工、高强度钢材应用、模块式钢结构框架组装吊装、管线综合布置、金属矩形风管薄板法兰速接、基坑施工封闭降水、降水回收利用、预拌砂浆、现浇混凝土外墙外保温、铝合金断桥、遇水膨胀止水胶、聚氨酯防水涂料、施工远程监控管理、工程量自动计算、后切式背栓连接干挂石材幕墙、混凝土结构用钢筋间隔件、耐磨混凝土地面、原浆机械抹光、工地木方接木应用、砂浆输送泵等新技术、新材料、新工艺。通过新技术、新材料、新工艺的运用,有效地保证了工程施工质量。本工程获江苏省建筑业新技术应用示范工程奖,达到国内领先水平。

6 获奖情况

本工程获 2017 年度江苏省优质工程奖"扬子杯"。

淮安市第一人民医院门急诊及内科病房楼

——江苏南通三建集团股份有限公司

1 工程效益与简介

（1）淮安市第一人民医院门急诊及内科病房楼工程是淮安市重点工程。该工程是新建的一家集医疗、科研、教学、康复等多功能为一体的三级甲等标准现代化综合医院。开展远程教学、远程会诊，医院环境优美、就医路线科学、诊疗设备先进，极大提高了淮安医疗水平，为广大人民群众提供特色的、现代化的医疗服务。采用"大急诊"设计理念，简化了患者就医流程，全院采用一卡通制度，通过 HIS、CIS、LIS、PACS 等智能化信息化手段将医院各个职能部门高效地联系起来，有效提高了医院管理水平，减少了医院管理费用开支，特色远程会诊，减少了患者看病支出，经济效益显著。采用了众多节能环保设计理念，是一栋绿色、低碳、环保的建筑。

（2）淮安市第一人民医院门急诊及内科病房楼工程位于淮安市淮阴区北京路 6 号。是一栋综合类公共建筑，总建筑面积 116681m²，本工程地下 1 层主要为附属设备用房及地下人防，小汽车停车库；地上裙房 5 层主要为门诊及医技，内科楼 15 层主要为内科住院用房，工程为一类工程建筑，耐火等级一级，建筑耐久年限为 50 年，抗震设防烈度为 8 度，结构安全等级为二级；建筑结构形式主楼为框架剪力墙结构，裙房为框架结构，框架抗震等级为二级；剪力墙抗震等级为一级；基础为钻孔灌注桩桩基与肋梁式筏板基础相结合（图 1）。

（3）土建工程概况

1）结构形式：基础采用预应力管桩，承

图 1 工程外观

台基础，主体为框架剪力墙结构，裙房为框架结构，框架抗震等级二级；剪力墙抗震等级一级；基础为钻孔灌注桩桩基与肋梁式筏板基础相结合，厚度大于等于 150mm 的板采用现浇无粘结预应力混凝土楼板；混凝土强度等级为 C15 ～ C45，地下管廊基础底采用 P6 抗渗混凝土。钢筋采用 HRB400、HRB400E 钢筋。室内填充墙采用 MU3.5 和 MU5.0 混凝土空心砌块、Mb5 混合砂浆砌筑。

2）装饰与装修工程主要材料及做法见表 1、图 2。

装饰与装修工程主要材料及做法　　表 1

分部	子分部工程	分项工程
建筑装饰装修	隔墙	混凝土空心砌块墙体、轻钢龙骨石膏板隔墙、双玻百叶隔墙
	顶棚	轻钢龙骨纸面石膏板吊顶、冲孔铝板、非冲孔铝板吊顶，水滴状铝条吊顶、矿棉板吊顶、乳胶漆涂料顶棚
	内墙面	硅酸盖板墙面、理化板墙面、涂料墙面、面砖墙面、石材墙面、纤维壁布墙面

续表

分部	子分部工程	分项工程
建筑装饰装修	外墙装饰	干挂石材幕墙、玻璃幕墙
	楼、地面	环氧树脂地面、砖面层、大理石材地面、实木复合地板楼面、锈石地面（楼梯踏步）
	门窗	理化板门、实木装饰门、铝塑铝复合窗
	细部	窗帘盒、地砖踢脚线、不锈钢护栏和扶手及门窗套

图3　给水排水工程

图2　工程装饰与装修

（4）建筑安装工程概况

本工程设有给水排水、通风空调、电气、消防、弱电、电梯等27个系统。

1）给水排水工程

本工程给水排水包括给水系统、排水系统、雨水排放系统、消火栓给水系统、自动喷洒灭火系统。管道系统安装布局合理、紧凑；卫生间给水立管、支管，排水立管、支管，室内的消防管道、喷淋管道、雨水管道、空调冷凝水管道公共部位，美观整洁（图3）。

2）暖通工程

空调系统工程所使用设备为麦克维尔变量新风空调机组，主要包含新风空调机组供货及安装、冷热水管安装、乙二醇热回收管路安装、湿膜加湿管路安装和冷凝水管安装等。

水管：连接严密，焊缝均匀，位置正确，固定牢靠，绝热保温密实无缺陷，粘贴牢固，表面平整,偏差小于3mm。所有水管冲洗合格，与设备的连接符合工艺要求，水质检测、水压试验合格，无渗漏。

风管：接口连接严密，平直不扭曲；位置正确，表面平整，固定牢靠；绝热保温密实无缺陷，粘贴牢固，偏差小于4mm。经过严密性、漏风、漏光测试合格，防排烟系统联合试运行与调试的结果符合设计和消防规定。

设备单机运行及调试合格，系统无负荷下联合试运转及调试均合格。系统功能质量检测记录资料齐全有效，满足设计及规范要求。空调系统设备排列有序，各项检测均达到设计及验收规范要求（图4）。

包括供电系统、变配电系统、动力系统、照明系统、防雷接地系统、综合布线系统、火灾自动报警与消防联动系统等。主要材料为镀锌钢管，卡箍连接。桥架采用镀锌桥架，消防电缆敷设采用防火桥架。桥架、母线安装垂直，支架间距合理，支架、插接箱固定牢靠。桥架内电缆排列整齐、绑扎均匀、固定牢靠，挂牌标识明显（图5）。

3）电梯工程

本工程共有14部电梯（图6）。

（5）工程建设主要相关单位及开竣工日期

建设单位：淮安市第一人民医院。

勘察单位：江苏省水文地质工程地质勘察院。

设计单位：江苏省建筑设计研究院有限公司。

监理单位：江苏纵横工程顾问有限公司。

图5 桥架内电缆

图4 设备单机和空调系统设备

图6 电梯工程

施工单位：江苏南通三建集团股份有限公司。

参建单位：南通市建筑装饰装潢有限公司、司南工程有限公司。

监督机构：江苏省淮安市淮阴区建设工程质量监督站。

开工日期：2010年4月29日。

竣工日期：2015年2月10日。

备案时间：2016年8月23日。

（6）工程投资

总投资额：15018.26万元。

2 工程技术难点、特点

2.1 工程技术难点

（1）本工程合同约定质量目标为江苏省"扬子杯"，公司确定目标为争创"鲁班奖"。公司在开工前编制了创优策划书和专项施工方案，并明确优质样板引路，建立创优领导小组和工作小组，确定工作流程。对人、机、料、法、环各方面提前部署，严格监督施工方案、技术和质量交底的实施，确保每个分项一次成优。

（2）地下室面积为20540m²，底板厚，防渗、防裂要求高，施工中采用了"双掺"技术，确保了地下室不渗不漏。

（3）采用高大支模施工区域达6处，结构形式实现了大楼空间造型的施工，施工难度大（图7）。

（4）本工程玻璃全部采用Low-E节能玻璃，幕墙及门窗型材全部采用断桥隔热铝合金型材。在幕墙、门窗系统选用上，全部选择了从德国引进的诺托系统，使得本工程幕墙、门窗具有更高的抗风压及密封性，采用从德国进口的尼龙王隔热条，使得断桥铝合金型材具有更好的强度和韧性（图8）。

图7 高大支模施工区域

图8 Low-E节能玻璃

（5）本工程管线多、管线间交叉布置，保证各类管线的合理交叉及规则排布是本工程的难点。在排列好管道平面走向后，到现场进行实物测量，然后将各专业管道、线缆图纸进行汇总，应用 CAD 及 BIM 技术进行深化设计，绘制精确的剖面图（图 9）。

（6）防水质量要求高，防水部位多、细部节点复杂。大楼底板采用 2mm 厚自粘性聚合物改性沥青防水卷材，工程屋面防水等级为一级，设 XY 基层处理剂一遍，2mm 厚 XY 自粘聚合物改性沥青防水双层卷材，上人屋面面层为 SBS 卷材防水倒置式发泡混凝土保温上人屋面，卫生间地面采用 1.5mm 厚聚氨酯涂膜防水层（图 10）。

2.2 工程技术特点

（1）大厅木纹石地面拼缝严密、平整美观。

（2）水滴状铝条、穿孔铝板、石膏板等吊顶安装牢固、典雅时尚、层次感强，烟感、灯具居中布置，成排成线（图 11）。

（3）高镂空展示厅造型新颖，文化底蕴深厚，美观大方。

（4）黄色块材地面，缝隙均匀顺直，平整洁净。

（5）6100m^2 墙面玻化砖，缝宽平直，感观度好。

（6）592 扇门安装牢固，开启灵活。

图 10　防水层

图 9　管线排布

图 11　吊顶安装

（7）6500m² 绿色丙烯酸屋面，色泽一致，分格缝宽度均匀,嵌缝密实,避雷带牢固顺直。

（8）地下管廊内管道、桥架成排成行，分类分层布置，支架牢固，排水畅通（图12）。

（9）设备房地面平整，排水畅通，设备安装位置正确，排列整齐，支架牢固，管道成排成行。

（10）设备机组安装规范，管线排布均匀，标识清晰；穿板管道，防火封堵严密（图13）。

图12　地下管廊

图13　设备机组

3　工程施工质量管理

（1）工程伊始就确定"扬子杯"的质量管理目标，并针对工程特点进行了整体策划。

（2）公司成立了以总经理为首的"扬子杯"工作小组，强化了工程创优的组织、指导和监控，在施工现场建立了以项目经理为核心的项目质量保证体系，建立健全了各项管理制度，明确了各岗位职责，成功地推行了质量、安全、环境等项目经理负责制。

（3）通过各项管理措施和制度的落实，强化了过程控制，保证了施工质量一次成优。

4　工程实体质量情况

4.1　地基与基础工程

（1）桩基基础情况：本工程桩共有1026根钢筋混凝土钻孔灌注桩，桩长均为承台下28m，单桩竖向抗压极限承载力均到达3600kN，单桩竖向承载力特征值为1800kN。

（2）沉降观测情况：工程共设置54个沉降观测点，自2011年3月19日开始至2014年8月22日结束，历时1252d，期间共观测20次，累计最大沉降量19.80mm，最小沉降量5.70 mm，沉降观测期间最后100d的沉降速率为0.13mm/100d，工程沉降均匀、稳定（图14）。

图14　沉降观测

4.2 结构实体

（1）混凝土结构外光内实、表面平整光洁、截面尺寸准确，柱梁节点棱角分明、阴阳角挺拔顺直，达到清水混凝土标准；主体结构未发现裂缝现象，钢筋间距及保护层厚度偏差均小于规范允许偏差。混凝土标准养护试块试验、结构实体混凝土强度与保护层检测符合要求。

（2）混凝土空心砌块砌筑规范，灰缝厚度均匀、顺直，浆料饱满，垂直平整。构造柱混凝土外光内实、截面尺寸准确，马牙槎上下垂直标准（图15）。

图15　混凝土空心砌块砌筑

4.3 外立面装饰

（1）玻璃幕墙，错落有致，流线清晰顺畅、造型美观、简洁大方、色调明快；中空玻璃色泽一致、安装牢固，缝隙均匀、嵌缝密实；外墙窗安装牢固，分格有序，接缝严密。整个建筑外形庄重大气。

（2）拉拔试验结果符合设计和规范要求。

（3）幕墙外立面淋水试验合格。

（4）"四性"检测符合设计与规范要求

4.4 防水工程

（1）工程屋面防水等级为一级，对平屋面进行了淋水试验，重点检查细部构造，如屋面天沟、檐沟、泛水、水落口、变形缝、伸出屋面管道等处的渗漏情况；经淋、蓄水试验，屋面无渗漏。

（2）各楼层卫生间、茶水间等有水房间，地面防水采用1.5mm厚聚氨酯防水涂料。凡有防水要求的房间在防水层及装修后均做了蓄水试验，内容包括：蓄水方式、蓄水时间、蓄水深度、水落口及边缘部位的封堵情况和有无渗漏现象等。经蓄水试验，无一渗漏。

（3）外墙幕墙完工后，对幕墙进行了淋水试验，喷水水嘴距离幕墙的距离为600mm，并在幕墙表面形成连续水幕，喷淋时间持续5mim以上，室内观察无渗漏现象发生。

投入使用至今，地下室、室内潮湿环境、屋面、外墙无一渗漏（图16）。

4.5 屋面工程

屋面泛水坡向正确、排水通畅，防水卷材粘贴牢固、平整、无皱褶和起鼓现象；地坪色泽一致、分格缝嵌缝密实、顺直，混凝土支墩实用美观、规则划一、成排成线，设备基础、排水沟、落水口、女儿墙根部等细部节点做工精致。

4.6 室内装饰装修工程

（1）块材地面铺贴牢固、色泽光洁、表面平整、缝宽均匀、美观大方、质量好。

（2）过厅等石材墙面排板规则、色泽一致、安装牢固、拼缝严密；木饰面缝宽均匀、顺畅，漆面光滑细腻、色泽一致；内墙涂料色泽均匀一致、无流淌（图17）。

图 16 防水工程

（3）吊顶采用铝条、金属扣板、纸面石膏板等，造型形式多样、层次丰富、阴阳角方正，做工细腻，造型美观质量好。顶棚上灯具、喷淋、烟感器、探头等布置合理，成排成线，整体美观。

（4）卫生间地面上铺米黄色防滑砖，墙面贴米黄色镜面砖，顶棚为轻钢龙骨耐水纸面石膏板吊顶。地面坡度正确，平整光滑，细部规范，洁净舒适，卫生洁具安装位置准确、固定牢固（图 18）。

图 18 卫生间装饰装修

（5）楼梯间的防护栏杆安装牢固，高度满足规范要求，转角处通顺自然，接口平滑质量好（图 19）。

（6）成品门制作精良，拼缝严密，线条顺直流畅，做工精细，漆面沉稳细腻，色泽一致，开启灵活，五金齐全，框扇、扇地之间缝隙细小均匀。铝合金窗框与墙面交界处封胶严密，胶缝光滑顺直、饱满，开合灵活，关闭严密。

图 17 过厅装饰装修

图 19　楼梯间的防护栏杆安装

图 20　建筑给水排水工程

4.7　建筑安装工程

本项目设有给水排水、通风空调、电气、消防、弱电、电梯等 27 个系统。各系统布线合理、排列整齐、标识到位、安装规范、接口严密、走向统一；风管制作精巧、接口讲究、支架牢固、接地良好，保温严密，防火、防腐到位，各系统运作正常。各项技术经济指标符合设计和规范要求。使用一年多未发现跑、冒、滴、漏现象，系统运行良好。

（1）建筑给水排水工程：管线分布合理、安装整齐，标识清晰；固定支架合适、可靠，位置设置规范，标高统一。支架尺寸合理美观。支吊架采用槽钢制作，选用的材料规格与管道管径相匹配，做到选用合理、量体裁衣。管廊区域桥架、风管、管道施工时，采用 CAD 进行三维管线综合放样、后台预制加工等方法，综合线管排列整齐美观、线条流畅。管道标识清晰，保温严密，保护安装精致（图 20）。

（2）建筑电气工程：明装管线排列整齐、支架安装牢固可靠，间距均匀、配管走向合理、管口保护严密，防腐涂饰均匀。箱盒位置准确、跨接规范可靠，产品保护措施得当；线槽、桥架排列整齐，位置合理；屋面设置镀锌扁钢避雷带，实现建筑防雷、避雷措施的全覆盖，并在室外地面上 800mm 处，设置避雷接地测试点 4 只，避雷系统接地电阻符合设计及规范要求（图 21）。

（3）通风与空调工程：镀锌钢板风管的走向及三维尺寸正确，支架安装规范牢固，标高统一，法兰连接平整牢固，风管无污染，风口位置正确，排列整齐，消声器安装位置正确。空调系统采用远程操作系统进行能量调节，高效节能，增加了人的舒适感的同时，减少了冬季空气温度垂直梯度的影响，高效节能。

（4）智能系统功能完善齐全、安装规范、综合布线层次分明、设备运行正常。

图21 建筑电气工程

（5）电梯平层准确，运行平稳，检测手续齐全。

图22 外墙和玻璃幕墙

5 建筑节能环保技术应用情况及绿色施工介绍

（1）外墙采用290mm厚陶粒混凝土砌块，外挂100mm厚岩棉板；屋面选用120mm厚无毒防火保温板。

（2）玻璃幕墙采用低辐射Low-E中空玻璃，导热系数≤1.6 W/（m²·K），断桥隔热铝型材（图22）。

（3）隔墙部分采用混凝土空心砌块，具备很好的保温、耐火和隔声性能，采用预拌商品砂浆砌筑，节能、环保。

（4）通风系统由轴流风机、送风机、排烟风机、排烟风口构成，空调系统风管及水管保温层采用橡塑材料做外保温，同时管道与支架设置绝热衬垫，隔热保温效果好（图23）。

（5）各处照明采用节能控制方式，可调光

图23 通风系统

图 24　照明设备

节能灯具，节约电能（图 24）。

（6）采用节水型感式节水龙头，手按式冲洗阀，节水效果好。

（7）地暖系统设置两通恒温控制阀，低温热水地面辐射供热。

（8）系统节能效果经现场检测，结果合格。

（9）项目部在施工管理中围绕"四节一环保"出发，确定目标，完善组织机构，施工策划，策划交底，组织培训，实施记录，目标考核，积极推广实施新技术应用，确保项目实现绿色施工。

6　工程资料情况

（1）资料齐全有效，工程建设程序合法。

（2）工程技术资料共 19 卷 230 盒。管理资料、物资资料、施工记录、试验记录等工程质量保证资料，工程质量验收资料等工程资料

填写规范、内容完整、签字盖章完备，齐全真实有效；工程资料编目规范、目录清晰、层次清楚，组卷合理、装订整齐、可追溯性强。

7　工程获奖情况及综合效益

（1）质量效果

工程被评为 2011 年度淮安市优质结构工程、2015～2016 年度中国建筑工程装饰奖。

（2）技术效果

2013 年申报的《改进模板施工工艺，提高主体结构施工质量》QC 成果，获得 2013 年度淮安市工程建设 QC 成果一等奖、江苏省工程建设优秀 QC 成果优秀奖；机电安装 QC 小组荣获 2012 年度全国工程建设优秀质量管理小组二等奖。

（3）环境和安全效果

工程先后被评为 2011 年度、2012 年度、2013 年度江苏省建筑施工文明工地和 2012 年"AAA 级安全文明标准化工地"。

（4）综合效益

工程管理各方面都受到了建设主管部门及社会各界的一致好评，相关单位均表示非常满意。同时，由于工程设计优秀、质量精细、功能齐全，有利于医学科学建设、有利于提高医疗水平、有利于人民群众就医。

8　结束语

该工程设计合理，施工精细；分部分项工程一次性验收合格率100%，工程资料齐全、真实、有效；结构安全可靠、使用功能齐全。工程使用一年多来未发现裂缝、变形、空鼓、起皮、脱漆、渗水等质量问题，设备运行正常，工程沉降稳定，工程完好如新，用户非常满意。

通过本次"扬子杯"的创建，我们将认真

汲取经验和教训，进一步加强全体施工管理人员的学习培训，认真学习规范标准，加强职工技能培训，提高企业全员技术素质和管理水平。进一步完善企业标准，加强标准化管理，严格执行各项质量管理制度，不断克服质量通病，规范细部处理、精化过程质量，努力打造工程精品；进一步发扬精益求精的精神，为国家、社会建造出更多更好的精品工程。

淮安市淮安区新城商务中心——江苏淮阴建设工程集团有限公司

1 工程概况

淮安市淮安区新城商务中心是一幢造型优美、功能齐全、设施先进的综合公共建筑，工程造型具有典型的端庄、典雅、大方的建筑风格，该项目由浙江绿建建筑设计有限公司设计，江苏淮阴建设工程集团有限公司施工总承包。

本工程地上建筑面积为39823.22m²，地下室建筑面积为9313.32m²，共计建筑面积为49136.54m²；本工程主体建筑15层，总建筑高度61.500m，东楼、西楼均为3层，建筑高度9.900m；建筑结构形式为框架-剪力墙结构，设计年限为50年；抗震设防烈度7度，抗震设防类别丙类；本工程为一类高层，节能计算按公建甲类，耐火等级为一级；屋面防水等级为Ⅱ级，防水层使用年限为15年。该工程安装主要有：给水排水（给水系统、消防系统、排水系统、雨水系统）；电气工程（低压配电、照明系统、防雷及接地系统）；智能（消防火灾自动报警系统）；暖通、通风系统等。

本工程于2011年8月18日开工，2016年9月30日竣工（图1）。

图1 正立面

2 工程特点

2.1 工程设计新颖、造型典雅大方

工程造型新颖，使用功能齐全，设计先进合理。采用高大空间造型，赋予合理的比例和精心的艺术处理，巧妙地造就了建筑外轮廓的完整和精美，外形典雅大方，建筑总体上表现为体量高大，敦实厚重，内部空间广阔。

2.2 工程技术含量高

工程采用了多项新技术、新材料、新工艺，特别是大力推广了建设部的"十项新技术"运用，主要包括：（1）深基坑施工监测技术；（2）大直径钢筋连接技术；（3）清水混凝土模板技术；（4）混凝土裂缝控制技术；（5）管线综合布置技术；（6）金属矩形风管薄钢板法兰连接技术；（7）管道工厂化预制技术。

3 创优举措

为确保工程质量，提升企业形象，集团公司在项目开工前就明确了创优目标：确保"扬子杯"。为目标的顺利实现，做出精品工程，为此我们进行了事先精心策划，过程紧密跟踪，竣工定期回访。

3.1 前期策划

（1）业主是整个项目建设的中心，也是全面协调项目参与各方的主体，项目开工伊始公司就与业主单位进行沟通洽谈，统一思想达成共识，得到业主的支持和肯定。

（2）集团领导重视，为人才、资金、资源各方面提供支持，组建以项目经理为首的项目班子，人员配备齐全，业务能力强，综合素质高，建立了科学的组织管理架构。

（3）项目总工带领各专业技术负责人提前排查项目施工的重点和难点，罗列出项目应用的新技术新工艺和新材料，对整个工程进行总体策划，旨在确定目标、措施、技术管理程序。

（4）与设计单位沟通，对于项目的使用功能、节点构造、装饰风格等都进行了详细了解，充分掌握设计意图，并提出有利于项目创优的构思。

（5）对装饰工程现场技术人员精心进行二次设计，提供大样图。利用CAD计算机软件技术对大厅、卫生间装饰、外墙立面装饰、楼地面板材铺设、消防喷淋装置安装等进行二次深化设计，各专业根据现场实际尺寸进行二次设计排版，确保各部分装饰达到布局合理，整齐美观、居中对称。为使工程增加亮点，主要对楼梯、屋面、卫生间、设备间、窗台等进行了特色策划：如楼梯踏步石材侧面防滑槽抛光处理、消水线顺直、深线一致、尺寸偏差控制在2mm以内；卫生间饰面砖接缝平整，缝隙均匀，勾缝呈"米"字形，地漏套割要求细致，与地面砖交接处打胶圆滑一致美观，窗台花岗石压顶切角搭接，水平面与立面角边以45°切角镶接；屋面采用人造草坪铺设，分格清晰，均匀美观；外墙立饰面材无色差，打胶措施到位，平整、顺滑；沉降观测点处理采取有效措施，做到科学美观、合理、方便；设备安装、卫生洁具、电器盒统一标高，尺寸准确、固定牢靠，设备间设备与墙体接口采用不锈钢套管，既美观又便于保养。

3.2 过程控制

（1）工程主体结构和地基基础施工时，从模板的选材、设计、细部处理、安装就位等提前策划，钢筋从钢筋原材、加工、绑扎、连接等做前期翻样，混凝土从强度、性能、配合比、运输、浇筑过程及后期养护等做详细书面交底，确保主体结构洁面尺寸准确、棱角分明、线条顺直。砌体确保灰缝饱满，厚薄均匀，构造措施到位（图2、图3）。

图2 过程控制（1）

图3 过程控制（2）

（2）外墙装饰为干挂花岗石，设计合理，施工精细，色泽均匀，端庄大方。卫生间瓷砖墙面与地面砖接缝贯通，在墙角及门窗洞口处，组砌合理，镶贴美观。室内地面花岗石及地面砖光洁平整、色泽均匀、分割合理，分割缝打胶均匀，踏脚线统一加工，出墙厚度一致。内门为胶合板门，安装牢固、制作精细，门扇表面平整，保护良好。木门安装缝隙均匀、宽度适中，油漆颜色均匀一致、手感光滑；铰链与开槽相互吻合、边缘整齐。内墙乳胶漆涂面平整、均匀、色泽柔和，平整度用3m靠尺检验均小于2mm。阴阳角顺直、棱角方正、角度准确、挺直美观。楼梯踏步经现场精确测量，踏步宽度差在 4mm 以内,高度差在 3mm 以内。楼梯不锈钢扶手安装牢固、焊缝平滑、转角自然圆顺,护栏美观,休息平台处安全挡板设置规范,主楼高层防爆玻璃、防护栏一应俱全(图4、图5)。

图4　过程控制(3)

图5　过程控制(4)

(3)专业资料员与技术员配合,及时做好资料的收集整理工作,原材料按规范要求进场检测,每道工序报验手续齐全,高支模等危险性较大的分部项工程方案经过专家论证后实施,做到质保资料齐全,技术资料完整。

(4)积极倡导绿色施工,通过科学管理和技术进步,最大限度节约资源和减少环境负面影响,编制专项施工方案,针对土地节约、土壤保护、建筑垃圾控制、节水、节电、节材、节能等多方面制定相应措施。积极推广使用绿色材料、绿色工艺(图6)。

图6　过程控制(5)

(5)在工程主体封顶之际,于 2012 年 11 月 28 日,由淮安市住建局主办,各县区质监站、监理、一级总承包等相关单位约 400 人参加的现场观摩会。

观摩会现场除了标准间展示外,又布展了大量图片资料,让与会人员对工程质量有了更深入的了解,参会各级人员对工程质量表示赞扬与肯定(图7)。

图7　观摩会现场

3.3　技术攻关

针对工程的特点和难点,依托集团公司的技术优势,人力资源优势,积极组织技术部门、生产部门、项目部广泛开展技术攻关活动,学习和使用先进的施工经验,特别是部、省级优秀的施工工法和 QC 活动成果,为工程建设服务,如在干挂花岗石、屋面防水、大面积混凝土地坪施工等方面都使用和借鉴了其他兄弟施工单位的先进做法和成功经验，同时，也不断组织自己的工程人员，从克服质量通病入手，全面开展质量管理活动。在主体结构、内部装饰、屋面防水、水电安装等分部工程施工中根据质量控制的侧重点，组建了 QC 小组，开展技术攻关活动。另外结合以往施工中容易出现的质量通病，给予总结，把预防控制措施分配到施工班组，加强重点预防的控制。对专业性较强的工程，选择有资质的专业施工队伍，充分利用他们的专业技术优势，采取合同手段，提高产品质量。

4 工程亮点

外墙装饰为干挂花岗石，设计合理，施工精细，色泽均匀美观，线条顺直，接口严密，整个外墙面干挂花岗石表面平整，与门窗洞口衔接自然合理，无色差，满足工程总体设计效果要求（图 8）。

图 8 外墙装饰

大厅设计高大宽敞，视野开阔，挺拔庄重，花岗石贴块工厂加工定制，安装拼接错缝统一、圆弧精确、色泽均匀，浑然一体，彰显整个建筑雍容气派，给人以巍然屹立之感（图 9）。

地面饰面砖接缝平整，缝隙均匀，分色镶嵌合理美观，与踢脚线色彩近相呼应（图 10）。

图 9 大厅

图 10 地面饰面砖

大厅吊顶典雅大方，层次丰富，光带设置合理，灯具与吊顶材料搭配协调，光感柔和舒适，接缝挺直一致，边缘流线顺畅，自然美观（图 11）。

楼梯扶手安装牢固、焊缝平滑，转角自然圆顺，护栏美观，休息平台处安全玻璃挡板设置规范（图 12）。

不锈钢玻璃栏杆点式安装，低调奢华，扶手平直顺畅（图 13）。

卫生间地面砖与墙面砖模数匹配，接缝水平方向与垂直方向一致，卫生洁具安装高度统一（图14）。

屋面采用人造草坪饰面，铺贴平整，分割美观，起到很好的保护作用（图15）。

地下室地坪光亮整洁，管道安装横平竖直（图16）。

室内风口、灯具、喷头等安装与装饰协调一致，美观大方（图17）。

屋面空调设备安装整齐牢固，保温密实规范，美观实用（图18）。

配电房设备安装规范、整齐，运行稳定可

图11　大厅吊顶

图12　楼梯扶手

图13　不锈钢玻璃栏杆

图14　卫生间地面砖与墙面砖

图15　屋面

图16　地下室地坪

图 17　室内风口、灯具

图 18　屋面空调设备

图 20　管线排列

图 21　管道、设备保温

靠（图 19）。

　　管线排列整齐，安装规范、牢固，油漆色彩鲜艳，标识清晰醒目（图 20）。

　　管道、设备保温密实，保护层平整规范，细节处理美观（图 21）。

图 19　配电房设备

5　荣获奖励

　　公司自工程中标以后，紧紧围绕"确保省优的创优目标，精心组织、严格管理、科学配置，使工程在管理流程技术运用、质量保障、节能环保、成品保护等各个环节，达到了较高的水平，工程质量始终处于领先水平。安全、文明施工在省市先进行列，同时经济效益明显。

日月星城一期 19 号商业综合楼 ——江苏中柢建设工程有限公司

1 工程概况

工程名称:日月星城一期 19 号商业综合楼。

建设单位:盐城通达置业有限公司。

设计单位:盐城市建筑设计研究院有限公司。

勘察单位:苏州市民用建筑设计有限责任公司。

监理单位:盐城市成业建设工程监理有限公司。

施工单位:江苏中柢建设工程有限公司。

日月星城一期 19 号商业综合楼项目工程位于盐城市城南新区盐渎路以北,日月路以东。建筑总高度 46.75m,地下 1 层,地上 12 层,总建筑面积为 19832m²。地下 1 层为停车场和设备仓库用房,地上 1 ~ 3 层为酒店包厢、售楼中心、宴会中心,4 ~ 10 层为宾馆客房,11 ~ 12 层为办公。结构体系为钢筋混凝土框架剪力墙结构,基础形式为预应力管桩基础。基础垫层混凝土强度等级为 C15,底板混凝土强度等级为 P6C40,-5.6 ~ 5.95m 柱、墙混凝土结构强度等级为 C40,-5.6 ~ 5.95m 梁、板混凝土结构强度等级为 C35,5.95 ~ 22.05m 柱、墙、梁、板混凝土结构强度等级为 C35,22.05m 至屋面柱、墙、梁、板混凝土结构强度等级为 C30,该工程内外墙均为 M5.0 专用砂浆砌蒸压砂加气混凝土砌块(图 1)。

工程开工伊始,公司、项目部召开专题会议,明确质量目标,即"确保省优",并为整个工程的顺利施工提供了可靠的保证。在工程建设期间,城南政府部门多次组织其他兄弟单位前来观摩,得到了政府及兄弟单位的一致好

图 1 项目外观

评,并被推广学习。

随着社会的不断进步,人们越来越追求高质量的产品和服务,社会对建筑行业整体质量关注度日益加强,质量在企业的竞争中日益显现出至关重要的作用。为能更好地满足人民的需求和期望,同时尽量减少工程在交工后因质量维修而产生二次成本,做到工程施工质量一次成优,需要从工程开工伊始就进行创优策划,过程中严格控制,完工后做好成品保护。工程创优是一种思想,创建精品工程不仅能提升企业的综合实力,而且满足日益提高的社会需求,就本公司创建优质工程的经历,总结创优质精品工程的经验与体会。

2 创优总结

2.1 前期策划

创优策划书的编制是工程创优工作的基

础，是开展创优系列工作的基石，是整个创优过程的重中之重。通过对工程详细、全面的创优策划，保证创优工作的顺利进行。

（1）领导重视、明确目标

工程开工召开专题会议，明确质量目标。

（2）编制创优方案，分解创优目标

由公司总工程师主持编制创优方案，把创优目标分解落实到各个分项工程的每个工序中，落实到每个操作班组、具体职工身上。

（3）做好各项培训，做到持证上岗

项目部所有管理人员均参加过相关培训并获得上岗证书。进场前，所有技术质量人员认真学习施工验收规范、检验标准，经考核合格后方可聘任上岗。

（4）科学管理、严格监督

质量管理，严格按照公司计划和钢筋、模板放样，先进的管理手段在施工中得到了充分的应用。严格监督是强化管理的重要手段，是实现质量目标的保证，对主体模板和钢筋工程的施工，采取定人、定岗、分组、分部位作业，施工前书面交底，施工中跟踪检查，施工后做到层层控制，道道设卡，制定严格的岗位责任制，奖优罚劣，每月兑现，同时狠抓原材料质量，不合格材料坚决退货，确保工程质量的不断提高。

2.2 工程的特点、难点

关键部位和重点、难点项目质量的优劣直接关系到整个工程结构安全和使用功能。本工程具有体量庞大、涵盖的专业多、功能齐全、施工现场可布置的场地狭窄、紧靠市政主干道的深基坑施工、高支模施工、大跨度预应力大梁施工、全幕墙施工等诸多特点，这些特点给工程施工组织、技术管理等方面带来一定的难度。

根据工程的重点和难点，在施工前编制相应的专题方案，进行详细的技术交底，落实具体措施，采取可靠的方法，让每位操作人员做

到操作按程序，质量按标准，验收按规范，保证了工程质量。

2.3 项目实施过程中的创新

（1）坚持以实物样板引路，规范施工，先做出样板件、样板墙、样板房，力求优中求精，确保整体质量的高标准（图2）。

图2 实物样板

（2）提高自检标准，确保实测率：工程各阶段根据工程特点，对各分部分项质量标准制定了较为详细的规定，此规定较国家规范要求更为严格，为工程创优打下了坚实的基础，各检验批一次验收合格率95%以上。

（3）外窗及外阳台门框四周混凝土留设企口，使铝门窗框安装时有高低差，同时框周边采用聚合物砂浆分层填塞，有效杜绝了外门窗

框四周的渗漏，同时更改善了门窗在台风期间承受负风压的能力（图3）。

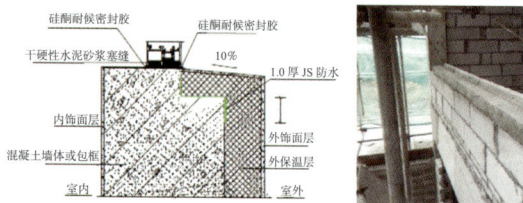

图3　外窗及外阳台门框

（4）为确保建筑物垂直度及高程传递的精确，施工中采用激光垂准仪及全站仪进行控制测量，工程全高垂直度最大偏差仅为5mm。

（5）在砌筑砂浆及抹灰砂浆中掺加外加剂，改善砂浆的保水性、流动性和黏聚性，从而大大减少了抹灰层的空鼓、开裂。

（6）屋面细部小品化。屋面所有支架根部、出屋面结构根部、女儿墙腰线、地漏口等细部做法均事前进行方案设计，从而保证了屋面各种线条顺直、流畅、美观。穿出屋面的管道根部采用硬质套管固定装饰，美观大方，屋面分格缝宽窄深浅一致，缝隙边线清晰。

（7）公共部位墙、地面抛光砖、大理石贴面，事先材料经专人挑选，以定型套尺排选和目测分类，确保色泽均匀、规格一致，镶贴中，纵横向拉线，平立面砖缝对缝，接缝平直，缝隙纵横顺直，大小一致。

2.4　创精品工程的过程

（1）主体部分

在工程质量特色方面，我们依据盐城市建设工程质量监督站的要求施工，使用先进的施工工艺和施工方法，结合实际情况，其他创优做法按"指导手册"施工，这些施工工艺及特色做法经过实践证明，解决了诸多建筑中常见的质量通病，达到了规范、美观、实用等特点。

1）主体结构现浇板厚控制措施

为有效控制现浇结构板上层钢筋易踩扁、

修正难、板厚不足的问题：①采用预制高强度等级细石混凝土马凳垫块来控制上层板筋的保护层；②浇筑混凝土时采用楼面钢筋网片操作平台来控制钢筋防踩踏（图4）。

2）柱子采用槽钢夹具固定模板，保证截面尺寸和平整（图5）。

图4　钢筋防踩踏措施

图5　柱子固定

3）后浇带处满铺花纹钢板，保证人员安全。后浇带接槎处平整、顺直、表面观感质量好（图6）。

4）梁、柱、板交接处：构件交接处无破损，混凝土观感好，混凝土构件表面光洁、平整、密实、无明显色差，构件交接处棱角顺直、清晰（图7）。

5）马牙槎细部做法：构造柱混凝土浇捣密实，棱角分明；砌体墙墙体无螺杆孔，马牙槎形态清晰（图8）。

6）混凝土构造柱观感（顶部及表面）如图9所示。

①顶部设置簸箕口能保证构造柱顶部混凝土浇筑质量。

②顶部混凝土与柱身混凝土一次性浇筑，避免了二次浇筑。

7）主体施工阶段的标识标线，标识与施工进度同步，标识规范（图10）。

图6 后浇带

图7 梁、柱、板交接处

（2）屋面工程

屋面做法，采用广场砖满铺，分仓缝顺直清晰美观（图11）。

（3）室内装修

1）石材消火栓暗门

消火栓门与墙面材质一致，观感美观，并做好标识，消火栓安装规范、设施齐全（图12）。

2）柱边石材圆弧形施工，美观实用（图13）。

3）楼梯扶手不锈钢转角处倒90°角，端部用不锈钢包边美观（图14）。

4）不同区域采用不同颜色石材分割，对

图8 马牙槎细部做法

图 9　混凝土构造柱观感

图 10　主体施工阶段的标识标线

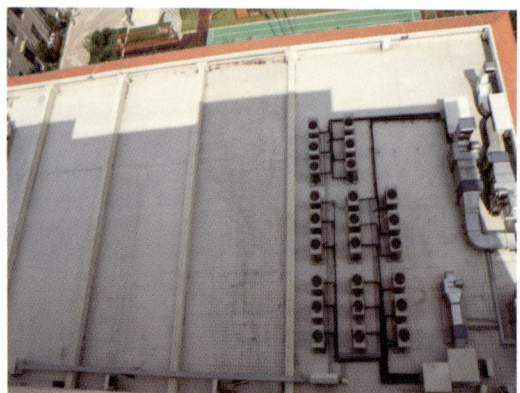

图 11　屋面工程

图 12　石材消火栓暗门

图 13　柱边石材圆弧形施工

图 14　楼梯扶手

缝平整清晰（图 15）。

　　5）室内墙面

　　①块材墙面如图 16、图 17 所示。

　　②便斗及隔断如图 18、图 19 所示。

　　6）客房装修肌理涂料，表面平整，纹理清晰美观（图 20）。

　　7）室内顶棚分割清晰平整，阴阳角顺直，灯具安装规范。

图 15　石材分割

图 16　墙体上不锈钢分缝

图 17　墙体与地面及卷帘门处接槎清晰

图 18　便斗与感应器及地砖居中对直

图 19　成品隔断保持一致

　　吊顶平整、排版合理，宴会大厅顶棚金属漆平整美观（图 21）。

　　8）楼梯、栏杆

　　踏步：踏步阳角做成圆弧抛光，表面增加防滑措施（图 22）。

（4）安装部分质量创优做法

1）采用太阳能热水系统如图 23 所示。

2）穿墙设置套管，套管管径大于所穿管

道 10 ~ 20mm（图 24）。

3）成排管道直线平行，标识清晰（图 25）。

4）空调管道设置的固定支架牢固可靠，

图 20　客房装修

图 21　室内顶棚

防锈及防腐措施到位（图26）。

5）成排灯具安装的偏差小于5mm（图27）。

6）生活水箱安装美观（图28）。

7）墙面正压风口安装规范（图29）。

8）吊顶排烟风口的执行机构安装平整，与装饰面层紧密贴合（图30）。

9）配电间排列整齐（图31）。

10）同一墙面上开关标高统一（图32）。

图22 楼梯踏步

图23 太阳能热水系统

图24 穿墙套管

图25 成排管道

图26 空调管道

图 27 成排灯具

图 28 生活水箱

图 29 墙面正压风口

图 30 吊顶排烟风口的执行机构

图 31 配电间

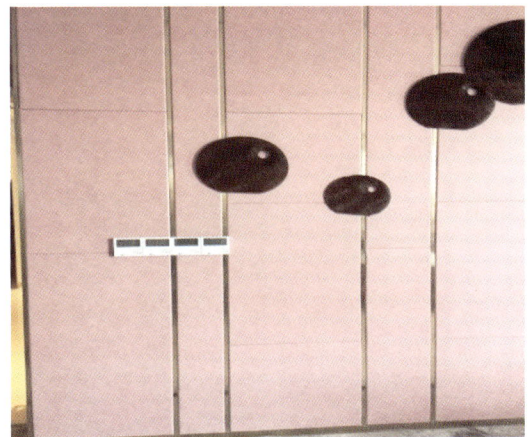

图 32 同一墙面上的开关

2.5 绿色施工

"清洁文明、安全为先；绿色环境、健康生命；科学管理、持续提高"是中枑建设的环境／安全方针。项目部将在此方针的指导下，继续完善各项环境／安全管理，为创建真正的绿色工地而努力。

项目部在认真学习环境／安全管理体系的基础上，落实各项要求，加强了对噪声、大气（扬尘）、废水、危险品的管理及材料、用水、用电等资源控制，对主要指标按要求由环境保护局进行现场监测。项目部对各类废弃物进行分类管理，集中堆放，并由专业垃圾处理部门进行处理，保证了废弃物的无害化。

3 工程质量总结

日月星城一期 19 号商业综合楼工程共 10 个分部工程分别是地基与基础分部工程、主体结构分部工程、建筑装饰装修分部工程、屋面分部工程、建筑给水排水及供暖分部工程、通风与空调分部工程、建筑电气分部工程、智能建筑分部工程、建筑节能分部工程、电梯分部工程。各分部工程均符合设计及规范要求。

建设单位于 2016 年 4 月 20 日组织成立了验收委员会，对本工程进行了预验收，对安全功能检测、观感进行了验收，质量控制资料核查，均符合要求，并由监理单位出具了评估报告。

4 获得的成果

在施工过程中，本工程获得了省级工程建设优秀 QC 小组活动成果奖，江苏省建筑施工标准化文明示范工地，工程竣工后申报并获得盐城市"盐阜杯"优质工程，江苏省优质工程"扬子杯"奖。

明确创优工程项目施工管理要点，不仅关系着整个工程的施工质量，也对工程经济效益与社会效益的持续增加具有重要的影响。因此，在建筑行业迅速发展的今天，我公司对施工手段进行优化，采取行之有效的措施，将施工过程中存在的问题一一解决，提高企业自身的市场竞争力。

徐州仁慈医院二期急诊楼、医技楼、病房楼及人防地下室——江苏省淮海建设集团有限公司

徐州仁慈医院位于徐州经济开发区杨山路11号，是淮海经济区断肢再植等专科方面享有盛誉的民营医院，自2006年与该院首次合作，便与公司形成了良好的合作关系，一期工程获得2009年度扬子杯优质工程奖，鉴于一期工程突出的表现，二期工程——急诊医技楼、病房楼及人防地下室项目业主方再次选择了淮海建设。淮海建设人未辜负业主方的期望，二期工程以优良的品质再次获得2016年度"扬子杯"优质工程奖。

徐州仁慈医院二期急诊/医技/病房楼及人防地下室项目建筑面积47898m^2，框架结构，地上15层，地下1层，工程设计使用年限50年，筏板基础，主体结构为框架结构，室内为精装修；本工程内、外装饰设计新颖，外装饰为石材幕墙，与周围环境相互衬托，颜色明快，时代气息浓郁，有地域特点，天然石材饰面质感粗狂、简洁、美观。内部为精装修，施工质量精良，装修环境设计有利于患者生理、心理健康，体现淳朴、典雅、朴素的特点，色彩和照明符合卫生要求；屋面为刚性屋面和休闲屋面等。

本工程建筑设计按照使用功能分区明确，布局开放，人流、车流、物流合理等专业特点，科学组织设计。门诊、医技楼厅大、廊宽，分区候诊，流程合理，方便就医。病区复式回廊，房间宽大，光照充分，水、电、气、中央空调、净化、物流传感、呼叫、监控、信息网络、电话、电视等均采用新技术、新设备，运用现代化的手段进行强化。消防设施的配量遵循国家有关建筑防火规范，符合国家建筑耐火等级的要求。给患者打造一处大空间、高规格、现代化的一流就医环境。

公司领导高度重视仁慈医院二期项目，在签订施工合同时，主动提出合同质量目标：确保"扬子杯"，力争国优；绿色施工、文明施工；围绕各项目标，公司精挑细选组建项目管理团队和制定可行的创优措施，项目团队选择了责任心强、技术水平高、管理能力强的项目经理，项目质检员、安全员、施工员等经验丰富、责任心强；公司各部门配合项目部编制了各专业施工组织设计、专项方案及各类管理制度，有效地保证了工程的施工质量。

项目部施工将质量管理制度及责任制的全过程落实到实处，在施工过程中，实行"样板现行、先技术交底、后落实"，项目技术人员进行全面技术交底，对现场专业班组长及施工人员进行施工技术交底，并跟踪实施，及时指出施工中不符合规范和样板要求的工序；掌握新规范标准要求，按照《江苏省建筑优质工程评价标准》制定有效的质量控制措施，并认真贯彻落实到各道工序，加强过程控制，确保创优保障措施的落实；各检验批一般项目合格率不低于90%，各分项工程优良率不低于70%，分部工程优良率不低于70%。

创优质工程重在过程控制、过程精品、精益求精。为确保和达到优质工程创建目标，对施工管理每道工序坚持事先策划、过程管控、工序严检、一次成优。严格专业分包和劳务分包管理，做到全员参与、全过程管控、严格执行三检制度，发扬工匠精神；坚持施工前做好工期、材料、技术、质量、安全五交底的同时

坚持三个重点交，对于技术难度大的分部分项工程重点交；施工组织设计及专项方案优化方案重点交；工艺流程和施工程序重点交。坚持岗位责任制，班组实行分部分项包干，每道工序完成后，操作者的姓名及质量检查结果（数据）等上墙；坚持自检、互检、专项检相结合，每道工序均实行样板先行，每道工序完成后均进行相应的质量检查，做好实测实量和观感的评定，数据和观感相辅相成，达到观感和数据的完美结合。

在施工中的关键工序及施工难点，项目部对一些关键工序和施工难点，既做好样板操作，还从施工材料、工艺、操作技能上加强岗前培训和强制性条文宣贯，使操作人员听得懂、记得住、好操作，以便有效地实施工程项目标准化管理，确保施工安全和工程质量一次成优。完善的工程技术资料是工程质量合格的证据，做好工程技术资料的管理存档。

施工过程中，项目部按照文明施工的标准和绿色施工要求，较好地实现了工程施工的各项目标，工程获得了"江苏省建筑施工安全文明工地"的称号；积极开展QC小组活动和利用新技术、新工艺，提高工程施工质量、安全、经济和社会效益等。

本工程共10个分部，各分部工程均一次性验收通过，观感质量好，各项使用功能、安全功能、消防设施检测、节能、环保配套等经相关单位检测和验收，均符合设计和相关法律法规、规范标准的要求。

工程建设手续齐全、程序符合要求，工程各项技术资料齐全有效，各分部分项工程质量优良，观感评价好，各项使用功能、安全功能检测均符合规范和设计要求；施工过程中未发生质量和安全事故，并获得了江苏省建筑优质工程"扬子杯"奖、徐州市建筑优质工程"古彭杯"金奖、徐州市"QC"优秀成果奖、"江苏省建筑施工安全文明工地"称号及徐州市城乡建设系统优秀勘察及设计奖。

目前工程各项使用功能正常，设备运行良好。

1 基础、主体等施工照片

基础筏板钢筋绑扎间距均匀、规整，接头位置有规则错开，垫块到位，标高正确（图1）。

主体结构混凝土梁柱节点成型几何尺寸正确，阴阳角方正，无缺棱掉角，表面光滑、密实，无露筋（图2）。

空心楼盖中的薄壁管，布置均匀，无损坏，抗浮钢筋绑扎牢固，成立了QC小组，确保施工质量，并获QC成果优秀奖（图3）。

图1 基础筏板钢筋绑扎

图2 梁柱节点

图3　空心楼盖中的薄壁管

2　工程外观

工程外装饰质感粗狂、简洁、美观，风格独特，是该区域标志性建筑。外装饰为石材幕墙，与周围环境相互衬托，颜色明快，时代气息浓郁，有地域特点（图4）。

消防通道充分利用地形地貌，因地制宜，既有利于通行，又起到装饰的效用。穹式吊顶，放样难度大，做工细腻，灯具复古考究，做到了施工技术与艺术效果的完美结合（图5）。

幕墙的天然石材饰面，施工精良，拼缝整齐，表面平整，质感粗犷，简洁美观（图6）。

石材幕墙、窗、窗台、散水等细部做工精细，线条清晰，坡度合理（图7）。

防雷测试点及沉降观测点布置实用美观（图8）。

图5　消防通道

图6　幕墙的天然石材饰面

图7　石材幕墙、窗、窗台、散水等细部做工

图4　工程外观

图8　防雷测试点及沉降观测点

3　人防地下室

地下室环氧地坪平坦光洁，耐磨耐压抗冲击力强，保养方便，维修费用低（图9）。

地下室停车标识色彩清晰，功能区分明确（图10）。

图9　地下室环氧地坪

图10　地下室停车标识

4　室内装饰

门诊大厅典雅、宽敞气派、色彩明快，别具一格；钢结构采光屋盖，极大程度地优化了门诊大厅的采光问题，使大厅明朗通透（图11）。

石材铺贴美观，踏步高度一致，栏杆安装牢固，滴水线明确（图12）。

楼梯扶手转角接缝严密，表面光滑，色泽一致（图13）。

走廊地面地砖、墙面瓷砖对缝铺贴，拼缝严密，缝宽一致；石膏板吊顶和谐统一美观大方（图14）。

图11　门诊大厅

图12　楼梯踏步和栏杆

图 13 楼梯扶手转角接缝

图 15 走廊（2）

图 14 走廊（1）

走廊仿实木地面地板铺贴工艺优良，与顶棚木条纹相呼应（图 15）。

护士站工作台高度适宜，立面满贴木饰面（图 16）。

图 16 护士站

病房宽敞明亮，温馨舒适（图 17）。

儿童输液室地面铺贴采用天然纹理装饰，给人以安全感，可达到缓和儿童恐惧心理的作用（图 18）。

输液室造型吊顶圆润，高端大气，柱装饰棱角分明，做工精细（图 19）。

门厅柱装饰石材花纹朴素美观，施工精细（图 20）。

地、墙、柱、顶装饰施工精良、协调美观（图 21）。

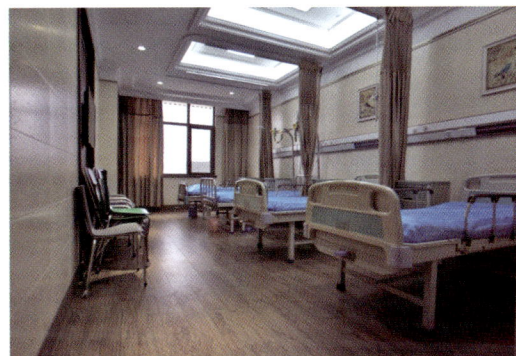

图 17 病房

图18　儿童输液室

图19　输液室

图20　门厅柱

图21　地、墙、柱、顶装饰

洗手间五金安装精致，感应装置节能美观（图22）。

卫生间洁具布置合理，简洁卫生。感应装置节省能源，地漏处排水坡度符合要求（图23）。

消火栓门与墙体结合严密、做工精细（图24）。

电梯采用品牌电梯，安装精良，安全可靠，运行平稳。电梯轿厢启闭轻快，信号清晰，平层准确（图25）。

图22　洗手间

图23　卫生间洁具

图 24　消火栓门与墙体

图 25　电梯

5　屋面

病房楼屋面排气孔布置合理，分隔缝位置和间距符合设计要求，刚性屋面分仓合理，表面平整、压实磨光，无起砂无裂缝（图 26）。

水簸箕采用石材制作，外形美观安装牢固，能有效防止雨水对屋面的冲击，延长屋面使用寿命（图 27）。

跨管道踏步简洁、实用（图 28）。

图 26　病房楼屋面

图 27　水簸箕

图 28　跨管道踏步

6 安装部分

管道排列整齐顺直，支架形式和间距一致，安装牢固（图29）。

控制柜布设整齐，安装牢固，标识清晰，通风照明良好，柜内接线规范、配线分色正确，接地可靠（图30）。

空调机组管道排列整齐有序，美观牢固，设备基础做工考究，减振可靠，设备配件安装齐全，朝向合理，便于观察和操作（图31）。

管道及控制阀标示齐全醒目，管道介质流向集介质名称标志清晰明确，排水沟设置合理，排水顺畅（图32）。

信息智能化设备排列整齐、美观，照明通风良好（图33）。

消防控制室设备摆放合理（图34）。

图29 管道排列

图30 控制柜

图31 空调机组管道排列

图32 管道及控制阀

图33 信息智能化设备

图34 消防控制室

洗手池感应装置节能简洁美观，胶缝饱满（图35）。

坐便器居中布置，简洁美观，空间充足（图36）。

图35　洗手池感应装置

图36　坐便器

徐州市土地、矿产、基础地理信息服务中心综合楼
——江苏江中集团有限公司

1 工程概况

徐州市土地、矿产、基础地理信息服务中心综合楼是徐州市政府投资项目代建中心开发建设，徐州市建筑设计研究院有限责任公司设计，江苏盛华工程监理咨询有限公司监理，江苏江中集团有限公司承建，该工程位于徐州市新城区镜泊西路以南、规划局以北、建设大厦南侧，建筑面积 31000m²，地下 2 层，地上 6 层，总投资 9300 万元。

徐州市土地、矿产、基础地理信息服务中心综合楼位于徐州市新城区镜泊西路以南、规划局以北、建设大厦南侧。工程地上 6 层，地下 2 层，地下 1、2 层为停车库和设备用房，地上 6 层为办公用房。本工程①~⑩轴线总长 72.4m，Ⓐ~Ⓜ轴线总宽 61.8m，-2 层层高 3.6m，-1 层层高 5.0m，1 层层高 4.8m，2~6 层层高 3.6m，工程总高 23.25m，室内外高差 0.45m。混凝土强度等级：地下室底板、承台、地梁均为 C35P8；柱：基础~-0.050m 为 C40；-0.050~8.350m 为 C35；8.350m 以上为 C30；框架梁、板、楼梯-0.050m 以下为 C35；-0.050m 以上为 C30；圈梁、过梁、构造柱等次要构件为 C25。屋面为二级防水。外墙为玻璃幕墙、铝合金中空玻璃窗、干挂石材，内墙为乳胶漆、部分釉面瓷砖及干挂花岗石；地坪镶贴地砖，楼梯镶贴花岗石；门窗主要为：木门、铝合金中空玻璃窗、幕墙、防火门、防火卷帘门。

本工程电气施工部分主要包括照明及配电系统、网络系统、消防设施配电及控制系统、防雷接地系统，楼内在主要交通通道设置应急灯及紧急指示灯。

消防系统平立成环，低环上接出两个水泵接合器，消火栓内设置按钮，直接启动消防泵。

该综合楼的建成，方便了办事群众，使群众来土地局办事，只要跑一个地方，就能办妥土地事项（图 1）。

图 1　大楼南立面

2 创优策划

（1）围绕创"扬子杯"奖的质量目标，开工前即成立了创优工程领导小组，提出了"三精"、"三品"的指导方针，即：精心优化、精细管理、精益建造，做到工程有品位、有品质、有品牌，这是实现建优质工程的精髓。

（2）强化工程技术、质量、资料、安全文明施工等各项管理，要求工程施工一次成优，实现每个工序的环节、过程都达到优质标准，做到过程优质，细节完善，精益求精，最终使工程质量整体达到"扬子杯"的质量要求。

（3）综合应用绿色文明施工技术，严格控制施工过程对环境的影响。

3 过程控制

管理上实行项目责任制，由项目经理领导，现场技术负责人及专职质检员中间控制，实行三级质量管理体系，层层落实，横管到边、纵管到底。严格按照三级质量管理制度进行质量检查和验收，严格进行记录，做到不合格工序不放行、不转序。严格进行工序交接制度，加强了质量可追溯、成品保护可追溯，确保了工程质量。

组织经验丰富、技术和责任心强的队伍进行现场施工，对新工艺、关键工序等进行详细技术交底及岗前培训工作，确保质量一次达优。

质量控制方法和标准：

（1）严格按照三级验收制度进行质量检查和验收，严格进行施工记录和验收的记录。质检员应对验收项目进行验收，做到不合格的工序不放行、不转序，保证质量优良。

（2）班组实行"质量责任制"，做到按系统、分层次、责任制、监督制、层层落实，形成横向到边、纵向到底、逐层负责的质量管理网络。

（3）班组自检、班组交接检、项目部自检完成后，通知监理部门对该工序进行检查。

（4）工序交接：上道工序要积极为下道工序施工创造条件，并且不留质量隐患；下道工序要对上道存有的质量问题及时提出，并经整改后接管，下道工序应对上道工序的成品或半成品倍加爱护，确保施工顺利进行。

（5）采购的管理

1）本项目做好物资采购的管理，保证选用合格的材料，杜绝不合格材料用于本工程。

2）确定合格的材料供应商，在施工过程中，对其进行连续的控制、管理、监督、检查，若有不符合要求的，坚决予以退货。

3）产品需用量计划由定额员编制，施工负责人审核，项目经理批准采购。

4）材料采用招标方式进行，对优质材料选取最合理的报价。

（6）检验和实验

1）严格执行原材料报验程序：材料进场后，首先要进行检查验收，并填报材料设备进场申报单，由监理人员对该批材料进行检查，查验出场合格证和外观质量，并按规定见证取样送检。

2）过程检验和试验：施工过程和试验计划由施工负责人组织有关人员编制，过程检验和试验计划发放到质量员、施工负责人及相关人员手中，当检验和试验计划变更时应及时通知上述人员。

（7）技术交底：施工前对每个工种、每道工序进行分级技术交底，明确责任人，自项目部到班组的各级交底必须以书面形式进行，班组至操作工人可进行口头交底。对于关键部位或重要分项或新材料、新工艺等以专题会议或样板间的形式进行培训式交底。

（8）督促检查：这是保证质量的关键一步，也是质检员工作的核心，作为质检员首先要检查施工组的技术交底，其次要督促班组按技术交底操作，及时检验施工质量，对存有质量问题的部位要责令其即时整改，对合格部位由质检员签字认可，约束促使本工程质量目标的实现。

（9）验收评比：每个分项结束后要及时进行验收评比，通过验收找出问题，吸取教训，获得经验；通过评比找出差距，提出要求，不优不休，不精不罢。

4 技术攻关

本工程两层地下室，地下水位较高。为保证地下室剪力墙混凝土施工质量，项目部成立了QC技术攻关小组，对"降低地下工程剪力墙混凝土裂缝率"进行技术攻关,其成果获徐州市 QC 小组活动成果二等奖。

5　新技术应用和绿色施工

本工程应用了诸多新技术、新型材料、环保材料、节能材料。使用 HRB400 级高效钢筋技术、悬挑脚手架搭设、建筑企业管理信息化技术,结构现浇混凝土采用商品混凝土,周转模板采用竹胶板,地下防水采用柔性和刚性相结合的防水,卫生间采用聚氨酯防水涂料,铝合金窗配置了 Low-E 中空玻璃,屋面防水采用防水卷材,保温采用挤塑板保温,消防给水管采用卡箍、法兰连接、幕墙技术、短木方接木技术、水资源综合利用技术等,缩短了工期,提高了质量,保护了环境。

6　工程质量亮点

(1)工程主体混凝土内实外光,柱梁节点方正(图 2)。

(2)工程四周外墙做石材幕墙和玻璃幕墙。石材颜色一致,幕墙分格缝深浅、宽度一致,打胶光滑(图 3)。

幕墙干挂石材打胶深浅一致、宽度一致(图 4)。

(3)工程内院草坪、鱼池,环境幽雅(图 5)。

(4)屋面镶贴广场砖(图 6)。

(5)地砖镶贴平整,缝格顺直(图 7)。

(6)石膏板吊顶平直,筒灯、消防广播、喷淋等一线(图 8)。

(7)会议室地坪 PVC 板平整,灯具顺直(图 9)。

(8)门厅 8.5m 高,地面、墙面大理石光亮如镜(图 10)。

(9)地下停车场耐磨地坪平整、牢固(图 11)。

(10)楼梯踏步方正,高度、宽度一致(图 12)。

(11)水泵安装标识清楚,整齐、美观(图 13)。

图 2　柱梁节点

图 3　工程外墙

图 4　幕墙干挂石材

图 5　工程内院草坪、鱼池

图 6　广场砖

图 7　地砖

图 8　石膏板吊顶

图 9　会议室

图 10　门厅

图 11　地下停车场

图 12　楼梯踏步

图 13　水泵安装

7　获奖成果

　　工程被评为 2017 年度江苏省"扬子杯"优质工程。

姜堰区公安指挥中心大楼 —— 正威科技集团有限公司

图 1 工程外景

1 工程概况

姜堰公安指挥中心大楼是一座以办公为主，集 110 指挥中心、会议、培训、健身、食堂等多功能于一体的综合性公共建筑，是姜堰区公安局办公用房。地下室平时为汽车库和设备用房，战时是防护等级为核 6 级的人防用房；地上主要为办公、会议、110 指挥中心等用房和部分设备用房（如强弱电间、电梯机房等），并配建有少量生活、健身设施（如员工食堂、餐厅、活动室、健身中心等）。

该工程地下 1 层，主楼地上 15 层，框剪结构；裙楼地上 4 层，框架结构。总建筑面积 27562m²，建筑高度 66.15m，工程造价为 9738.22 万元。工程结构为钢筋混凝土框剪结构，抗震设防烈度为 7 度，建筑耐火等级为一级，地下室耐火等级为一级，屋面防水等级为二级，建筑结构的设计使用年限 50 年。

混凝土强度等级，-0.100m 以下的柱梁板为 C40/P6，-0.100～21.850m 柱梁板为 C40，21.850～41.350m 柱梁板为 C35，

41.350m 以上柱梁板为 C30，全部采用泵送商品混凝土。

屋面为上人屋面，防水设计等级为二级，采用高聚物改性沥青防水卷材，40mm 厚 A 级憎水性岩棉保温屋面；外墙 1～4 层为干挂石材，4 层以上为真石漆，局部玻璃幕墙；室内装饰地面主要为陶瓷地板砖，内墙为乳胶漆面层，实木复合门，地下室地面为细石混凝土原浆压光 + 耐磨面层（固化剂耐磨地坪）。

本工程安装工程有给水排水系统、通风系统、一拖多中央空调系统、建筑电气系统、楼宇自控系统、消防火灾报警系统、气体灭火系统、通信网络系统、综合布线系统、安防报警巡更系统、门禁一卡通及考勤管理系统、停车场系统、智能会议系统、智能照明系统、公共背景广播系统、信息发布系统等。

该工程建成后改善了姜堰公安系统的办公条件，也是现代化的公安指挥中心，极大地提高了全区的公安布防、监控、指挥、应急处置能力，改善了社会治安状况。

施工单位：正威科技集团有限公司。

2 工程特点

设计特点：整个工程立面设计新颖别致，平面布局科学合理，色彩搭配沉稳高雅，具有高度智能化、环保化、人性化，体现最新办公理念的现代化综合大楼。

技术特点：本工程包括底板大体积混凝土、高大支模、高空悬挑结构、多种幕墙组合、固化剂耐磨地坪、装饰线条多、安防要求高、

智能化系统复杂等施工难点，技术创新含量较高。

管理特点:实施全过程信息化、精品战略、动态安全和现场精细化管理。

3 工程创优质量管理做法

3.1 明确创优目标，落实工作责任

本工程投标之时就确定，如有幸中标承建该工程将确保省优"扬子杯"的质量目标，中标后确定了这一目标，并进行了精心的创优策划，施工过程中紧紧围绕这一目标"高标准、严要求、重过程、抓细节"组织工程施工。

工程开工前，公司与项目部及各施工班组层层明确创优目标，签订了工程创优责任书，实施工程质量目标分解，对施工全过程实行预测预控，并在目标责任制中明确了相应奖惩规定。通过这一制度，很好地将工程质量目标与经济利益相挂钩，极大地促进了质量目标的实现。

3.2 精心策划，制订严格质量验收标准

项目部本着"精工细作"的理念，根据工程实际情况，按企业内控制度标准，精心进行策划，编制了《姜堰区公安大楼创扬子杯策划书》，将创优的目标分解到分部分项工程，明确高于国家验收规范的项目创优验收标准，细化节点及细部做法，规范内部质量检查及整改的流程。针对本工程制定了《项目创优质量验收标准》，其中有 56 项标准超过国家标准，按照更加严格的项目创优标准检查、验收，使工程质量得到了全面的提高。

3.3 贯彻质保体系，执行强制性条文

本工程的施工过程中，各参建单位积极落实本公司的质量保证体系，以完善过程控制及管理，使施工过程有序、合理、受控。另一方面，项目部在施工过程中严格执行国家强制性条文，针对相关条规，公司及项目部组织相关人员进行相应的分级检查，及时、尽早发现问题和解决问题。

3.4 严把图纸会审关，坚持按图施工

项目部严把图纸会审关，通过这一措施，清楚了解工程的施工特点、难点及设计的意图，并从施工的角度出发以减少工程施工设计失误和图纸差错，并对一些易引起常见质量缺陷的细节做法进行优化，确保施工的顺利开展。

3.5 做好方案、交底、技术复核等工作，落实创优计划

通过编制切实可行的施工方案和进行实实在在的三级技术交底，使项目部施工技术人员和操作人员充分了解本工程的施工难点、特点、技术要求、质量目标、创优计划和施工方案等，有效保证质量目标实现。

3.6 严把材料进货关，杜绝劣质产品进场

（1）所用材料、产品均严格按照公司质保体系的采购控制程序进行验证，坚持货比三家，择优选用，杜绝不合格产品进入现场。

（2）所有进场材料、设备、构配件要求合格证齐全并符合技术要求，并在监理见证下取样送检，合格后方可在工程上使用。其中:混凝土试块检测 282 组，砂浆试块检测 18 组，钢筋原材料复试 163 组,钢筋连接检测 161 组，全部合格，从源头上保证了工程质量。

3.7 加强员工教育，提高全员素质

本工程参加施工的人员较多，安全不稳定因素也较多。公司会同项目部做好施工人员的教育工作，通过多种形式，如:培训、会议、观摩、比赛、考核等，以提高项目部施工人员的整体素质。

在各分部分项工程施工前后，对各施工班组全体人员进行施工前技术、安全交底和施工后的自检总结，让每一位员工施工前做到质量

标准心中有数，施工后验收结果心中明了。

3.8　做好协调工作，确保有序施工

本工程涉及专业众多，专业设计及施工协调量大，成品保护难度大，项目部积极和有关方面做好协调工作。一方面，积极做好工程各专业班组的协调工作，尽早发现问题，尽快解决；另一方面，积极做好与业主方、设计方、监理方等的协调配合工作，减少因沟通不力带来的种种不利因素。加强总承包管理，整体工程质量、安全及进度均达到了业主要求。

4　施工重点、难点及技术创新工作

（1）为了有效控制地下室混凝土裂缝，确保混凝土质量，通过优化配合比，掺加高效减水剂和粉煤灰等矿物外加剂，在底板、外墙混凝土中掺加聚丙纤维，在混凝土中掺加水泥用量 10% 的 HEA 膨胀剂，浇筑过程中杜绝漏振或过振，初凝前进行二次振捣，终凝前进行二次抹压，及时覆盖薄膜养护等措施。有效控制了大体积混凝土内外温差，养护期满后无任何有害裂缝，取得了十分理想的效果。

（2）地下室混凝土固化剂地坪。地下室平时为汽车库，战时为人防工程，采用新型固化剂混凝土耐磨地坪，与混凝土色泽一致，耐磨强度高，表面平整光洁（图 2）。

图 2　地下停车场

（3）本工程框架柱为 1000mm × 900mm、900mm × 900mm、900mm × 800mm、800mm × 800mm，屋面最大的框架梁为 800mm × 2000mm，15 层 110 指挥中心层高 9m，为高大空间，屋面悬挑飞檐最外边大梁为 500mm × 1000mm，在 72.6m 高度外挑 4.5m，具有构件截面尺寸大、支模高、外挑施工难度大等特点。针对这一难点公司总工室组织编制了悬挑飞檐挑拉撑相结合模板支撑体系的高大模板专项施工方案，进行了模板设计和计算，组织专家论证并按论证意见完善后实施，保证了支模架的强度、刚度和稳定性，结构尺寸无变形，观感达到清水混凝土效果（图 3 ～图 6）。

（4）建造无渗漏工程是本工程重点工作。施工缝及后浇带处止水钢板按严格要求设置，

图 3　悬挑支模结构（1）

图 4　悬挑支模结构（2）

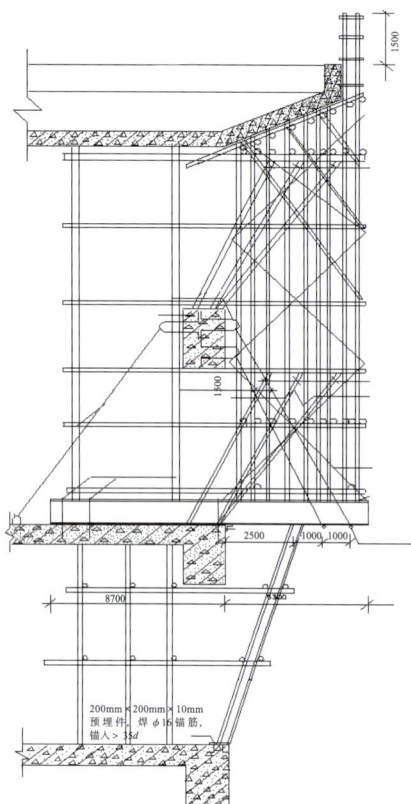

图5　悬挑支模结构示意图

图6　悬挑支模结构（3）

搭接满足要求，焊接饱满牢固。基础底板及外墙均采用1.5mm厚非焦油性聚氨酯涂料，屋面采用3mm厚SBS防水卷材，严格按规定施工附加层，优化屋面节点做法。混凝土墙或顶板防水施工前仔细检查混凝土结构的裂缝情

况进行预处理，加强过程工序验收，经检查无渗漏现象（图7）。

（5）主体结构钢筋绑扎规范，剪力墙钢筋均采用梯子筋和定位卡定位，保证了剪力墙钢筋网横平竖直、间距均匀。钢筋保护层用塑料卡环垫块，确保了钢筋保护层的厚度，经检测合格率均达到97%以上。

（6）梁柱节点采用自制定型模板，表面平整光洁，阴阳角顺直，节点方正，达到清水混凝土效果，实测实量均符合规范要求（图8）。

（7）大梁在后浇带部位采用本公司发明专利施工方法，后浇带里填塞黄砂，既保证了后浇带处模板支撑不变形，又保证了后浇带两侧混凝土不流淌，黄砂水洗后又能重复利用，方便、实用、经济、环保，后浇带处接头平顺，

图7　施工缝

图8　梁柱节点

图 9　管道布排

无漏浆、胀模现象。

（8）为使管道布排美观、实用，采用综合布线系统进行深化设计，统一放样、划线，做到布置合理、标高一致，标识统一，划分整齐，观感良好（图 9）。

（9）特别在施工过程中，电脑辅助设计广泛应用于外墙装饰分割、石材、面砖铺贴的排版，缩短工期，降低成本，裁切合理，排布美观。

5　工程创优质量特色

（1）地下室面积为 4484m²，底板厚 400～1800mm，防渗、防裂要求高，施工中采用了"双掺"技术，确保了地下室不渗不漏。

（2）主体结构工程施工量大，难度高，工期紧，跨度大，外墙幕墙面积达 12000m²，装饰线条多，轴线和水平线复核难度大，施工中充分利用计算机模拟拼装，精确计算，保证了幕墙制作安装的准确性，保证了最佳的装饰效果。

在施工过程中严格按设计图纸放样、排版，精心管理，各道工序严格把关，做到结构牢固，龙骨接地规范，排版合理，色泽一致，美观大方，满足建筑节能等设计要求及施工规范规定。

（3）钢筋直螺纹接头 4.05 万个，抽样 135 组，合格率 100%（图 10）。

（4）所有墙、柱钢筋保护层均采用 UPVC

塑料垫块，操作方便，垫设牢靠。姜堰区质量监督站抽查 186 根柱子，保护层合格率 100%（图 11）。

（5）加气混凝土砌体，砌筑合理，灰缝饱满、横平竖直。构造柱顶部采用簸箕式模板，确保顶部浇筑密实（图 12）。

图 10　钢筋直螺纹接头

图 11　墙、柱钢筋保护层

图 12　加气混凝土砌体

（6）楼层管道预留洞使用铅垂仪定位，所有预留洞上下通视，相邻上下楼层孔洞轴线偏差最大 6mm（国标 9mm），避免了后期凿补主体结构（图 13）。

（7）一层大厅采用大理石铺贴，无明显色差，纹理顺，平整光洁。室内地面铺贴、吊顶平整一致，木制品、铝合金制品等高级装饰用材环保，做工细腻、精巧，色泽光亮一致，手感观感宜人（图 14）。

（8）装饰工程施工之前均以样板引路，在公司、业主、监理等部门确认后再进行大面积施工，施工前根据设计分格和图案进行电脑排版，使各纵横方向对缝畅通（图 15）。

（9）墙地砖施工前先在电脑上进行周密排版，再在地面上弹线，墙、地砖板缝用特制的塑料十字卡控制，板缝大小一致，拼缝顺直，非整砖使用部位合理，整砖套割吻合，边缘整

图 13　楼层管道预留洞

图 14　一层大厅

图 15　室内装饰

图 16　卫生间墙地砖

齐，无空鼓现象，美缝观感好（图 16）。

（10）安装工程支架制作与安装，构造正确，布置合理，埋设平整牢固，支架排列整齐，制作精细，除锈干净，防腐到位。地下室消防管道、支架排布成行，整齐美观（图 17）。

（11）大楼内设四台电梯供人员上下，电梯运行平稳，平层准确，经质量技术监督局验收合格。门套、墙面全部采用大理石装饰，牢固美观（图 18）。

（12）公共走道内将电缆桥架、新风管道、消防、喷淋管道等多种管道综合布置，合理排列，较好控制了吊顶标高，使楼层视觉宽敞、

图 17　地下停车场

图 18　电梯

图 19　会议室

明亮。

（13）楼层接待室、会议室装饰尊贵大方、简洁典雅、做工精细（图 19）。

（14）楼梯踏步高度及宽度均匀一致，踏步棱斜向一线，栏杆牢固美观，踢脚出墙一致，表面平直（图 20）。

（15）水泵房内设备安装规范，标识明确，接地可靠，检修方便，排水通畅（图 21）。

（16）配电柜箱布线规范，线路清晰，设备灵敏，安全可靠。

（17）各班组相互配合，共同做好成品保护工作。不同颜色交接处及五金、灯具用胶带纸保护。地面用彩条布、三夹板保护，使室内粉刷及装饰线条清晰、流畅，无交叉污染。

图 20　楼梯踏步、栏杆

图 21　水泵房

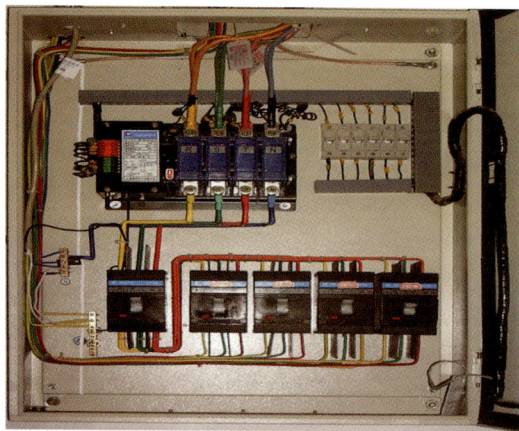

图22 配电柜箱

（18）广泛利用计算机进行施工现场信息化管理。资料编制、预决算成本控制、施工计划管理、施工方案设计和编制、施工翻样图绘制、深化图纸设计等采用了计算机管理软件。大大提高了工作效率与工作质量，减轻了劳动强度，产生了明显的经济效益和社会效益。

6 工程资料情况

工程技术资料按土建、安装、幕墙、装饰、弱电、电梯等建立总目录。按施工技术管理资料、工程质量控制资料、施工试验报告及见证检测报告、隐蔽工程验收记录、土建工程安全和功能检验资料、工程资料验收记录等建立分目录和子目录。

资料编目完整齐全，立卷编目分类清晰，装订规范，便于查找。各项资料都有可追溯性。

工程前期报建审批资料完备整齐，竣工前通过环保、消防、防雷、质量监督、档案等专项验收备案，专项验收资料齐全、完整。

7 住房和城乡建设部十项新技术应用情况

创优过程中，积极应用住房和城乡建设部及省、市推广的新工艺、新技术、新材料，加快工程进度，提高工程质量，降低工程成本。

该工程新技术应用涵盖7个大项目，包含15个子项目，具体情况见表1。

8 获得奖励情况

荣获2013年泰州市优质结构工程、2013年江苏省文明标化工地、2014年江苏省QC成果三等奖、2017年泰州市优质工程"梅兰杯"、2017年度江苏省优质工程奖"扬子杯"。

十项新技术应用情况 表1

项次	项目名称	项目内容	使用部位	应用概况	应用效果
1	混凝土技术	混凝土裂缝控制技术	基础与主体结构	混凝土方量约26000m³	提高混凝土抗裂性能，无有害裂缝
2	钢筋应用技术	高强钢筋应用技术	基础与主体结构	HRB400级钢筋	节约了钢材
		大直径钢筋直螺纹连接技术	基础及主体结构	直径≥18mm的钢筋采用	节约钢材，保证接头质量，缩短工期
3	模板及脚手架技术	新型工具式悬挑脚手架技术	主体结构	12000m²，方案齐全，审批完善	拆卸方便，节约材料，保证安全
4	新型防水施工技术	高聚物改性沥青防水卷材	地下室、屋面	约5000m²	防水无渗漏
		聚氨酯防水涂料	地下室、屋面、厨卫间	约9300m²	防水无渗漏

续表

项次	项目名称	项目内容	使用部位	应用概况	应用效果
5	安装工程技术	管线综合布置技术	基础与主体结构	计算机模拟、深化和优化施工图设计	提高工作效率，减少碰撞，降低成本
		不锈钢风管应用	整个建筑物	通风管道安装	重量轻、严密性好
6	绿色施工技术	预拌砂浆技术	装饰装修工程	约 2000m³	节能环保，质量稳定
		新型外保温系统施工技术	外保温	外保温粘贴面积约 11000m²	节能验收合格
		基坑封闭降水技术	地下室施工	基坑 5000m²	减少降水对周围建筑及环境的影响
		地下水回收利用	基础	用于清理、养护、绿化、降尘	水资源充分利用，节约了用水
7	信息化应用技术	工程量自动计算	整个施工过程	运用广联达等软件	提高效率，降低成本
		项目管理信息化集成应用	整个施工过程	管理系统运用和局域网平台信息交流	管理高效，流程合理，效益明显
		项目远程监控系统	项目全过程	远程网上监控	实时监控，提高管理效率

徐州龙城 220kV 变电站——徐州送变电有限公司

图 1　工程外景

1　工程简介

（1）工程建设意义

江苏电网是华东电网的重要组成部分。根据负荷预测，2016 年江苏电网全社会用电量将突破 1 亿 kW 大关，"十二五"期间均增长8.9%，徐州地区用电负荷也大幅增长。为满足徐州地区供电需求，提高电网供电可靠性，根据地区负荷发展情况，在"十二五"后期适时建设徐州龙城 220kV 变电站工程具有重要意义。

建成后的徐州龙城 220kV 变电站，能够满足沛县地区高科技工业区的经济和社会发展用电需要，改善沛县电网结构，支援沛县科技工业和经济建设。

（2）工程建设规模

徐州龙城 220kV 变电站位于沛县城区以东，北吴庄村以北，华严寺村以东，北侧为茹庄村，西面紧邻乡镇公路。

站区围墙内总用地面积 1.1180hm²，总建筑面积 884.07m²，站内主电缆沟长度 540m，站内道路面积 1700m²，站区围墙长度 432m。二次设备室及功能用房及 35kV 配电装置室均采用单层现浇钢筋混凝土框架结构、现浇钢筋混凝土屋面板、钢筋混凝土柱下条形基础。

主变压器：远景 3×240MVA，本期安装 1 台 1×180MVA 主变。

220kV：远期出线 8 回，远期接线方式为双母线接线。本期安装出线 4 回（位庄 2 回、常店 1 回、汪塘 1 回），本期双母线接线一次建成。110kV：远期出线 14 回，远期接线方式采用双母线接线。本期安装出线 4 回（头堡 1 回、汉城 1 回、鹿湾 1 回、沛县 1 回），本期双母线接线一次建成。35kV：远期出线 12 回，远期接线方式采用单母线分段接线。本期安装出线 2 回（东关 1 回、湖西 1 回），本期为单母线接线。无功补偿装置：每组主变35kV 侧各配置 4 组无功补偿装置。本期安装3 套。

2　精品工程的创建措施

（1）项目精品管理措施

为把徐州龙城 220kV 变电站工程建成一流的精品工程，我公司从工程一开始就设定了完善的质量目标，并把获得江苏省"扬子杯"优质工程作为重要的质量目标。建立健全了项目管理的各级质量责任制，完善各种质量管理制度，并调集精兵强将，选派在变电站工程施工中有丰富施工经验的工程技术人员组织项目管理班子，从施工队的素质上把好关口。公司坚持把创精品工程的意识贯穿于整个工程建设中，始终按照公司质量手册的要求，贯彻"单位工程一次验收合格率100%，用户满意率100%"的质量方针，确保工程创优，实现用户满意。

（2）实施过程控制

坚持一切施工项目都有作业指导书、都有标准工艺要求的原则，在施工前进行技术交底，确保贯彻执行。对关键工序、质量薄弱环节强化质量管理和控制。

按照法律法规和其他要求建立项目部质量管理体系文件，根据工程要求配备所需的技术文件，确保所有与质量有关的文件和资料都能得到有效地控制，并确保有关场所和人员都能及时使用适用的有效文件。

对与质量活动有关的所有记录书写工整，签字齐全，数据准确，真实地反映施工质量情况。工程竣工资料的整理、装订、移交严格按国家档案要求进行管理，确保移交的各种文件资料、质量记录等符合合同要求和国家规范要求。

（3）难点重点应对

为了有效地应对工程难点重点，项目部构建了以项目经理为首，技术员、质检员、施工员及各班组长为成员的难点重点应对保证体系，对目标进行分解，明确基本要求、控制要点，建立并完善技术交底制度。

风险控制管理是工程过程管理的一大难点，我公司根据本工程实际情况和施工特点，列出危险点辨识清单和环境因素清单，对辨识评审出的风险值较大的危险点进行重点预防、编制管理措施进行控制；并对施工过程中新出现或可能出现的危害因素，持续进行辨识和评价，并制定控制措施进行动态控制；对项目部可能出现的突发事故、事件或人力不可抗拒的灾害，应事先制定完善的安全事故应急预案并

适时组织应急队伍救援演练，以求将事故损失降到最小值。

竣工资料是工程管理中的一个重要难点，它集中反映了工程施工质量和管理水平。为确保工程竣工资料的同步性、及时性、准确性，在施工开始，我们就提出：工程资料管理工作起点要高、执行标准要严、实施过程要细、整体移交要上一个档次的要求。项目部指定专人对竣工资料进行编制和管理，公司进行检查指导，发现缺陷及时整改。在内部验收时，派出档案专职人员及相关技术人员对工程资料的项目齐全性、数据正确性、签字真实性、资料完整性进行了严格的检查验收，从而进一步提高竣工资料的编制质量。

（4）新技术应用

1）针对建筑施工中钢筋螺纹连接出现的漏拧或拧紧力矩不准、丝扣松动等现象，采用扭矩自动连接钢筋和连接套的动力管钳，对钢筋连接进行检查。

2）采用自动进行钢筋绑扎的手持机器——钢筋捆扎机，它的工作效率是手工操作的4倍以上，使用这种机器在施工中能够确保质量，是未来钢筋工程必备的操作机器。

3）通过采用紧凑型电容器，压缩了配电装置尺寸，减少了占地面积，在全寿命周期内，投资得到有效控制。

4）变电站照明设计，大量的选用绿色灯具和绿色控制系统，节能环保。

5）工程防水材料采用新型CPS反应粘卷材，CPS反应粘是指防水卷材在水泥素浆或现浇混凝土固化过程中，通过化学交联与物理卯榫的协同作用，使卷材和混凝土之间形成"互穿网络式"界面结构，从而达到结合紧密、牢固、不可逆转的粘结效果的一种技术。

6）工程在建筑物墙体砌筑、墙体粉刷工程中采用预拌砂浆，围墙粉刷面层采用抗裂商

品砂浆。

7）通信协议采用 IEC61850 规约，兼容性更好，互操作性更加灵活，电网故障自愈能力大大加强。

8）采用少量光纤代替大量传统电缆运行更加稳定，费用更加节约。

9）集成化的运行模式更加便捷，在远端可监控站内一切设备的状态变化并实现遥控操作，无人值守节约了大量的人力成本。

（5）绿色施工

站内排水采用合流制，雨水采用有组织的集中排水方式，与处理后的污水排入站内排水管道。主变等含油设备的事故排油经隔油处理后排入下水道。

现场部分设备区周围砂石化布置，经济环保。主变油池内填充鹅卵石，起到迅速排油、隔离火源的作用。

全面落实工程环境影响报告书、水土保持方案报告书及其批复要求，建设资源节约型、环境友好型的绿色和谐工程。

3 获得荣誉

荣获《利用信息化管理提高远距离工程的管控度》QC 成果一等奖、"2016 年度江苏省施工标准化文明示范工地"称号、2016 年徐州市"古彭杯"优质工程奖。

4 经验总结

（1）项目管理总结

我公司承建的徐州龙城 220kV 变电站工程，由于诸多原因，工程时间紧、任务重、要求高，通过多年对变电工程施工经验的总结，我们从开始就对搞好该工程进行了仔细的策划工作，并对于工程的施工特点进行了

充分的认识，认为抓好施工策划是保证工程安全优质、确保工期、提高效益的重要环节和手段，把实施施工策划工作作为头等大事来抓。

1）明确了工程施工的总体目标、质量目标、安全及环境目标。确保工程建设中文明施工，落实环保方案，并采取积极的安全措施，杜绝人身伤亡事故、火灾事故，杜绝交通事故、环境污染事故的安全环保目标。

2）成立了工程管理组织机构。明确各岗位人员的工作职责，并把技术、安全、质量等方面的制度措施细化到岗、落实到人，使各部门、施工队人员目标明确、职责分明，有条不紊地进行各项工作。

3）做好了施工准备工作。对工程开工及转序施工的准备都进行了精心策划，对人、财、物各种资源进行合理的配置，对满足现场施工的工器具、材料、大型机械等，进行合理的调配供应，确保工程施工的正常进行。

（2）安全管理总结

1）组建规范高效的安全管理体系

为确保工程的顺利开展及各项目标的实现，集我公司优质资源，建立、健全项目部安全管理组织机构。做到人员到位、责任到位、持证上岗，配备必要的设施、装备。项目部建立健全各级安全责任制，实施"全面、全员、全过程、全方位"的安全管理。

2）强化安全管理，超前策划，确保工程安全目标实现

坚持"安全第一、预防为主、综合治理"的管理方针，按照事前策划，事中控制、检查，事后总结，不断提高管理思路。

3）狠抓安全目标责任管理，全面落实安全生产责任制

制定工程安全施工责任目标，将安全责任目标层层分解，按层次逐级进行目标的分解落

实，在明确项目经理是工程项目安全文明施工的第一责任人的同时，将安全目标责任落实到每一个部门、每一个岗位、每一个职工，形成一级抓一级、一级对一级负责的目标责任管理体系，并同经济效益挂钩，确保将安全文明施工目标的实施落到实处，形成自下而上层层保证的目标体系。

4）坚持以现场管理为重点，强化安全过程控制

项目部在开工之前，根据工程施工特点有针对性地做好进场职工的安全教育，组织职工学习各项安全规程及文明施工规定，熟悉本工种安全操作规程，并进行安全教育培训考试，合格后方能上岗工作。

项目部坚持每月一次的专项安全检查，对施工现场的作业性违章、指挥性违章、装置性违章、二次污染违章、文明施工违章进行严查，并根据奖惩制度对违章责任单位和人进行"查"、"罚"、"育"、"奖"的四重管理，消除隐患，做到防患于未然。

（3）质量管理总结

工程施工质量始终处于受控状态，质量管理工作的主要做法和特点可归纳为如下三点：

1）完善措施制度，加强检查力度

工程伊始，项目部就编制了《质量通病防治措施》、《标准工艺实施策划》，施工过程中，项目部根据现场实际情况，按月对措施进行细化，编制月度进度计划。

除公司每月质量例行检查、项目部质量例行检查外，项目部专职质量员采取不定时巡查方式，对施工现场的质量保证措施执行情况进行详细的检查，对于不符合要求的给予整改处理，确保施工质量。

2）把好源头质量，严把质量第一关

针对本工程材料品种多、批量大，项目部加强材料全数入场检验，入库材料摆放"定置化"，材料房内和材料堆场上的材料堆放按型号、规格分区堆放，并设置材料标识牌，标明名称、规格、产地、数量、检验状态等。要求送达现场的工程材料检验报告齐全并符合国家标准及设计技术要求。

3）细化过程控制，确保施工质量

在作业指导书中，细化施工质量控制措施，并在技术交底时仔细说明。按规定的程序进行巡视检查，及时处理施工中的有关问题，在现场检查中，重点检查施工人员是否按规程、规范、图纸、工艺进行施工。

5 工程质量亮点介绍

（1）主变压器安装

主变各零部件平面光滑、无锈。各法兰接头、连接管无锈迹，保证干燥、干净。接地扁铁与主变采用螺栓搭接，搭接面紧密，无缝隙，接地扁铁横平竖直、工艺美观（图2、图3）。

图2 主变压器安装

图3 主变压器接地

（2）构架安装

根据场地条件和构件重量及起吊高度选择起重机械；选择合理吊点，进行强度验算。校正时从中间轴线向两边校正。螺栓安装方向一致，构架杆顺直平滑，整齐统一（图4）。

（3）GIS安装

搭设防尘棚，对温度、湿度、洁净度进行实时监测，部件装配严格采取防尘、防潮措施。设备安装牢固可靠，相间距离误差符合设计要求，色相标识正确（图5）。

（4）无功补偿装置安装

各无功补偿装置铭牌、编号在通道侧，顺序符合设计，相色完整。无功补偿装置外壳与固定电位连接牢固可靠，工艺美观（图6）。

（5）高压开关柜安装

屏柜设备及附件型号规格正确，符合设计要求并校验合格。仪表、继电器安装牢固，美观。盘面平整齐全，盘上标志正确齐全、清晰、不脱色（图7）。

图5　GIS安装

图4　构架安装

图6　无功补偿装置安装

图7 高压开关柜安装

图8 高跨线安装

（6）高跨线安装

导线三相弛度一致，绝缘子外观、瓷质完好无损。引下线及跳线走向自然、美观，弧度适当。跨线同一档距内三相跨线的弛度一致，相同布置的分支线，弯度和弛度一致，美观（图8）。

（7）屏柜安装

屏柜外观无破损、内部附件无位移和损伤。屏柜型钢底座与接地引线连接牢靠。导线与电气元件间连接牢固可靠，屏面排列整齐、色泽一致（图9）。

（8）支架接地

支架接地扁铁黄绿漆的间隔宽度一致，顺序一致。接地扁铁横平竖直，贴合紧密（图10）。

（9）电缆接线

电缆牌采用专用的打印机进行打印，电缆牌打印排版合理，标识齐全、打印清晰。电缆线束经绑扎后横平竖直，走向合理，整齐美观（图11）。

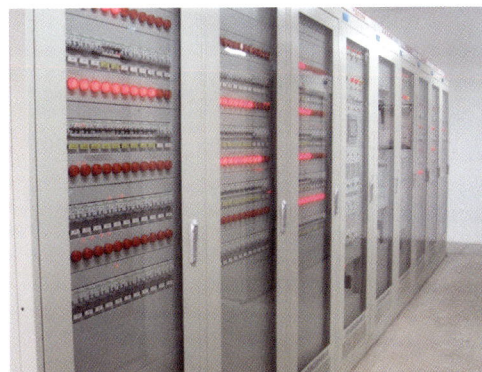

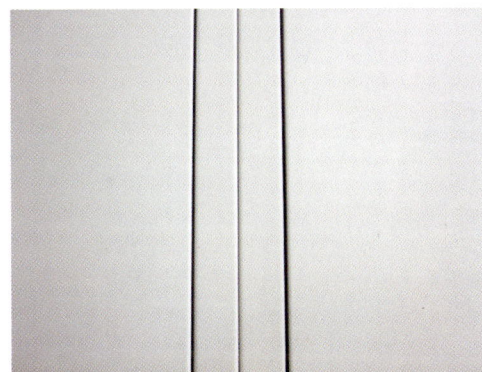

图9 屏柜安装

图 10　支架接地

图 11　电缆接线

（10）电缆沟电缆敷设

电缆沟转弯、电缆层井口处的电缆弯曲弧度一致、过渡自然，转角处增加绑扎点，确保电缆平顺一致、美观、无交叉（图12）。

（11）照明灯具安装

照明灯具安装工艺精美，接地制作良好（图13）。

（12）防火封堵施工

盘柜底部封堵厚度符合标准，隔板安装平整牢固，严实可靠，工艺美观（图14）。

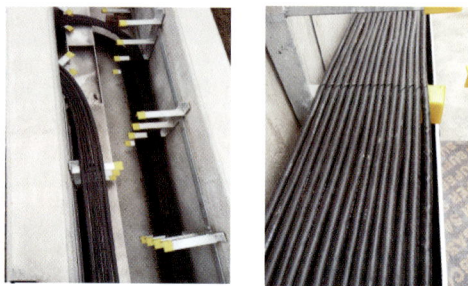

图 12　电缆沟电缆敷设

图 13　照明灯具安装

（13）清水围墙

采用蒸压灰砂砖清水砖墙砌筑技术，控制墙面平整度、垂直度，勾缝密实、深度一致，美化了观感。压顶混凝土密实、光洁，线条顺直，达到清水混凝土标准（图15）。

（14）室外设备基础

标高控制统一由样板区固定控制点引出，场区内所有构筑物标高统一。采用装配式模板，阳角设置定制塑料圆弧线条，基础一次成型，尺寸统一，避免了缺棱掉角。保护帽采用等边六角形定制钢模，一次浇筑到位，整齐美观（图16）。

（15）站内电缆沟

电缆沟盖板在预制完成、面层混凝土初凝前，面层采用七零砂二次粉刷，统一收光，确保色泽一致，防止面层龟裂（盖板预制完成近

图15　清水围墙砌筑

一年，未发现有面层龟裂现象）。所有盖板采用预制模块统一制式，砂浆初凝前进行分区刻压编号（图17）。

（16）建（构）筑物

建筑物侧面外墙面整体美观大方。建筑物正面外墙面分格缝清晰、顺直。窗户打胶工艺美观，外窗台标高一致（图18）。

图16　支架基础保护帽

图14　防火封堵施工

图17　电缆沟预制盖板安装

图 18　外墙侧立面装饰效果

主变防火墙工艺精良，线型美观（图 19）。

室内防滑地砖地面预先排版设计，地面平整光洁，色泽美观（图 20）。

散水坡沉降缝、分格缝宽度一致，填缝饱满（图 21）。

（17）道路施工

道路面层浇筑施工时在侧边阳角设置圆弧阳角线条，浇筑完成后阳角弧度一致，精致美观，同时有效保护道路阳角不受损坏（图 22）。

图 19　站内防火墙

图 20　室内地砖铺贴

图 21　室外预制散水

图 22　站内道路圆弧路面

6　本项目主要经验总结

创建精品工程，工程策划、构思是先导，过程控制是基础，严格规范验收是保障，科技创新是支撑，综合协调管理是关键。通过项目部全体员工的共同努力，相信我们会创造出更多的精品工程，给顾客、用户创造一个健康、安全、舒适和环保的高品质使用环境。